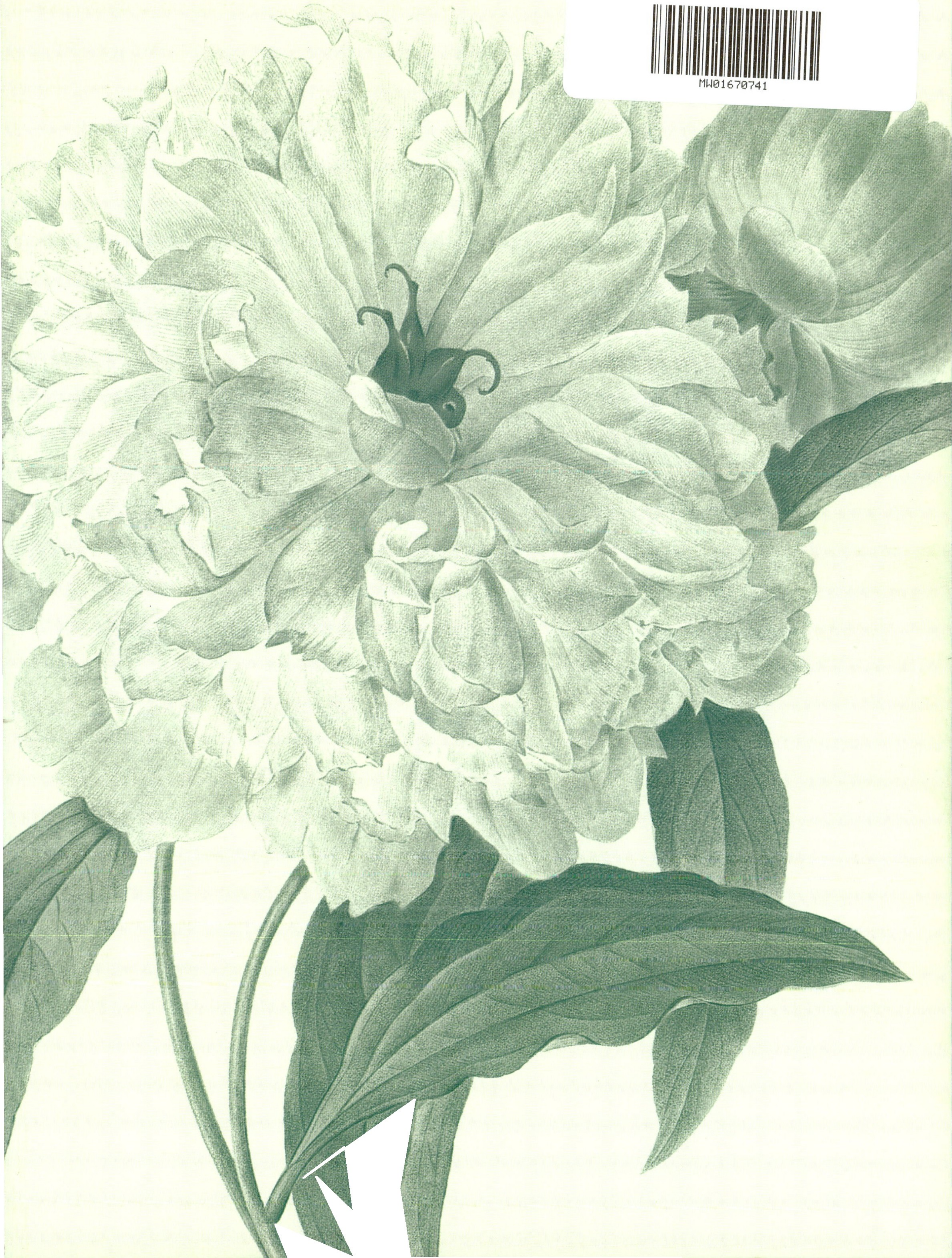

©	Elisabeth Sandmann Verlag GmbH, München
	Alle rechten voorbehouden
Vormgeving	Kuni Taguchi
Productie	Karin Mayer, Peter Karg-Cordes
Lithografie	Christine Rühmer
Druk en binden	Mohn media Mohndruck GmbH, Gütersloh
Nederlandse uitgave	© 2008 Amsterdam University Press, Amsterdam
	ISBN 9789089640420
	NUR 420
Nederlandse vertaling en zetwerk	Noctua Taal en tekst/Corinna Vermeulen

Claudia Lanfranconi
Sabine Frank

Vrouwen met groene Vingers

zijn buiten gewoon

Met een inleiding door
Modeste Herwig

Amsterdam University Press

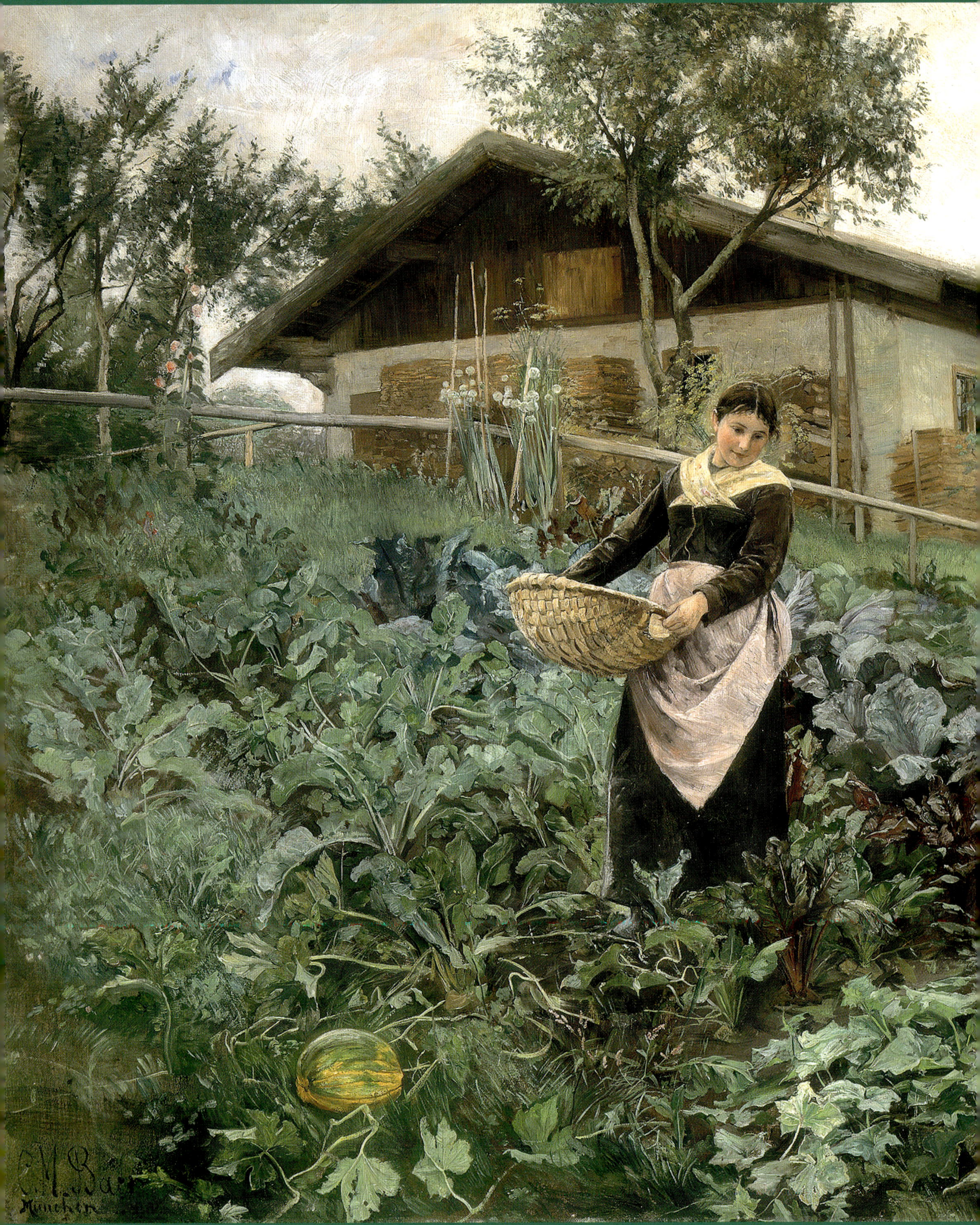

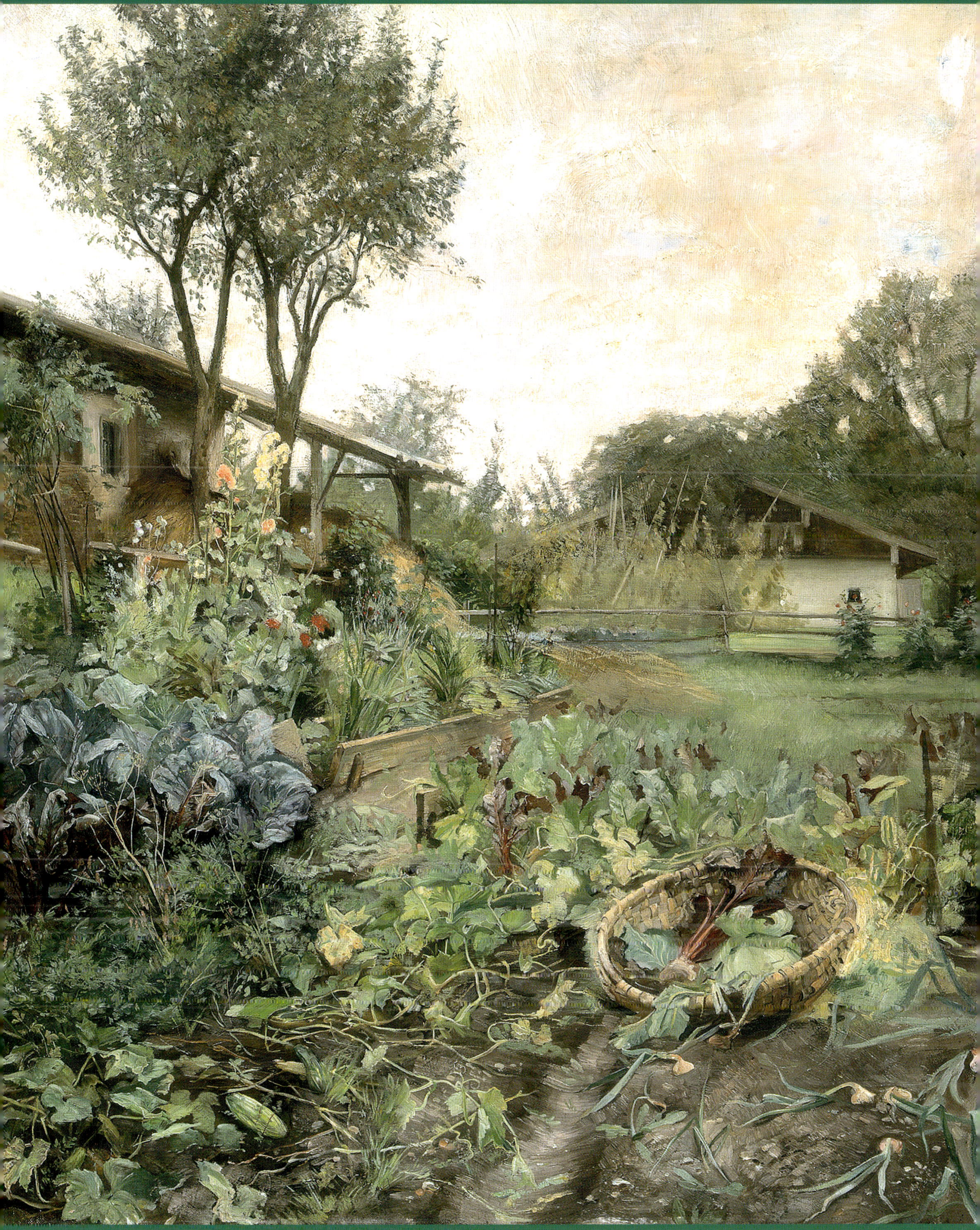

Inhoud

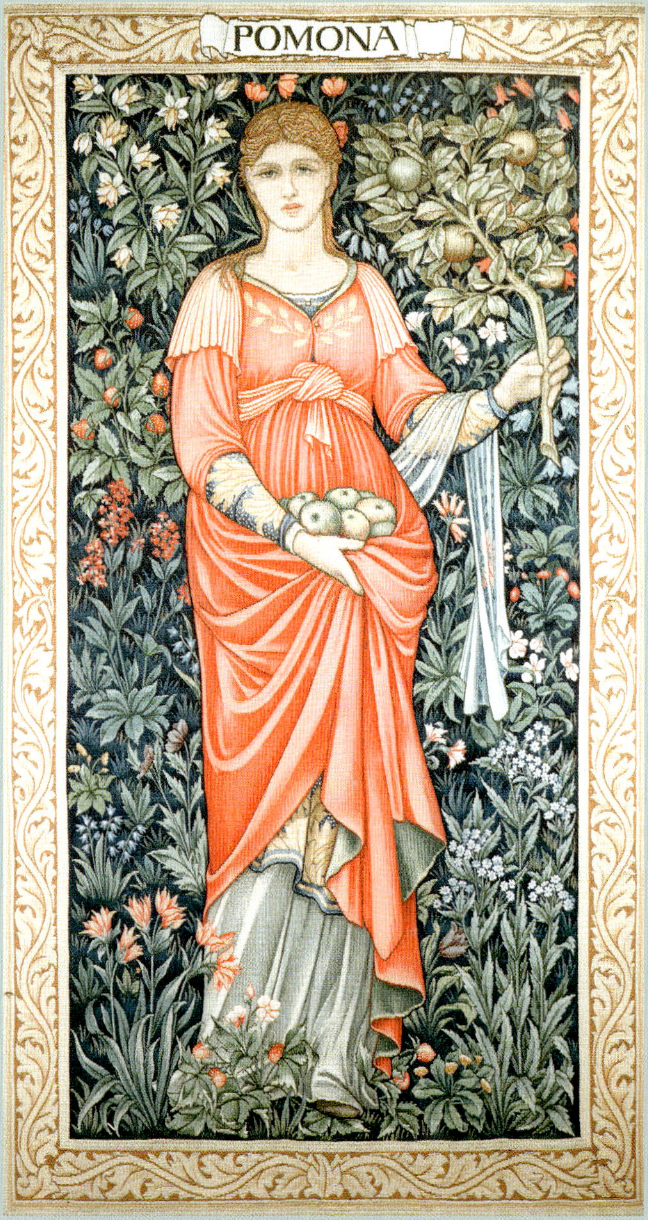

'Geen nimf in Latium verzorgde met zo veel liefde een tuin als zij, Pomona. Geen omringde de vrucht der bomen met zo veel zorg – daaraan dankt zij haar naam.' Ovidius

Vrouwen met groene vingers

In de tuingeschiedenis nemen vrouwen een buitengewone plaats in. Of het nu gaat om de hertogin van Osuna die in 1783 een 250 hectare grote tuin liet aanleggen, of om huisvrouwen en nonnen die in de Middeleeuwen op kleine percelen voornamelijk vruchten en geneeskrachtige kruiden kweekten, vrouwen zijn altijd sterk met de tuin, bloemen en de natuur verbonden geweest. Eeuwen van tuinkunst komen in dit boek voorbij, te beginnen in de zestiende eeuw met de baroktuin van de Franse koningin Catharina de Medici bij het slot Chenonceau. Bekende namen passeren de revue, zoals de Duitse botaniste Maria Sibylla Merian die in de zeventiende eeuw gedetailleerde tekeningen maakte van bloemen en insecten. Minder bekend is bijvoorbeeld Edith Wharton, een schrijfster die vanaf 1901 een grote tuin in Italiaanse renaissancestijl maakte in Massachusetts. Maar ook tuinvrouwen van deze tijd komen aan bod. Beth Chatto is beroemd geworden door haar bijzondere tuin en heeft vele tuinboeken op haar naam staan. De internationaal gewaardeerde tuinarchitectes Gabriella Pape en Isabelle Van Groeningen ontwierpen in 2007 een tuin voor de wereldberoemde Chelsea Flower Show in Londen. In hun ontwerpen verbinden ze eeuwenoude tuintradities met nieuwe trends. Alle vrouwen die de revue passeren wekken interesse vanwege hun talent en enthousiasme.

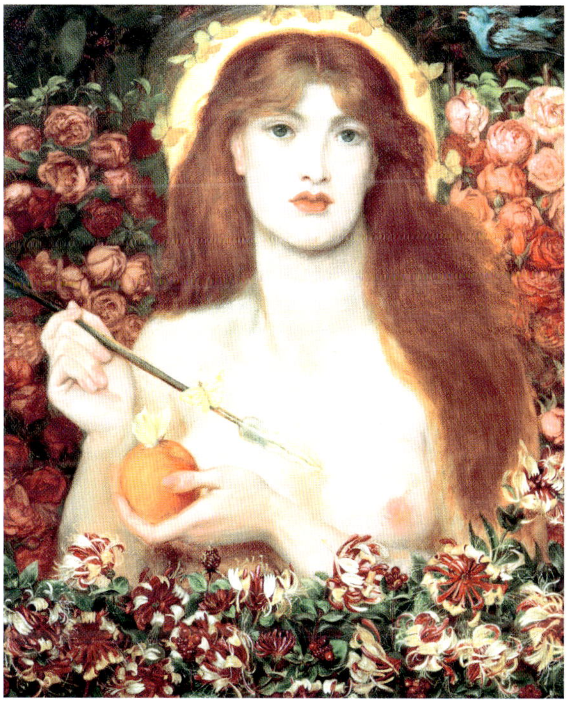

Dante Gabriel Rossetti schilderde in 1864 zijn 'Venus die de harten verandert', omgeven door rozen: de bloem van de verleiding.

Het kweken van planten voor medicinale toepassingen en als voedsel is eigenlijk altijd de taak van vrouwen geweest. De godin van de boomvruchten Pomona staat symbool voor deze vrouwelijke verbondenheid met de natuur. Maar ook de liefdesgodin Venus had een tuin bij het Griekse eiland Kythera. Ze werd door Dante Gabriel Rossetti afgebeeld tussen rozen, de bloem die symbool staat voor verleiding. Planten, bloemen en tuinen hebben door de eeuwen heen de interesse van vrouwen getrokken. Vrouwen met voldoende

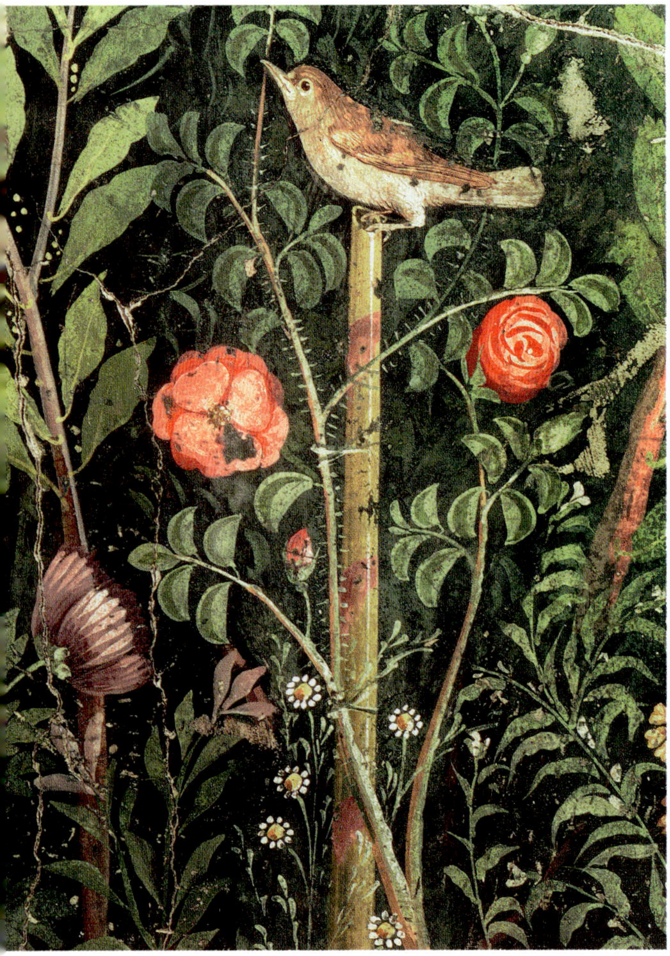

Dit sprookjesachtige tafereel van een tuin in Pompeii is geconserveerd door de asregen van de Vesuvius die uitbarstte in het jaar 79 na Christus. In die periode was een tuin met geurende rozen alleen weggelegd voor dames uit de hoogste klasse.

middelen pakten het vaak groots aan. De Engelse koningin Eleonora van Castilië liet in de dertiende eeuw speciaal voor haar tuin in het Engelse Hertforshire hoveniers uit Spanje overkomen. Haar opvolgster Philippa van Henegouwen liet in 1338 rozemarijn naar Engeland komen en zorgde ervoor dat er een verhandeling over dit aromatische kruid werd geschreven. Keizerin Joséphine de Beauharnais (1763-1814) verzamelde 250 verschillende rozen vanuit de hele wereld, terwijl er in het Westen slechts 30 tot 40 rozen bekend waren. In haar tuin rond het landhuis Malmaison bezat ze de grootste rozenverzameling van Europa. Engelse dames in de Victoriaanse tijd blonken uit in tuinieren, hun invloed is nog steeds terug te vinden in de huidige Engelse tuinen. In de vorige eeuw werd voor de welgestelde burgerij een fraaie tuin steeds belangrijker. Privétuinen kwamen in de belangstelling door artikelen in tuinbladen en werden in veel gevallen ook opengesteld voor het publiek. Langzamerhand heeft tuinieren zelfs een artistieke status gekregen. Getalenteerde vrouwen krijgen veel aanzien dankzij hun prachtige tuin; hun positie is te vergelijken met die van kunstenaressen.

Hoe boeiend de tuinen, schilderijen en teksten ook zijn, deze uitgave gaat vooral over de persoon achter deze kunstuitingen. De inspirerende teksten van Claudia Lanfranconi en Sabine Frank brengen samen met de prachtige illustraties hulde aan de toewijding van deze vorstinnen, tuinvrouwen en kunstenaressen en laten zien hoe ze in het leven stonden. Dankzij de levensbeschrijving van deze vrouwen is een representatief overzicht van de tuingeschiedenis gecreëerd.

De tuinen van vorstinnen

Grote tuinontwerpers in de geschiedenis van de tuinarchitectuur zijn mannen, zoals de beroemde Franse tuinontwerper Le Nôtre, die voor Lodewijk XIV onder andere Versailles ontwierp. In die tijden hadden vrouwen alleen invloed op de tuinkunst als ze vermogend waren. Een fraai aangelegde tuin verhoogde de status en was uitermate geschikt om feesten en partijen in te organiseren. In het prachtig geïllustreerde getijdenboek van de Duc de Berry is een afbeelding te vinden van een chique gezelschap dat zich in de tuin vermaakt. Vorstinnen uit diverse perioden hebben macht en geld gebruikt om tuinen te creëren. Sophie, de keurvorstin van Hannover, liet in de zeventiende eeuw een magnifieke baroktuin van vijftig hectare aanleggen in Nederlandse barokstijl. De ambitieuze en rijke Ellen Willmott (1860-1934) maakte een fabuleuze tuin bij Warley Place en had 104 tuiniers in dienst voor haar 22 hectare grote tuin. Ook in Frankrijk en Italië bezat ze tuinen. Het enthousiasme voor tuinieren had ze van haar moeder gekregen, zoals veel tuinvrouwen door de eeuwen heen aangeven. Ze veredelde narcissen, kweekte bijzondere planten en sponsorde expedities van plantenjagers naar verre oorden. Miss Willmott stopte haar hele vermogen in de tuin en stierf in armoede. Vita Sackville-West, dochter van baron Sackville, had in het midden van de twintigste eeuw twee vrouwelijke hoveniers in dienst voor haar tuin in Sissinghurst. Sybil Kreutzberger en Pamela Schwerdt waren opgeleid op de tuinbouwschool voor vrouwen van Waterperry. Het was destijds uniek dat vrouwen een opleiding kregen op dit gebied. Kennis werd tot die tijd vooral mondeling doorgegeven van generatie op generatie. Vanaf de zeventiende eeuw werden er wel al publicaties verzorgd waaruit vrouwen konden leren hoe ze zaden moesten verzamelen en planten konden verwerken. In die periode werden arbeidersvrouwen ook door de hogere klasse ingehuurd als wiedster. Hiervoor kregen ze de helft of nog minder van het loon dat mannelijke collega's kregen. In 1927 richtten Beatrix Havergal (u ziet haar afgebeeld in praktisch uniform op bladzijde 59) en

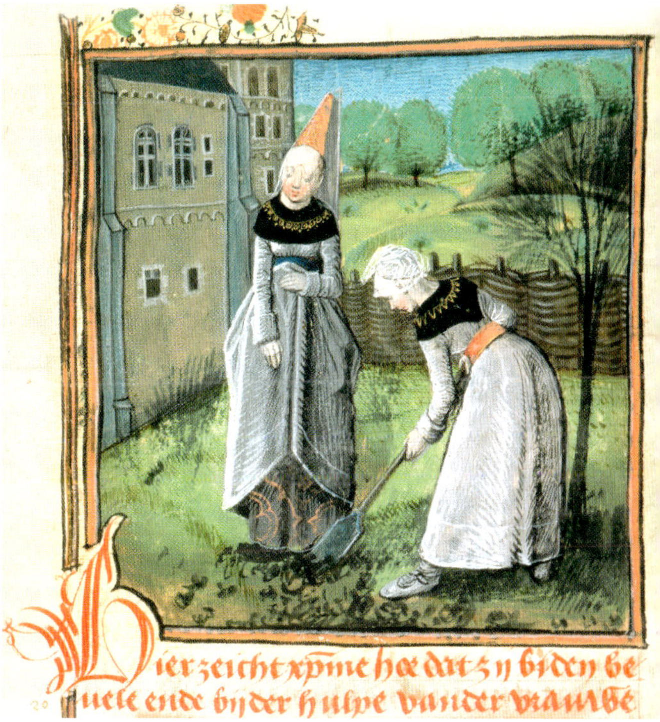

Deze illustratie uit Het boek van de stad der vrouwen *(1405) van Christine de Pisan toont de tuin als metafoor. De afbeelding geeft ook een fraai beeld van de manier waarop vrouwen in de Middeleeuwen tuinierden.*

Avice Sanders in Waterperry een kostschool op voor vrouwelijke hoveniers. Aanvankelijk was de opleiding bedoeld voor meisjes uit de hogere klassen, later kwamen ook andere meisjes in aanmerking. Ze behoorden tot de eerste groep vrouwen uit een lagere sociale klasse die tuinieren als beroep konden uitoefenen.

Groene vingers en zwarte handen

In de geschiedenis gaat het vaak alleen over de rijke dames, maar er is veel meer tuingeschiedenis. Tuinieren is altijd een zeer geliefde hobby voor minder kapitaalkrachtige vrouwen geweest, en nog steeds. Het is voor deze groep vaak de enige kans om creativiteit te uiten. Een tuin daagt uit tot creatie, is verrassend en altijd weer anders. Bovendien is in een tuin verbondenheid met de natuur te voelen, iets wat je boven het dagelijkse, vaak harde bestaan uit kan tillen. Helaas zijn de tuinbelevenissen van minder gefortuneerde vrouwen meestal niet gedocumenteerd, en zullen we hun geschiedenis moeten destilleren uit het materiaal dat over is van rijkere tijdgenotes en uit oude geschriften.

In 1629 verscheen het boek *Paradisi in Sole Paradisus Terrestris* van de Engelse apotheker John Parkinson. Het is een uitgebreid tuinboek, waarin de auteur vol lof is over de rol van de vrouw als het gaat om het kweken van bloemen. Favoriete bloemen waren lelies, hyacinten, krokussen, anjers en tulpen. Hij correspondeerde met mevrouw Thomasin Tunstall, die hem zelfs planten toestuurde. In 1737 verscheen het eerste tuinboek van een vrouw: *A Curious Herbal*. Elizabeth Blackwell maakte voor dit rijk geïllustreerde plantenboek vijfhonderd gravures, om de vele nieuwe planten te tonen die de 'planthunters' uit verre landen zoals Japan hadden meegebracht. Het boek *Hints for the Construction of a Gay Flower Garden* van Maria E. Jackson dat in 1827 uit-

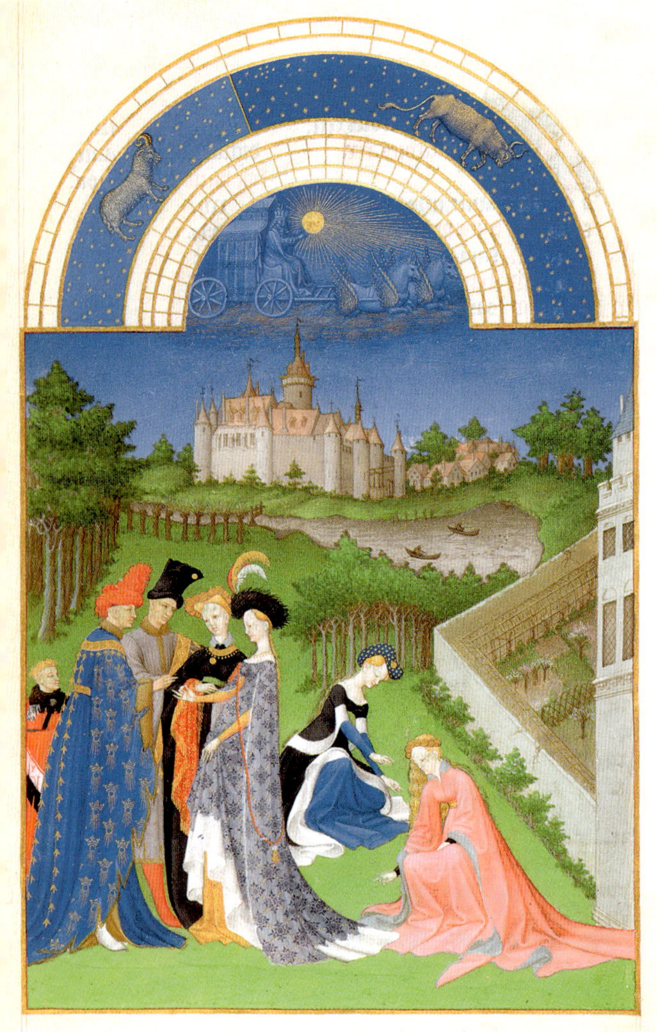

Het legendarische jaargetijdenboek van de Duc de Berry werd geïllustreerd door de gebroeders Limbourg van 1410 tot 1416. Deze illustratie laat een voornaam gezelschap zien dat zich vermaakt in een fraai aangelegde tuin.

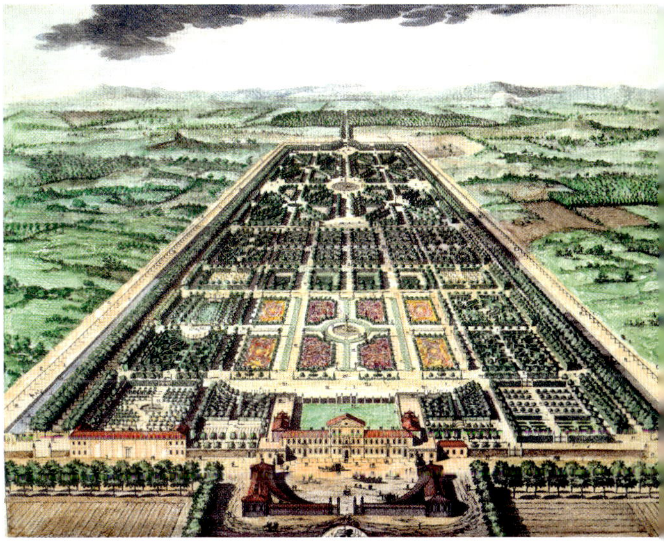

Sophie, keurvorstin van Hannover (1630-1714) liet bij slot Herrenhausen een grote tuin in de Nederlandse barokstijl aanleggen. Deze afbeelding toont de tuin op zijn hoogtepunt, het complete oppervlak besloeg 50 hectare.

kwam, leert vrouwen dat een fraaie bloementuin een decoratieve aanvulling is op het huis. Het boek geeft allerlei tips aan tuinierende vrouwen. Later, in 1840, schreef Jane Loudon *Gardening for Ladies*. Ze gaf duidelijke aanwijzingen over de manier waarop er getuinierd moest worden, had ook uitgesproken opvattingen over kleurgebruik in de tuin en gaf en passant aanwijzingen voor juist sociaal gedrag. In de Victoriaanse tijd werd tuinwerk gezien als een onschuldige maar nuttige bezigheid voor de vrouw, vooral goed voor de moraal. Pas in 1896 werden in Engeland de eerste vrouwen officieel als werknemer aangenomen in de botanische tuinen van Kew. De meisjes moesten mannenkleding aantrekken om niet te veel op te vallen. Toch ontstond er veel ophef en kwamen er talrijke mensen naar Kew om dit wonder te zien. De meisjes moesten zich onderwerpen aan strenge regels, hard werken en ze mochten niet trouwen. Vanaf die tijd was tuinieren voor vrouwen niet alleen het uitoefenen van een hobby, maar werd het ook een mogelijkheid om inkomsten te verwerven. Er waren vrouwen die succes hadden met het aanleggen en onderhouden van een tuin, maar ook dames die ontwerpen maakten voor anderen, botanische tekeningen maakten of publicaties verzorgden over de kunst van het tuinieren. Ook in allerlei organisaties speelden vrouwen een steeds belangrijker rol. Op de jaarvergadering van de Engelse Royal Horticultural Society werd zelfs geklaagd over het feit dat er geen vrouw in het bestuur zat. Toen plantenkweekster, docente en journaliste Frances Perry in 1968 als bestuurslid werd gevraagd antwoordde ze: "Als u mij wilt omdat ik een vrouw ben, zeg ik nee. Maar als u mij wilt om wat ik op tuingebied heb gedaan is het antwoord ja." In Nederland heeft Mien Ruys (1904-1999) na 1945 met haar tuinontwerpen veel bekendheid gekregen. Als dochter van een bekende plantenkweker kreeg zij al jong interesse in

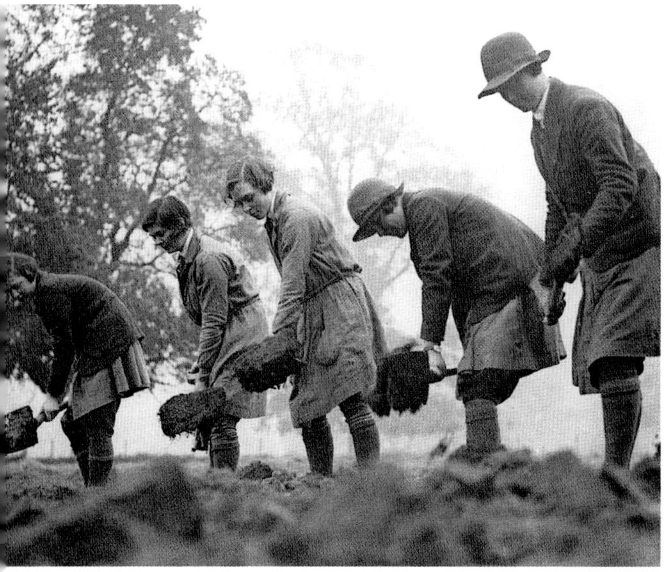

Ook zware tuinarbeid behoorde tot de bezigheden op de beroemde tuinbouwschool voor vrouwen in Waterperry. 's Morgens om zeven uur begonnen de meisjes met het spitten van de tuin.

planten, en vooral het ontwerpen van tuinen. "Heden is mijn loopbaan begonnen," schreef ze als negentienjarige in haar dagboek. Zij heeft veel invloed gehad op de ontwikkeling van de Nederlandse tuinarchitectuur.

Gelukkig in de tuin

Hoort tuinieren bij de architectuur of bij de kunst? Na het lezen van dit boek werd mij opnieuw duidelijk dat de grens tussen deze twee disciplines vervaagt als het om tuinieren gaat. Tuin is zowel rede als gevoel. De koninginnen die hectares grote baroktuinen aan lieten leggen waren meer bezig met architectuur, en natuurlijk de verhoging van hun status. De kunstzinnige schrijfster en tuinarchitecte Gertrude Jekyll wilde dat een compositie van planten eruitzag als een fraai schilderij. Als tuinontwerpster kon ze haar creativiteit en kleurgevoel optimaal kwijt. Tijdens haar opleiding aan de kunstacademie gebruikte ze verf, later waren planten haar medium voor een kunstzinnige uiting. Zoals Gertrude Jekyll zei in 1896: "De allereerste bedoeling van een tuin is het verschaffen van geluk en gemoedsrust."

In je eigen tuin kun je een droomwereld scheppen, je rug keren naar de moderne maatschappij of er juist elementen uit gebruiken om je eigen tuin van Eden te creëren. Op welke manier deze droom vorm krijgt ligt voor iedereen anders.

Vrouwen hebben altijd meer invloed gehad op de esthetische kant van het tuinieren, dat blijkt zeker uit de verhalen in dit boek. De technische aspecten zoals planten vermeerderen, botanie en constructies met harde materialen zijn over het algemeen aantrekkelijker voor mannen. Voor beide aspecten is doorzettingsvermogen nodig, tijd en meestal toch ook geld. Tuinieren is heel veelzijdig. Vaak gaat het om teamwerk, mensen met diverse disciplines werken mee aan de realisering van een tuin. Het maken van een fraaie tuin is een altijd doorlopend leerproces, er is nooit een moment waarop je alles weet. Bovenal is het maken van een tuin een streven naar schoonheid. Tussen de planten en bloemen komen alle zintuigen aan bod. Het zien van de kleuren en vormen, het horen van de vogels en ruisend water, het voelen van bladtexturen en fluweelzachte bloemblaadjes, het ruiken van bedwelmende geuren en zelfs proeven van zelf gekweekte kruiden, fruit en groenten.

Voor mij is dit een onweerstaanbaar boek over de geschiedenis van het tuinieren, gezien vanuit een vrouwelijk perspectief. Deze unieke uitgave portretteert invloedrijke tuinvrouwen, die voor zich lieten tuinieren, zelf de schep ter hand namen, planten verzamelden, bloemen schilderden of over hun belevingen in de tuin schreven. Ze hebben onze huidige tuinen vormgegeven. Een tuin weerspiegelt het tijdsbeeld. Het stuk grond rond de woning kan daarbij diverse functies hebben: het kan de sociale status van de eigenaar aangeven, een plek zijn om planten in te verzamelen, een mogelijkheid bieden tot persoonlijke expressie of ruimte voor natuurbeleving geven. We leven nu in een tijd waarin veel verandert op tuingebied. Via boeken, tijdschriften en opengestelde tuinen wordt kennis en inspiratie overgedragen aan een voornamelijk vrouwelijk publiek. Voor deze nieuwe generatie tuinvrouwen is het heel interessant om naar het verleden te kijken. Waar liggen de wortels van onze tuingeschiedenis en wat kunnen we leren van onze voorgangsters? Wat ik geleerd heb na het lezen van dit boek over opvallende tuinvrouwen is dat met wilskracht, toewijding en creativiteit je eigen paradijs in de tuin te vinden is. Een tuin maakt gelukkig.

Modeste Herwig

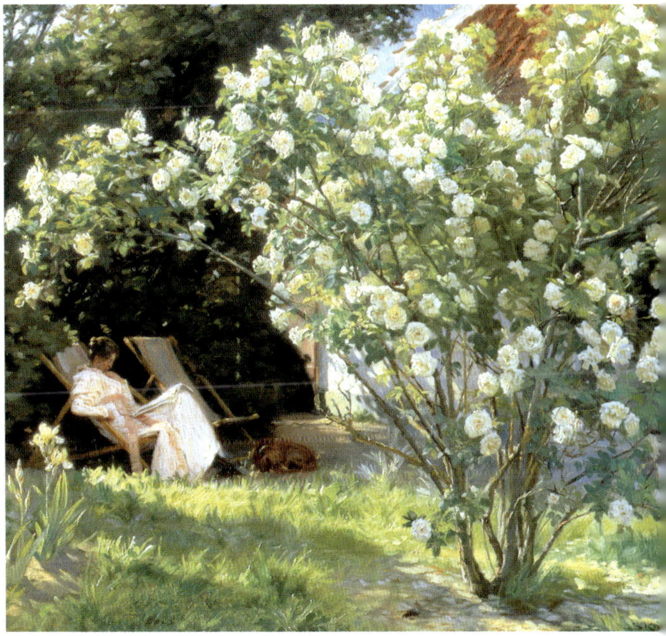

De Deense kunstschilder Peder Severin Krøyer schilderde in 1893 zijn vrouw Marie in hun tuin in Skagen. Lezen onder de bloeiende rozenstruik als beloning voor alle moeite – de droom van iedere tuinierende vrouw.

Volgende bladzijden: de keizer speelt krijgertje, terwijl de hofhouding in de schaduw zit te keuvelen – zo stelde de schilder François Flameng zich in 1894 een dag in de tuin van Malmaison voor, de zomerresidentie van Napoleon en Joséphine.

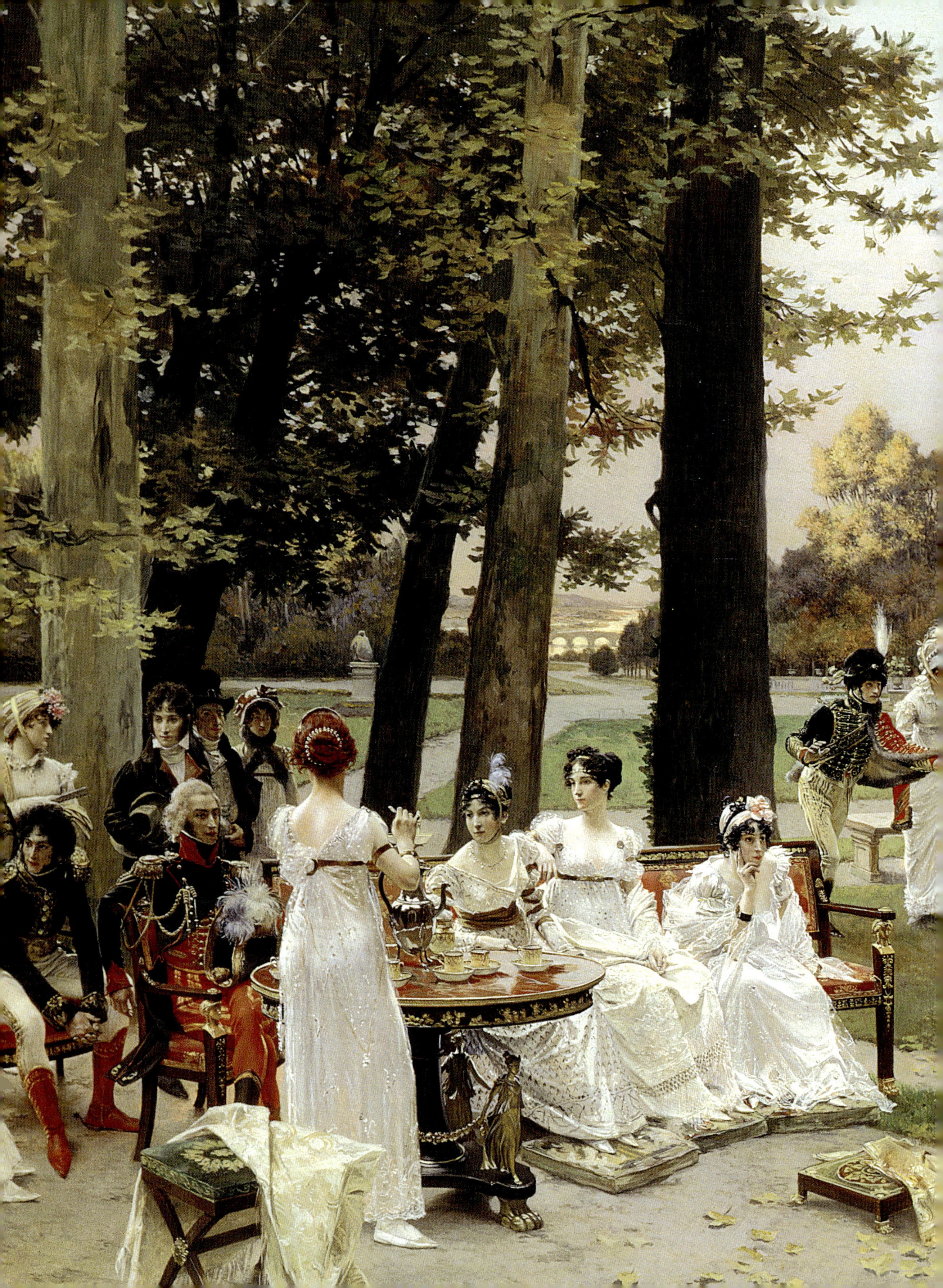

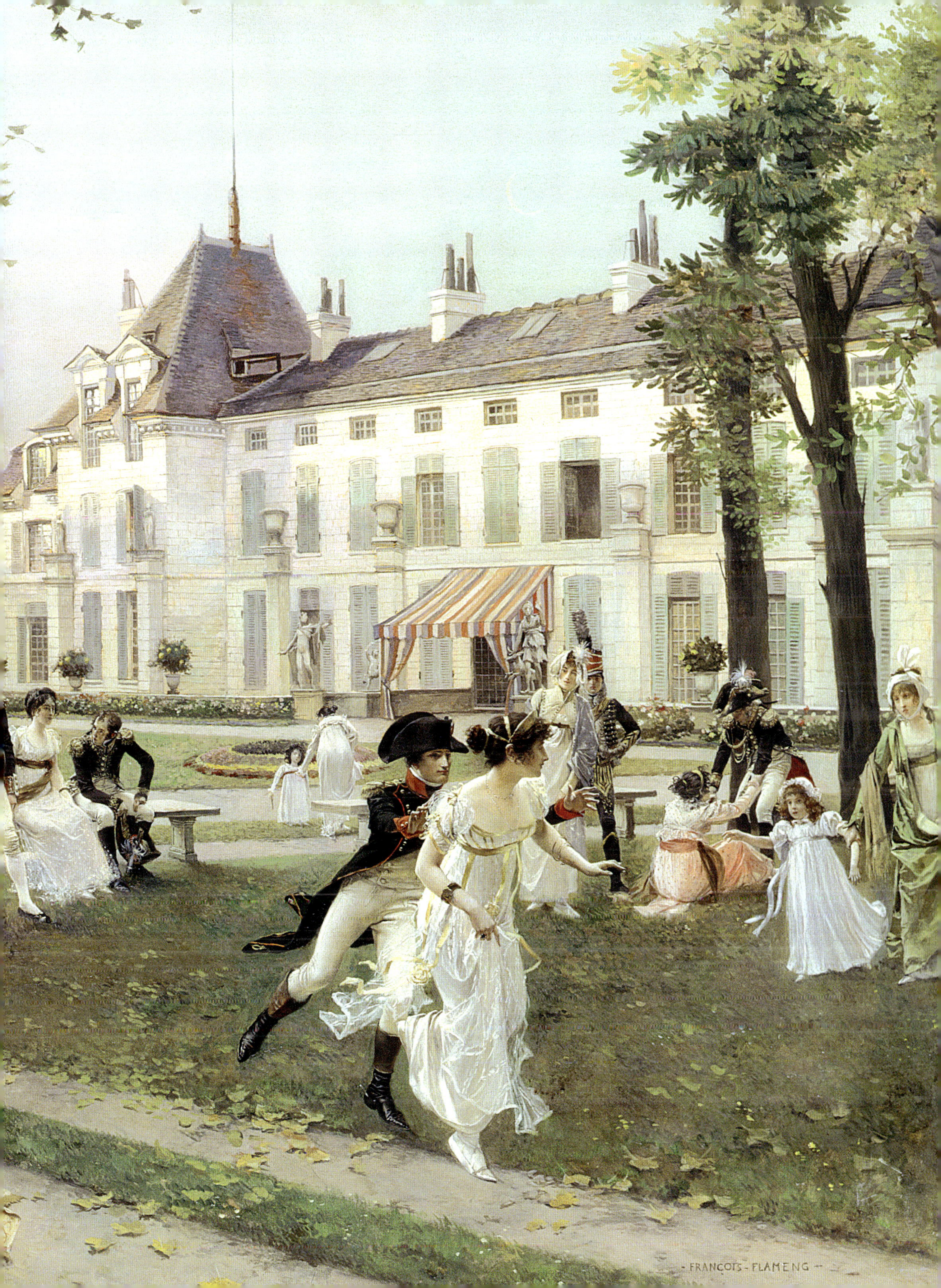
FRANCOIS-FLAMENG

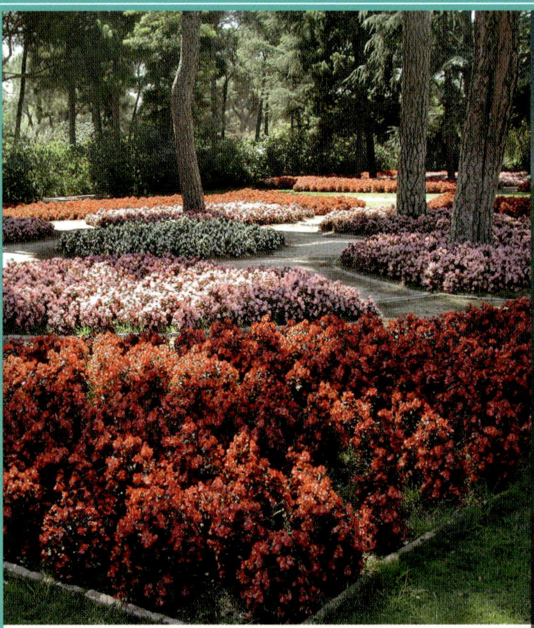
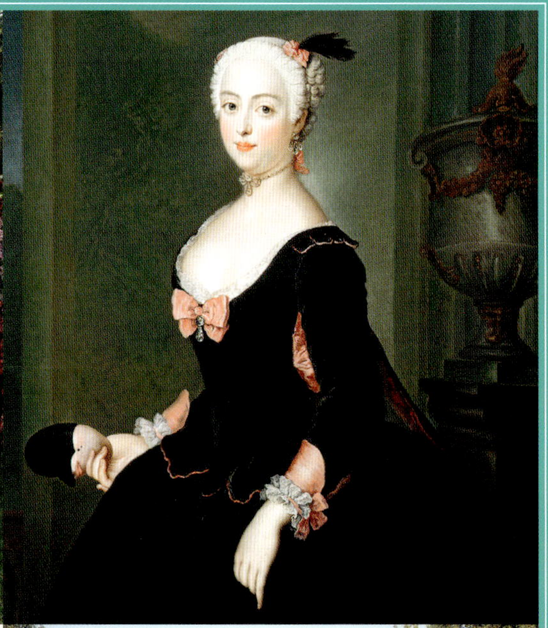
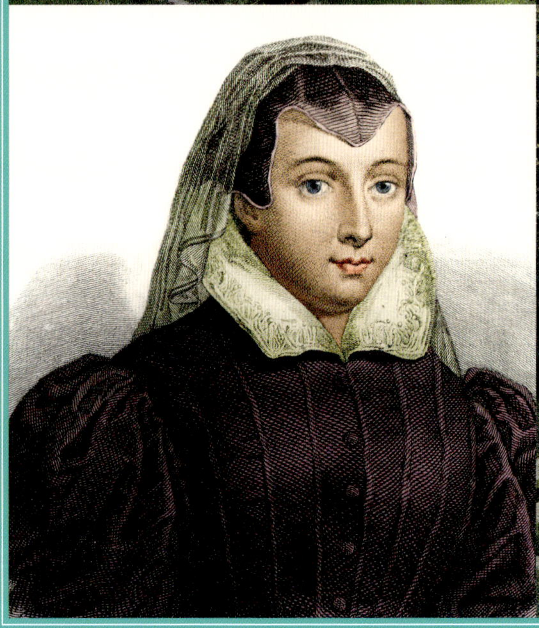
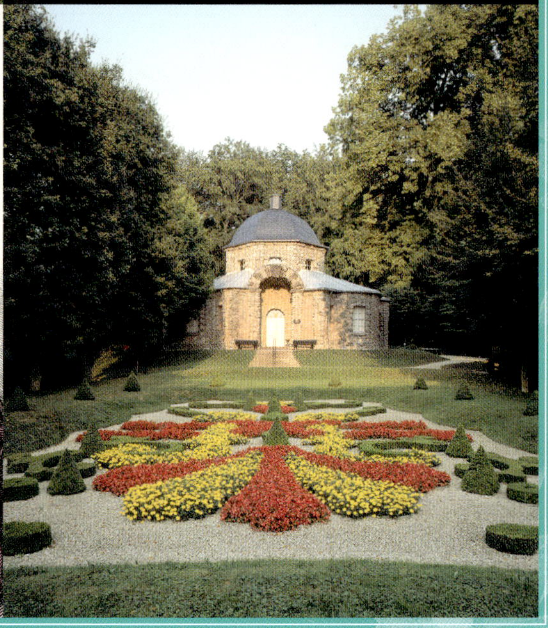

Laten tuinieren!

De arcadische dromen van vorstinnen

In het verleden waren grote tuinen een voorrecht van de heersende klasse. Bij een kasteel hoorde vanzelfsprekend een even schitterend park om rijkdom en macht tentoon te spreiden. Vorsten en vorstinnen waren verdeeld in de ongeïnteresseerden, die ontwerp en vormgeving aan architecten en hoveniers overlieten, en de natuurliefhebbers, die de botanische publicaties van hun tijd bestudeerden, hartstochtelijk exotische planten verzamelden en het liefst zelf de spade ter hand hadden genomen om hun ideeën over perken en borders te verwezenlijken. Dit hoofdstuk gaat over zes vorstinnen die met hun tuinen geschiedenis hebben geschreven. In de parken die zij lieten aanleggen, kan nog altijd worden gewandeld; de wisselende modes van de afgelopen vijfhonderd jaar worden erin weerspiegeld. Zo werd de tuin in de Renaissance tot kunstwerk verheven: waterwerken moesten van de geavanceerde ingenieurstechniek getuigen en geraffineerde series beelden van de humanistische ontwikkeling van de opdrachtgevers. Voor Catharina de Medici vormde de tuin van kasteel Chenonceau een exquise omlijsting van haar bruisende feesten. De Pruisische Wilhelmina van Bayreuth ontwierp de wildromantische rotstuin Sanspareil, een curiositeit tussen de symmetrische tuinen van de barok. De barokke tuin in Drottningholm is om een heel andere reden bijzonder: het Chinese paviljoen dat koningin Lovisa Ulrika voor haar verjaardag kreeg en dat de Chinese mode in Zweden inluidde. De hertogin van Osuna probeerde ondanks het ongunstige klimaat de beginselen van de Engelse landschapstuin in Spanje te introduceren. Er werden vermogens uitgegeven om de droom van het paradijs op aarde te realiseren. De Chinese keizerin-weduwe Cixi sprak er de staatskas voor aan. Vorstin Lucie van Pückler-Muskau ging zelfs zo ver dat ze zich van haar man liet scheiden, zodat hij met een rijke erfgename kon trouwen om op die manier de financiering van het park in Muskau veilig te stellen.

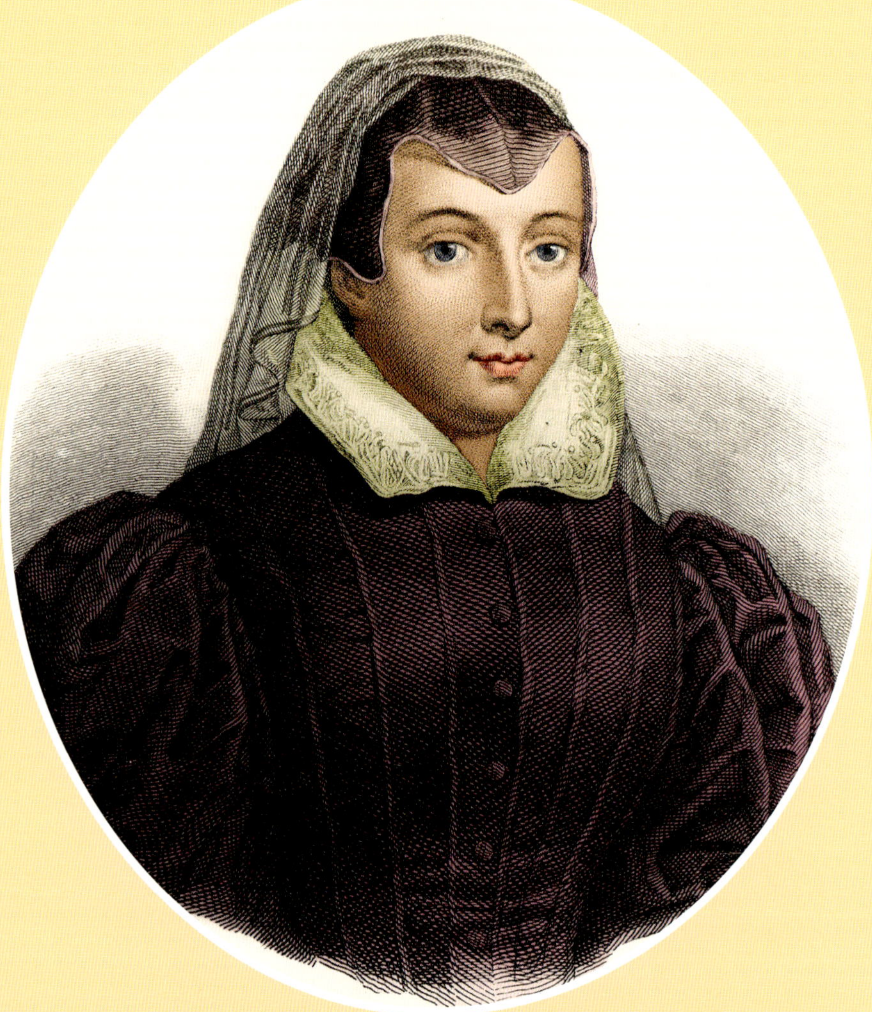

CATHARINA DE MEDICI
1519 – 1589

'De tuin ontvangt de gast op feestelijke wijze.'

Leon Battista Alberti, vijftiende eeuw

Catharina de Medici

Diane de Poitiers – hier op een portret door een onbekende zestiende-eeuwse schilder van de Franse school – was de maîtresse van de Franse koning Hendrik II en de grootste rivale van Catharina de Medici.

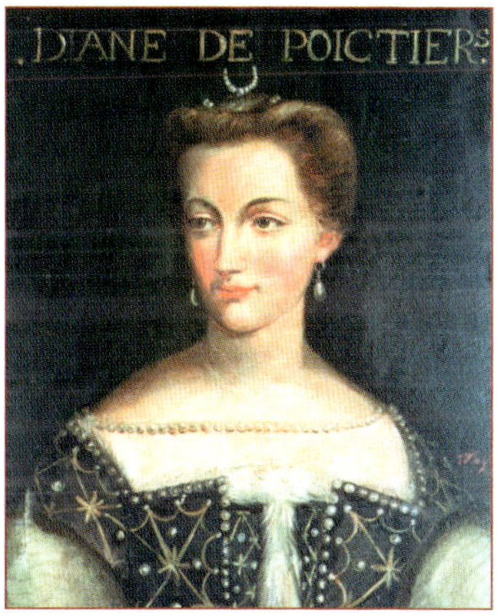

Catharina de Medici werd vaak beschreven als 'lelijk, onbetrouwbaar en gewetenloos in haar methoden'; haar afstamming van het beroemde Florentijnse koopliedengeslacht maakte haar aan het Franse hof ook niet erg geliefd. De haar toebedachte moederrol vervulde ze echter met verve. Haar oom, paus Clemens VII, had in 1533 een huwelijk gearrangeerd tussen het veertienjarige meisje en Hendrik van Orléans, die in 1547 als Hendrik II de Franse troon besteeg. In 1544 baarde ze de vurig gewenste troonopvolger; er zouden nog negen kinderen volgen. Nadat Hendrik II in 1559 dodelijk was verongelukt tijdens een toernooi, fungeerde de machtsbewuste Catharina als politiek raadgever van haar eerstgeboren zoon Frans, die zijn vader opvolgde en zich voor de zware taak gesteld zag te bemiddelen tussen hugenoten en katholieken, die in een bloedige strijd verwikkeld waren.

De staat van weduwe bracht voor de koninginmoeder niet alleen maar nadelen met zich mee. Om haar nieuwe sociale status op gepaste wijze in het openbaar te presenteren, nam ze een architect in de arm. In 1564 gaf Catharina aan Philibert Delorme de opdracht haar weduwenresidentie te bouwen, het Palais des Tuileries. Dit paleis werd in 1871 tijdens de opstand van de Commune van Parijs verwoest. Op de plaats waar het stond, bevindt zich tegenwoordig de openbare Jardin des Tuileries, een park dat elke bezoeker van de stad kent.

Catharina de Medici was, zoals we uit de beschrijvingen van tijdgenoten weten, dol op uitbundige tuinfeesten. Overigens organiseerde ze die niet alleen maar voor haar eigen vermaak. Na een mislukte couppoging tegen haar zoon Frans, waarbij talrijke leden van de koninklijke hofhouding waren vermoord, liet ze een groot feest aanrichten in de tuin van het luisterrijke, in het Loiredal gelegen kasteel Chenonceau om de hovelingen van de gespannen politieke situatie af te leiden. Als artistiek leider had ze persoonlijk de uit Bologna afkomstige architect, schilder en beeldhouwer Francesco Primaticcio aangesteld. Italië vervulde in de zestiende eeuw een leidende rol in de tuinarchitectuur: daar werd geprobeerd de esthetische beginselen van de antieke tuinen te doen herleven, zoals ze door de schrijvers Theophrastus en Lysander waren geschetst. Het ideaal was dat villa en park een eenheid zouden vormen. Rekening houdend met het centrale perspectief werden met lage buxushagen omzoomde paden en uitkijkpunten aangelegd. In de geometrisch ingedeelde ruimten van de tuin bloeiden mirte, laven-

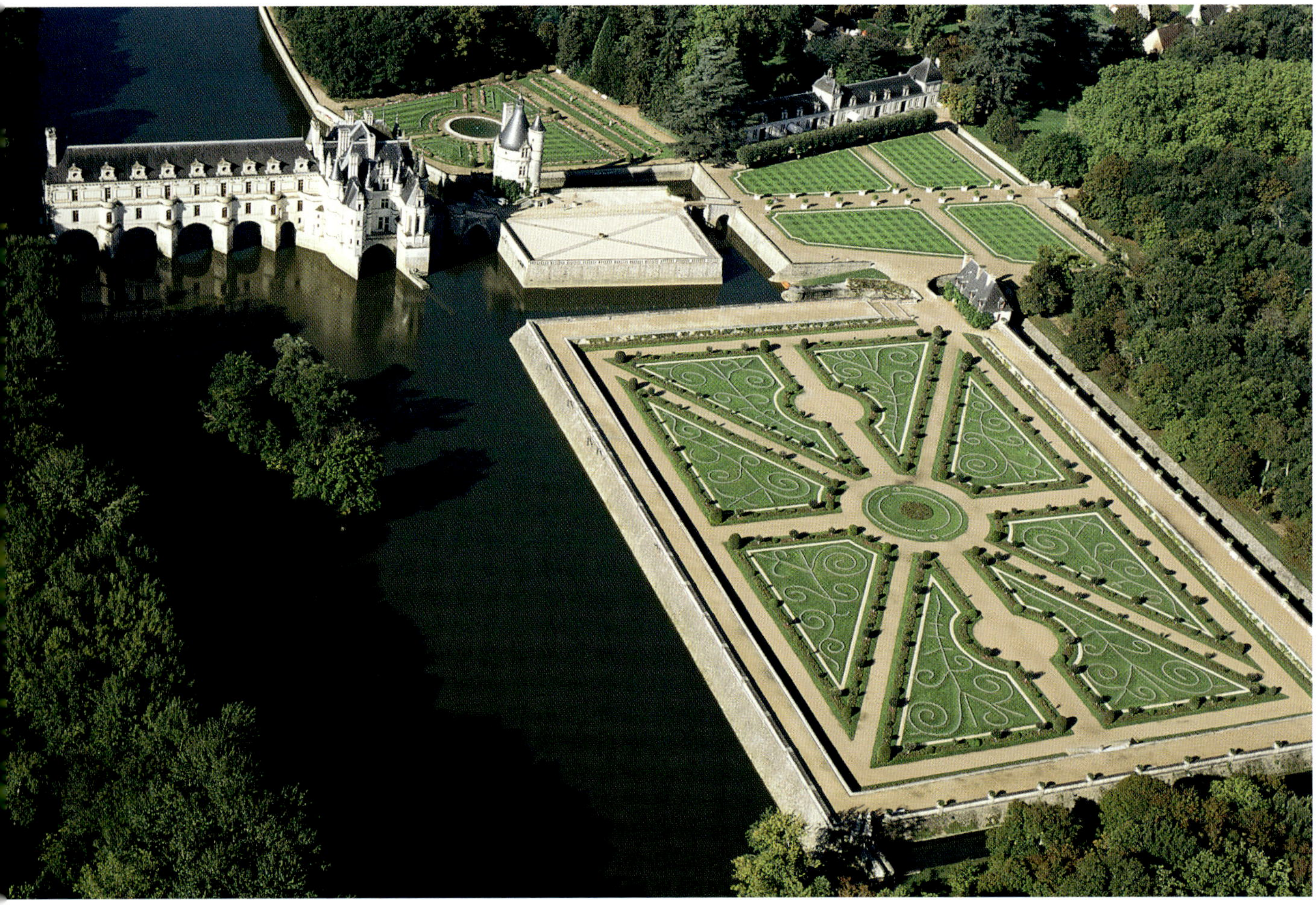

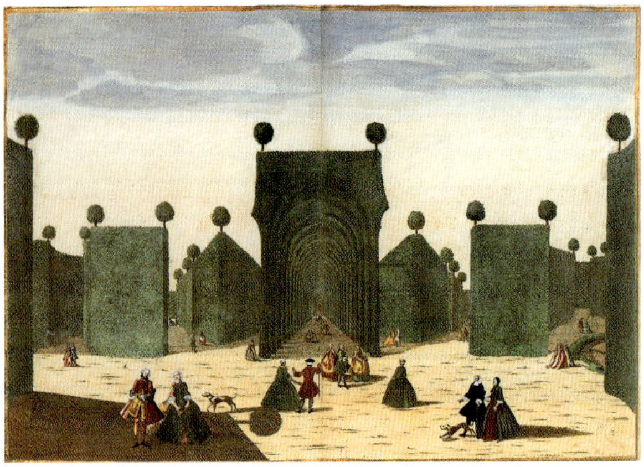

Boven: Catharina de Medici maakte van de tuin van kasteel Chenonceau aan de Loire, gebouwd tussen 1517 en 1559, het decor van haar wervelende feesten.
Onder: ook de tuin van de villa Arconati-Visconti in Lombardije, geschilderd door Vergilio Vercelloni, vormde in de achttiende eeuw de achtergrond van dansfeesten en wandelingen.

del en rozemarijn, in kaarsrechte rijen aangeplant. Amandel-, kwee- en abrikozenbomen verspreidden in de nazomer een bedwelmende geur. Artistieke hoogtepunten van de Italiaanse renaissancetuinen waren de fonteinen, waterwerken en beelden van brons en marmer, waarmee veel tuineigenaren hun rijkdom en humanistische ontwikkeling wilden demonstreren.

Naar de tekeningen van Primaticcio veranderden 900 arbeiders en kunstenaars de kasteeltuin van Chenonceau voor Frans II in een parcours voor een zegetocht naar klassiek model, versierd met kleine en grote triomfbogen, zuilen, obelisken en altaren. Hofdichters als Pierre de Ronsard, Jean Dorat en Étienne Jodell waren verantwoordelijk voor de borden met inscripties en zinspreuken die de lof van de koning zongen en zijn overwinning op de samenzweerders herdachten. Bij hun aankomst op Che-

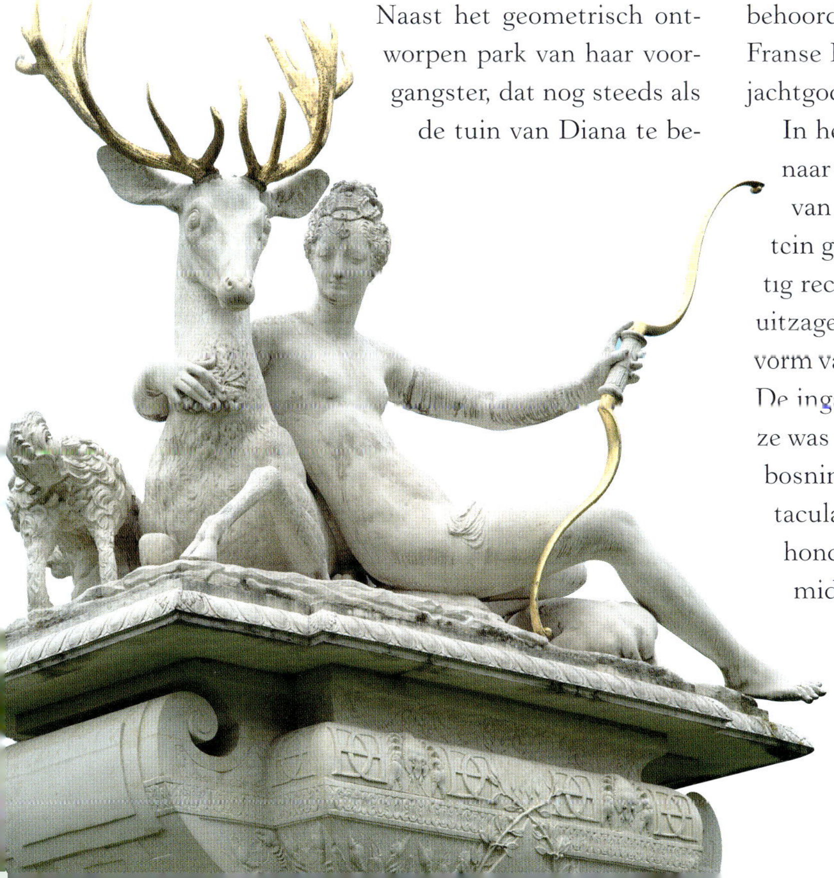

De Franse beeldhouwer Jean Goujon vervaardigde het marmeren beeld van Diane de Poitiers als de godin Diana met hert, dat zich nu in het Louvre bevindt, oorspronkelijk voor de kasteeltuin van Anet.

nonceau werden Frans en zijn echtgenote Maria Stuart begroet met een vuurwerk – volgens de legende het eerste dat in Frankrijk werd aangestoken.

Maar Chenonceau was voor Catharina meer dan een speelweide om zichzelf als mecenas van de schone kunsten ten tonele te voeren; het was ook een bewijs van haar macht. Haar echtgenoot Hendrik II had het slot oorspronkelijk aan zijn officiële maîtresse Diane de Poitiers geschonken, een vrouw die even mooi als invloedrijk was. Na zijn dood nam Catharina wraak op haar oude rivale, die sinds 1536 grote invloed op de twintig jaar jongere koning had uitgeoefend en die haar bij ceremoniële aangelegenheden maar al te vaak naar het tweede plan had gedrukt. Catharina verklaarde het kasteel kortweg tot haar eigendom met het doel er een tweede koninklijke residentie van te maken. Het gebouw werd uitgebreid, de bestaande brug over de rivier de Cher met een galerij van twee verdiepingen overkapt. Ook de tuin werd uitgebreid en verfraaid. Naast het geometrisch ontworpen park van haar voorgangster, dat nog steeds als de tuin van Diana te bezichtigen is, liet zij in het westen de 'jardin vert', de groene tuin, aanleggen. Hier werden olijven-, citroen- en sinaasappelbomen, rozemarijn- en laurierstruiken en eiken geplant. Maar het artistieke hoogtepunt van het altijd groene terrein werd gevormd door de 'fontaine du rocher', een bron die uit een kunstmatige rots ontsprong – een nieuwigheid in de Franse tuinarchitectuur. Het geheel was naar het voorbeeld van Italiaanse tuinen vormgegeven en wekte met pseudostalactieten en van terracotta gemaakte dierfiguren de indruk van een natuurlijke grot.

Deze kunststukjes op het gebied van tuininrichting waren niet alleen bedoeld om de talrijke bezoekers van het park te verbazen. Bovenal wilde Catharina Diane de Poitiers overvleugelen, die zich enige jaren eerder zelf als architectuurmecenas had ontpopt toen zij tussen 1544 en 1555 haar landhuis in Anet in Île de France – ook door Delorme – tot een representatief slot had laten uitbouwen. Volgens architectuurtekenaar Jacques Androuet DuCerceau behoorde het ontwerp daar tot de mooiste van de Franse Renaissance. Diane had park en slot aan de jachtgodin Diana gewijd, naar wie ze genoemd was. In het park bevinden zich dan ook verwijzingen naar deze mythologische figuur: in het midden van de kasteelhof werd een pompeuze Dianafontein geplaatst. De lusthof bestond uit vierentwintig rechthoekige velden. Hoe de perken er precies uitzagen, valt niet te reconstrueren; ze moeten de vorm van monogrammen en wapens hebben gehad. De ingangspoort was een bijzondere attractie. Deze was voorzien van een bronsreliëf dat een naakte bosnimf met honden voorstelde. En van een spectaculair uurwerk: ieder kwartier blaften de twee honden en op het hele uur stampte het hert in het midden met zijn hoef.

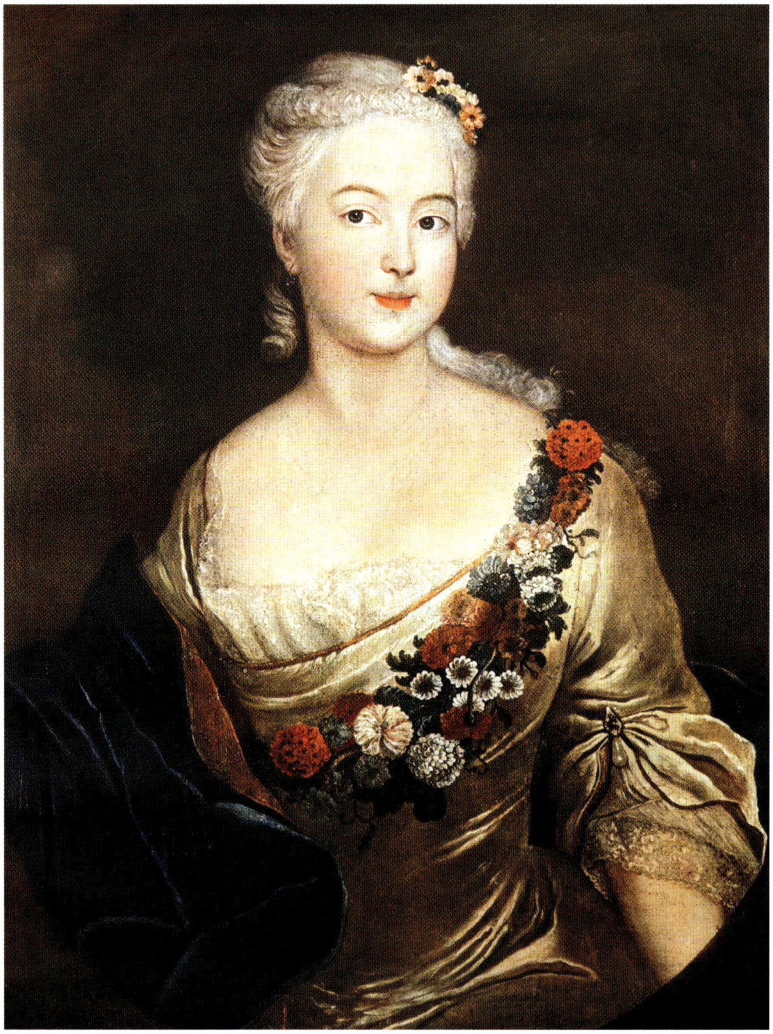

WILHELMINA VAN BAYREUTH
1709–1763

*'Ik voer geen oorlog tegen Troje, maar tegen konijnen,
vossen en andere schadelijke dieren en ik betreur het
dat ik geen Vergilius heb die mijn daden bezingt!'*

Wilhelmina van Bayreuth

De rotstuin van Sanspareil, niet ver van Bayreuth, werd tussen 1744 en 1748 aangelegd en behoort tot de bijzonderste parkontwerpen van Duitsland. De tuin ligt aan de voet van de middeleeuwse Hohenzollernburcht Zwernitz, die een prachtig uitzicht op het Opper-Frankische heuvellandschap biedt. Het terrein was markgraaf Frederik tijdens de jacht opgevallen: een beukenbos waarin overal verspreid rotsen met bizarre vormen lagen. "Ah, c'est sans pareil!" – "Dit is zonder weerga!" moet een lid van zijn gevolg bij de aanblik van de woestromantische omgeving hebben uitgeroepen. Frederik besloot dadelijk de plaats tot 'Sanspareil' om te dopen en er – overeenkomstig een mode van die tijd – een tuinresidentie in te richten.

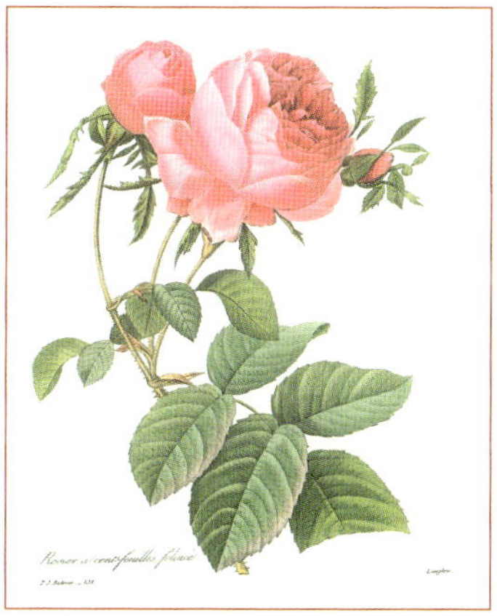

De ideeën voor de vormgeving van Sanspareil kwamen van Frederiks echtgenote Wilhelmina. De lievelingszus van Frederik de Grote van Pruisen behoorde tot de ontwikkeldste vrouwen van haar tijd. Ze was eigenlijk voor de Engelse koningstroon opgevoed, maar uiteindelijk om redenen van staatsbelang in 1731 aan de erfprins en latere markgraaf Frederik van Brandenburg-Bayreuth uitgehuwelijkt en zo naar Franken gekomen. Thuis voelde zij zich daar echter haar hele leven niet. Ze zag zichzelf als balling en had voor het land van haar ballingschap en voor zijn bewoners slechts spot en minachting over: "... aan onze Franken valt goed te merken hoe dik de berglucht is. Het duurt tien jaar voordat ze hebben geleerd 'goedendag' en 'goedenavond' te zeggen en nog eens tien jaar voordat ze een buiging kunnen maken." Maar Wilhelmina wist de verveling uitstekend de baas te blijven. In een brief aan haar broer in Pruisen beschrijft ze hoe ze haar tijd verdrijft: ze maakt studie van de 'regels der architectuur' en bouwt 'luisterrijke kastelen, die echter naar alle waarschijnlijkheid tekeningen zullen blijven.' Ze vertelt dat ze zich aan de fysica en bovendien aan de wijsbegeerte wijdt, vervolgens 's middags aan de geschiedenis, en dat ze ook nog bezig is met het componeren van haar eigen opera.

De prestaties van de markgraaf werden vaak door die van zijn echtgenote in de schaduw gesteld. Toch maakte ook hij zich zeer verdienstelijk voor de hofstad. Opgeleid zoals het een vorstenzoon betaamt, stichtte Frederik in 1742 de universiteit; in 1756 volgde een kunst- en muziekacademie. Onder het kunstzinnige paar ontwikkelde Bayreuth zich tot een cultuurcentrum van Europees niveau. Ook Voltaire was enthousiast: hij vond het stadje een 'lieflij-

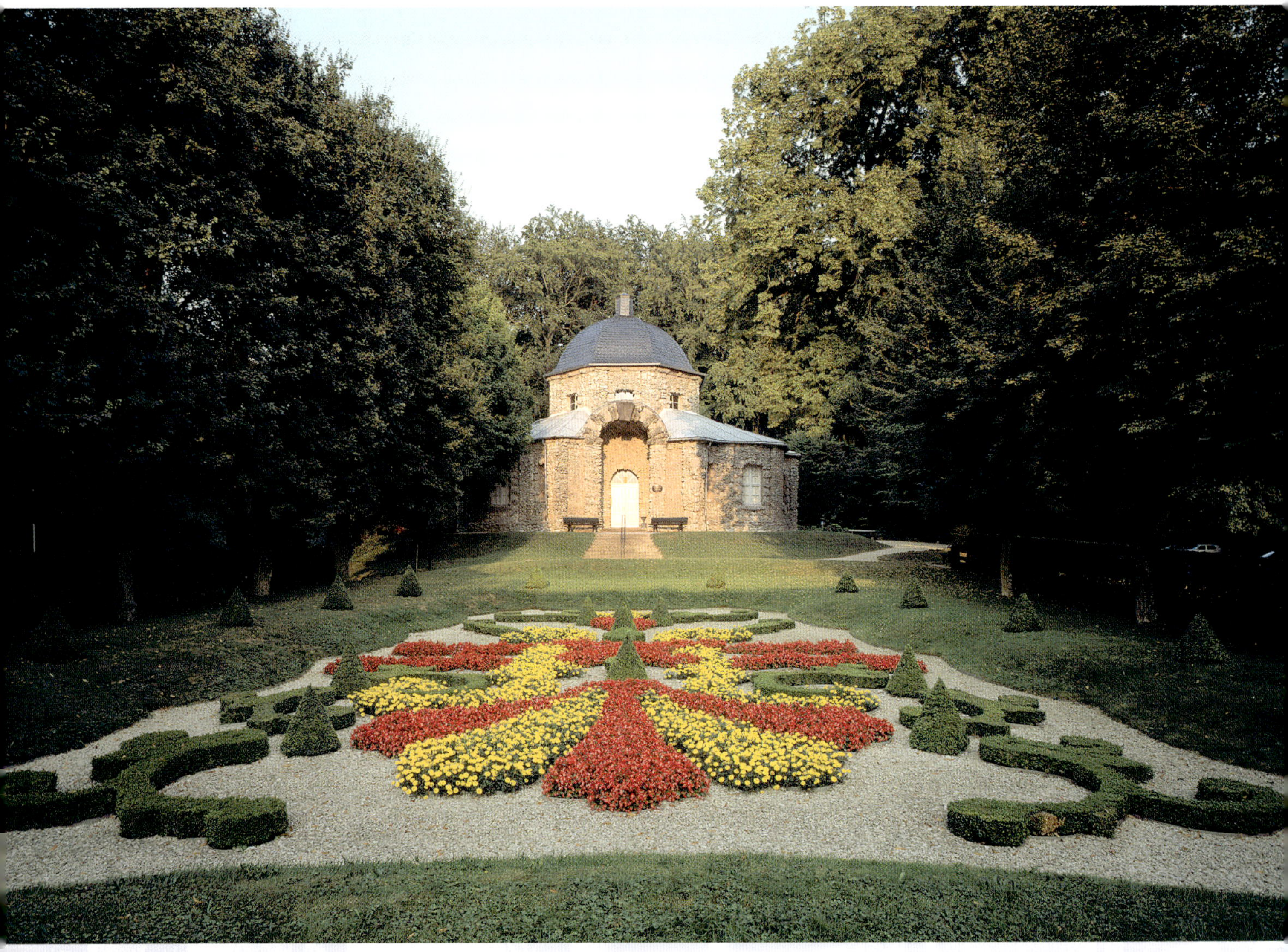

Het zogenoemde oosterse gebouw en het barok vormgegeven bloemperk vormen de entree van de wildromantische rotstuin Sanspareil bij Bayreuth.

ke, rustige plaats' waar men van 'alle genoegens van een hof' kon genieten zonder aan de 'ongemakken van de wijde wereld' te worden blootgesteld.

De tuin van Sanspareil werd naar de ideeën van Wilhelmina vormgegeven. De leiding van de bouw vertrouwde ze toe aan de Franse architect Joseph Saint-Pierre, die tegelijkertijd de opera ontwierp – tegenwoordig het enige baroktheater van Europa dat nog in originele staat is. In Sanspareil legde hij allereerst een rechthoekig, regelmatig terrein aan, dat werd overheerst door de vier gebouwen waarin het markgrafelijk paar en de hofhouding woonden. Bewaard gebleven is het zogenoemde oosterse gebouw: oorspronkelijk was het kleine tuinpaviljoen om een exotische indruk te wekken bekleed met tufsteen, bonte glasvloeden en rood en blauw gekleurde stenen en bergkristallen. Wilhelmina bedoelde deze decoratie vermoedelijk als verwijzing naar de kristallen paleizen die in de oosterse sprookjesverzameling van *Duizend-en-een nacht* worden beschreven. De clou is een beuk op de binnenhof, waar het paviljoen omheen werd opgericht. Ook het voormalige keukengebouw is bewaard gebleven; tegenwoordig bevindt zich hier een lunchroom voor toeristen. De beplanting van het bloemperk in het middelpunt van de tuin heeft men in vereenvoudigde vorm kunnen reconstrueren aan de hand van een oude gravure. Achter de geometrisch aangelegde baroktuin strekt zich de zeer romantische rotstuin uit. De natuur zelf was de bouwmeester geweest, schreef Wilhelmina over Sanspareil aan haar broer, de koning van Pruisen. De markgravin veranderde niets aan de natuurlijke rotspartijen, maar liet het terrein verfraaien met bouwwerkjes, beelden en inscripties, die alle deel uitmaakten van een groot beeldprogramma. Dit was gebaseerd op de roman *Les aventures de Télémaque* van François de Salignac de la Mothe-Fénélon, ooit theoloog aan het hof van Lodewijk XIV. De parabel van de zoon van Odysseus, die bedoeld was als opvoedingsroman voor de zoon van de Zonnekoning en later vooral in Duitsland grote populariteit genoot, had de auteur aanvankelijk in de problemen gebracht: de koning vatte het boek op als kritiek op zijn persoon en verbood de verspreiding ervan. Pas in 1717 werd het drukverbod opgeheven – en bleek het werk een bestseller te zijn.

Telemachus, zo vertelt het verhaal, komt tijdens de zoektocht naar zijn vader Odysseus met zijn oude begeleider Mentor in een storm terecht, lijdt schipbreuk en spoelt aan op het eiland Ogygia, waar ook Odysseus zeven jaar in de ban van de nimf Calypso had doorgebracht. Calypso wordt verliefd op de jonge Telemachus. Deze kiest echter voor de nimf Eucharis en gaat met haar op jacht, tot woede en jaloezie van Calypso. Met alle toestanden en avonturen vergeet Telemachus bijna zijn eigenlijke doel: het zoeken naar zijn vader. Uiteindelijk slaagt Mentor erin zijn beschermeling weer op het rechte pad te brengen. Om de jonge avonturier uit zijn amoureuze verwikkelingen te bevrijden en te vluchten bouwt hij een boot, maar die wordt door Amor en de nimfen verbrand. Daarop storten Telemachus en Mentor zich van een klip in zee – en worden op het laatste moment door een voorbij varend schip gered.

In Sanspareil liet Wilhelmina monumenten oprichten die naar afzonderlijke episoden van de roman verwezen. Veel hiervan ging in de negentiende eeuw verloren, maar we kennen dit deel van de tuin wel van de gravures die Johann Gottfried en Johann Thomas Köppel hebben vervaardigd. De achttiende-eeuwse bezoekers volgden een voorgeschreven wandelroute. Aan het begin passeerde men het referentenhuisje, waar Frederik zich aan regeringszaken wijdde wanneer hij in Sanspareil verbleef. Niet

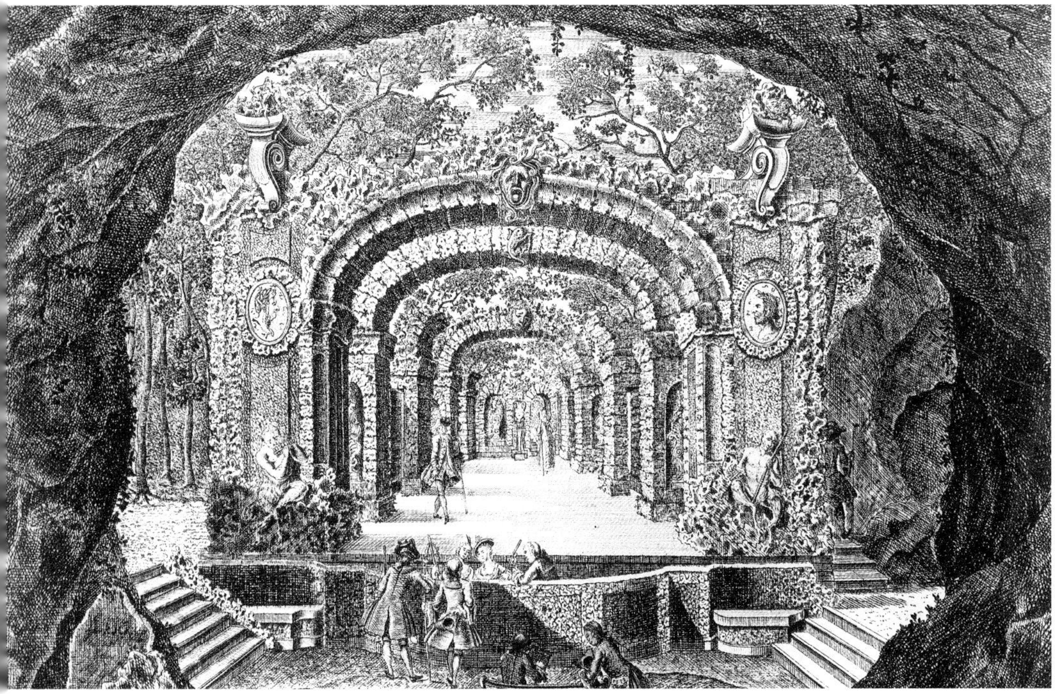

Artistiek hoogtepunt van het park: het ruïnetheater. Gravure van Johann Thomas Köppel, 1748.

ver daarvandaan bevond zich het houtstapelhuis, waar Wilhelmina placht te lezen. Naar het literaire voorbeeld van Telemachus werd verwezen door de zogenaamde Rots van de Liefde en het Odysseusmonument in de vorm van een urn. De natuurlijke grotten waren aan de hoofdpersonen van het verhaal gewijd: in de 'Grot van Mentor' vond Telemachus' begeleider volgens de legende het timmermansgereedschap. Aan de 'Groene Tafel', waarvan het blad als een ring rond een boomstam ligt, ontmoetten Telemachus en de nimf Eucharis elkaar. Over een stenen trap kan men nog steeds de belvedère-rots beklimmen, waar vroeger als uitkijkpunt een combinatie van drie ronde paviljoenen stond. Op een andere, nabijgelegen rots moest men zich echter Mentor voorstellen op het moment dat hij Telemachus net in zee heeft geduwd en zichzelf klaar maakt voor de sprong. Een randdecoratie zonder verband met de roman is dan weer de 'Reiger-' of 'Gollerfelsen'. Op de top van deze rots verhief zich een lustpaviljoen in pseudo-Chinese stijl, zoals te zien is op een gravure van Johann Gottfried Köppel uit 1792.

Sommige kunsthistorici hebben het beeldprogramma van de tuin geïnterpreteerd als beschrijving van Wilhelmina's eigen leven: de markgravin wordt dan met Calypso geïdentificeerd, die eigenlijk met de Engelse kroonprins – Odysseus – zou trouwen, maar zich ten slotte met de markgraaf van Bayreuth – Telemachus – tevreden moest stellen. Het verband met Wilhelmina's biografie is eigenlijk nog complexer: in de tijd dat de tuin werd ontworpen, werd haar huwelijk in gevaar gebracht door hofdame Von Marwitz-Burghausen, die in het verhaal van de roman de rol van de nimf Eucharis zou krijgen.

Het hoogtepunt van het ontwerp van Sanspareil bevindt zich echter achter de 'Grot van Calypso': het ruïnetheater. Het podium is opgebouwd uit vier bogen van grove tufsteen, die perfect in perspectief zijn geplaatst en uit de rots lijken te groeien. Om de kunstmatig vormgegeven theaterruïne 'iets echt antieks te geven' bevonden zich voor de bogen oorspronkelijk beelden van satyrs. Aan theaters uit de Oudheid herinneren bovendien vier in de rots uitgehakte maskers en twee reliëfportretten van klassieke Griekse dichters. We weten niet of het theater in de achttiende eeuw voor uitvoeringen werd gebruikt, maar tegenwoordig doet het in elk geval dienst als podium voor toneelstukken.

Sanspareil is geen typische baroktuin. Veeleer zien we hier zeer uiteenlopende invloeden van de Europese en Oost-Aziatische tuincultuur. Het ontwerp als geheel doet denken aan afbeeldingen van landschappen uit het Verre Oosten, waarin vrijstaande rotsen een grote rol spelen. Maar ook het ideaal van de Engelse landschapstuin lijkt hier te zijn verwezenlijkt – met het grote verschil dat er in dit geval geen sprake is van met veel raffinement kunstmatig in scène gezette natuur. Het is eerder zo dat de natuur in Sanspareil in hoge mate in haar oorspronkelijke staat is gelaten.

Sanspareil herinnert heel duidelijk aan de rotstuin in Bomarzo, niet ver van Rome, die ook naar een voorbeeld uit de literatuur werd ontworpen; de tuin van Bomarzo stamt uit de zestiende eeuw. Beide ontwerpen zijn in de grond natuurkunstwerken waarbij het natuurlijke landschap zoals het werd aangetroffen op een handige manier is benut. In Bomarzo zijn de rotsen echter in veel hogere mate artistiek bewerkt en hebben ze de vorm van monsters, woeste maskers en ruïnes gekregen.

De tuinen die tijdens de regeerperiode van Frederik en Wilhelmina werden aangelegd, vormden een wereld die een exotische tegenhanger was van het hofleven in Bayreuth. Daarvan getuigt ook de beroemde Hermitage – het 'kluizenaarsverblijf' – in de stad, waar de hofhouding het eenvoudige en contemplatieve leven van teruggetrokken monniken naspeelde. In het jaar dat zijn regering begon, had Frederik zijn echtgenote het Alte Schloss cadeau gedaan. Ook hier begon de bouwlustige Wilhelmina dadelijk aan een omvangrijke verbouwing. Ze liet het slot uitbreiden en richtte een muziekkamer, een Japans kabinet en het Chinese spiegelkabinet in, waarin ze haar beroemde memoires schreef. Eveneens naar een ontwerp van hofarchitect Saint-Pierre ontstonden in het park tussen 1743 en 1745 kleine bouwwerken en fonteinen; hij greep daarbij terug op traditionele elementen van de barokke tuin, zoals met hagen omzoomde vlakken, pergola's en waterwerken. Niettemin werd het ontwerp als zeer vernieuwend beschouwd, omdat de middellijnen niet van het Alte Schloss uitgaan en de afzonderlijke delen van de tuin zelfstandig konden worden bekeken.

Ook de rotstuin van Sanspareil is iets bijzonders: hij wekt nog steeds een moderne en eigentijdse indruk, doordat hij de bezoeker veel ruimte geeft voor romantische natuurbeschouwing. Wilhelmina's park is ook in die zin belangrijk dat het aan het begin staat van het enthousiasme voor de wereld van bergen en rotsen dat pas in de negentiende eeuw tot volle bloei kwam. Goethe deed nog op zijn reis naar Italië tijdens de tocht over de Alpen de gordijnen van zijn koets dicht, omdat hij de chaos van de rotsachtige dode natuur afkeurde en als onesthetisch en zelfs lelijk ervoer.

Een inspiratiebron voor Sanspareil was de beeldentuin Parco dei Mostri in het Sacro Bosco di Bomarzo bij Rome, die van 1550 tot 1563 voor hertog Vicino Orsini werd gecreëerd.

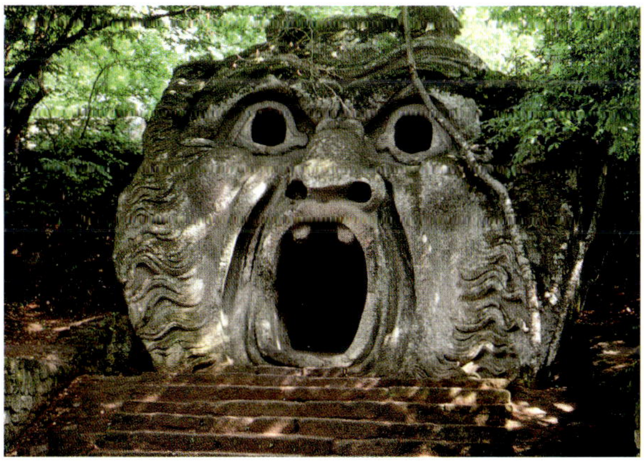

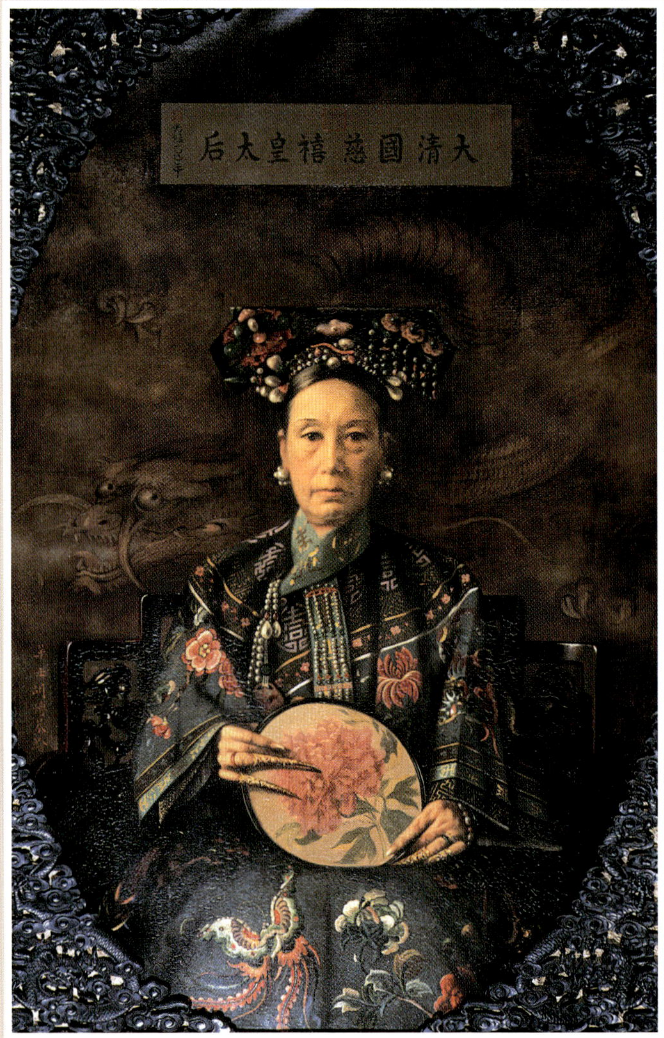

KEIZERIN-WEDUWE CIXI
1835 – 1908

'Wie mij voor één dag ongelukkig maakt,
zal levenslang lijden.'

Keizerin-weduwe Cixi

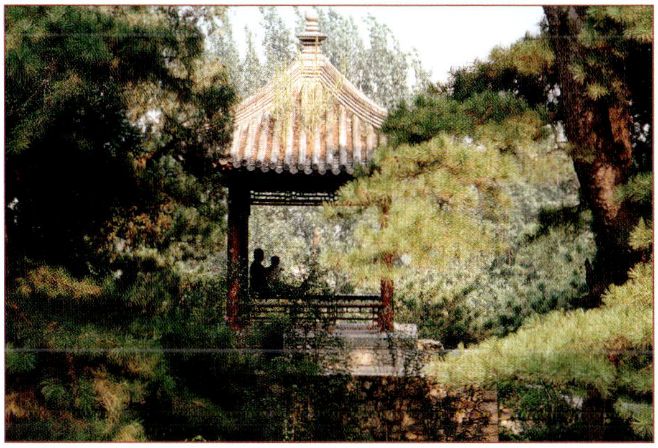

Het park van het Zomerpaleis bij Peking illustreert de grondregels van de Chinese tuinarchitectuur.

De tuinen van China werden al in de vierde eeuw voor Christus als fantastische oorden omschreven. Te midden van hibiscushagen en lotusbloemen wandelen pauwen; de lucht is vervuld van de geur van orchideeën. De voornaamste elementen in de vormgeving van de keizerlijke tuinen zijn – in tegenstelling tot de Europese tuintraditie – bergen en water, die de heersers met onsterfelijkheid associeerden.

Keizer Qianlong (1736–1795) had een vermogen in de uitbreiding van Yuan Ming Yuan, het park rond het Zomerpaleis in het noorden van Peking, gestoken. Op een oppervlak van maar liefst 25.000 hectare liet Qianlong bergen, dalen, grotten, beken, meren en eilanden aanleggen. Er waren feestzalen, een bibliotheek, wildbanen, dierenverblijven, tuinpaviljoenen en een winkelstraat, die door eunuchen werd gedreven. Keizerin-weduwe Cixi zag haar activiteiten als tuinarchitect ruim honderd jaar later in deze traditie. Ze was in 1852 als hofdame in de Verboden Stad aangekomen. Doordat ze de enige zoon van de keizer gebaard had, slaagde zij – tot dan toe een onbeduidende bijvrouw – er na de dood van keizer Xianfeng in 1861 met geluk en geraffineerde tactiek in de regering over te nemen. Tijdens de Opiumoorlogen, die China van 1839 tot 1842 en van 1856 tot 1860 met Engeland en Frankrijk had gevoerd, was het terrein van de legendarische residentie gebrandschat. Cixi besloot tot de wederopbouw en restauratie van het paleis en de tuinen – tegenwoordig een openbaar park.

Via het ministerie voor de marine sluisde ze handig staatsgelden door naar haar tuinbouwprojecten. Voor ieder nieuw gebouw legden de beste kunstenaars van het land ten minste tien ontwerptekeningen aan de keizerin voor, die in met gele zijde bespannen mappen werden verzameld. Vooral de reeds onder Qianlong aangelegde 'Berg van de Lange Levensduur', het Kunmingmeer en de circa 700 meter lange, schaduwrijke wandelgalerij langs de rand van het meer moesten worden hersteld, uitgebreid en verfraaid. Een andere attractie was het marmeren theehuis in de vorm van een raderstoomboot. Omdat Cixi van opera hield, gaf ze ook opdracht tot de bouw van een theater. De keizerin-weduwe bracht veel tijd in het Zomerpaleis door. Met een treintje kon ze zich gemakkelijk tussen de tuinpaviljoenen heen en weer bewegen. De bewering dat Cixi in het voorjaar samen met de eunuchen-tuiniers tot aan de heupen in de modder stond om de nieuwe lotuszaailingen te planten, zal toch wel in het rijk der fabelen thuishoren – een dergelijke manier van doen is moeilijk voor te stellen bij deze verder hard en heerszuchtig optredende vorstin.

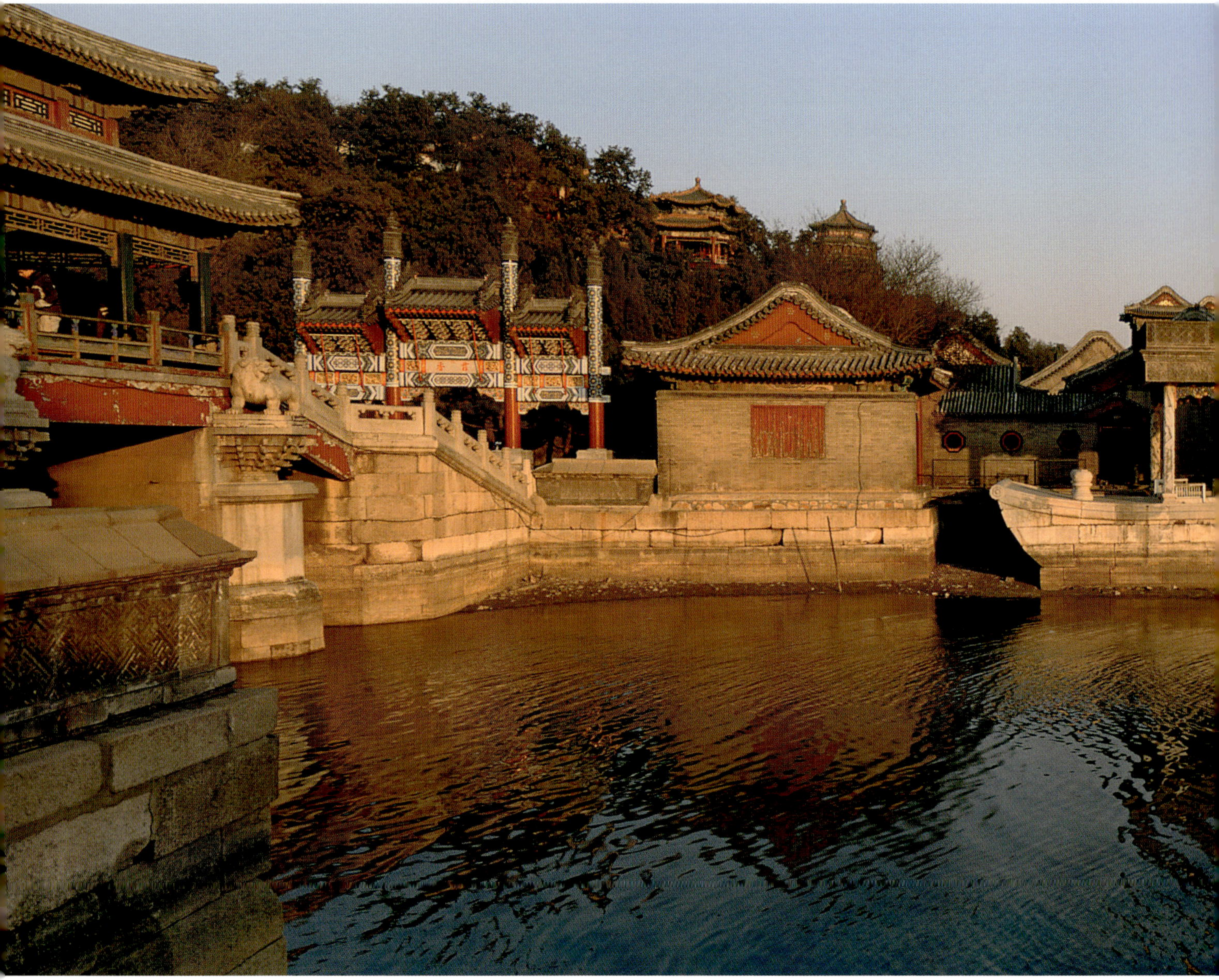

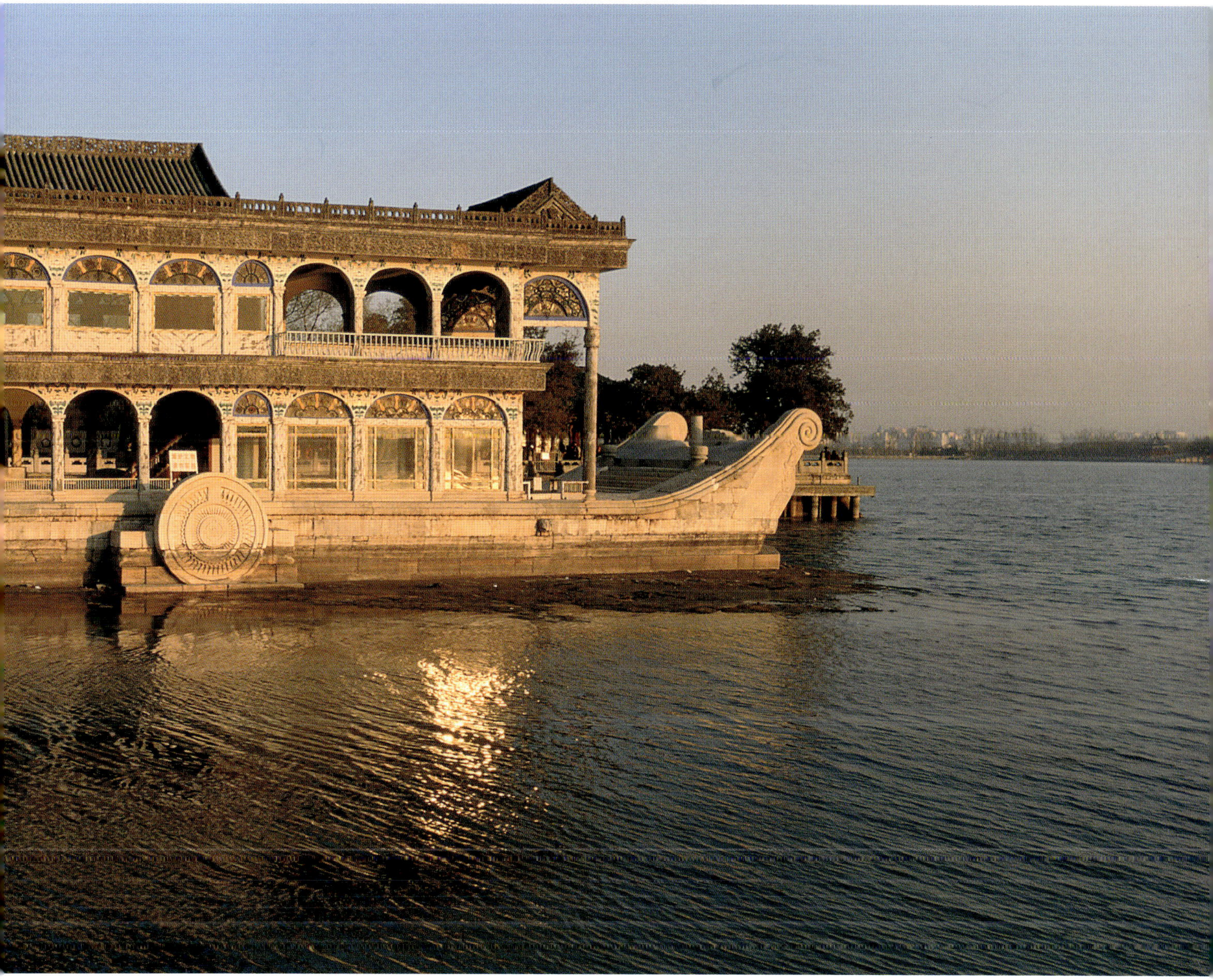

Cixi liet een marmeren theehuis in de vorm van een raderstoom boot optrekken, tegenwoordig een toeristische attractie.

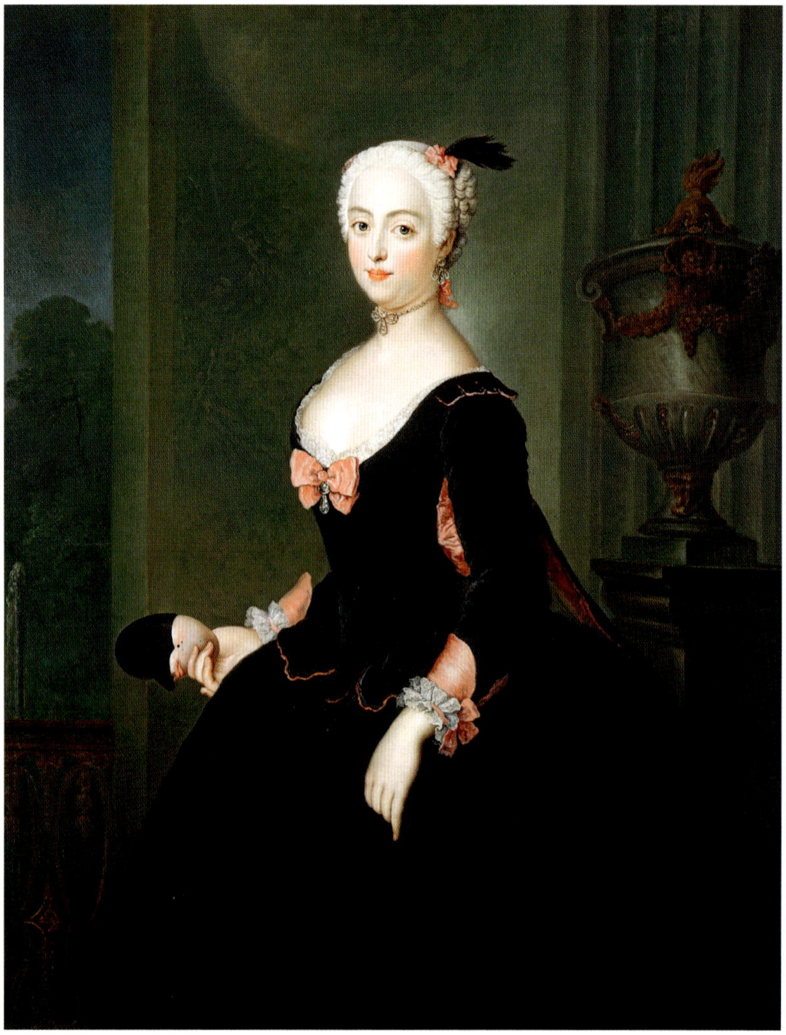

LOVISA ULRIKA VAN ZWEDEN
1720 – 1782

'Chinezen hebben niets dan minachting over voor de symmetrisch aangelegde Europese tuin.'

William Temple, 1692

Lovisa Ulrika van Zweden

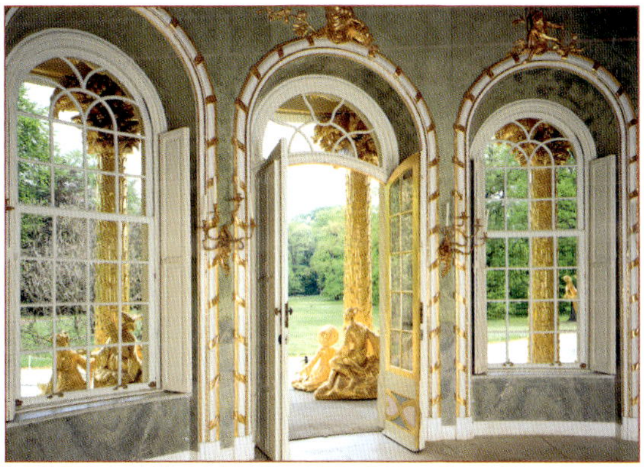

Een juweeltje van de Chinese mode in Europa is het Chinese theehuis in de tuin van slot Sanssouci in Potsdam.

Een dergelijk geschenk was zelfs in koninklijke kringen een sensatie. Ter gelegenheid van haar huwelijk met de Zweedse troonopvolger Adolf Frederik op 29 augustus 1744 kreeg Lovisa Ulrika het sprookjesachtige lustslot Drottningholm ('Koninginneneiland') op het eiland Lövö in het Mälarmeer. De Pruisische prinses raakte in verrukkig van de barokke aanleg en de grote tuin. Een van haar voorgangsters, koningin Hedwig Eleonore (1636–1715), had het eiland ten zuidwesten van Stockholm in het midden van de zeventiende eeuw als weduwenresidentie uitgekozen en de architect Nikodemus Tessin de Oudere de opdracht gegeven het kasteel te bouwen en het park aan te leggen. Zijn voorbeeld waren de Franse tuinen, bovenal natuurlijk Versailles en Vaux-le-Vicomte. Maar pas onder leiding van zijn zoon, Nikodemus Tessin de Jongere, kreeg de tuin van Drottningholm zijn uiteindelijke vorm. De jonge architect was zelf naar Frankrijk gereisd en had zich daar door de al bij leven beroemde architect André Le Nôtre hoogstpersoonlijk tijdens lange wandelingen door het park van Versailles laten inwijden in de kunst van de tuininrichting.

Na zijn terugkeer naar Zweden omzoomde Nikodemus de door zijn vader aangelegde tuin van 180 meter breed en 800 meter lang met een lindenlaan van twee rijen. Hij verdeelde het terrein in vier stukken: de broderieparterre bestond uit een patroon van gesnoeide buxushagen en gekleurde kiezels, terwijl in de omliggende perken gesnoeide dennen, vlierbomen, ligusters, blauwe en witte seringen kwamen te staan. De rijkdom aan kleuren werd nog versterkt door beschilderde potplanten waarvan de toppen van gouden kogels waren voorzien. Op deze bijzonder kunstig vormgegeven sectie sloot de waterparterre aan; daarop volgden de cascaden. De bosschages sloten het park aan de westzijde af. Wat betreft de verplichte decoratie van de tuinen met beelden kon koningin Hedwig op haar eigen rijke kunstverzameling teruggrijpen. Zij liet bronzen beelden van de renaissancebeeldhouwer Adriaen de Vries neerzetten; Zweden had deze werken van de beroemde Nederlandse kunstenaar tijdens de Dertigjarige Oorlog in Denemarken en Praag buitgemaakt. Het was Hedwig Eleonores bedoeling dat haar tuin alle zintuigen zou aanspreken. Voor een verrassingseffect zorgde een grote

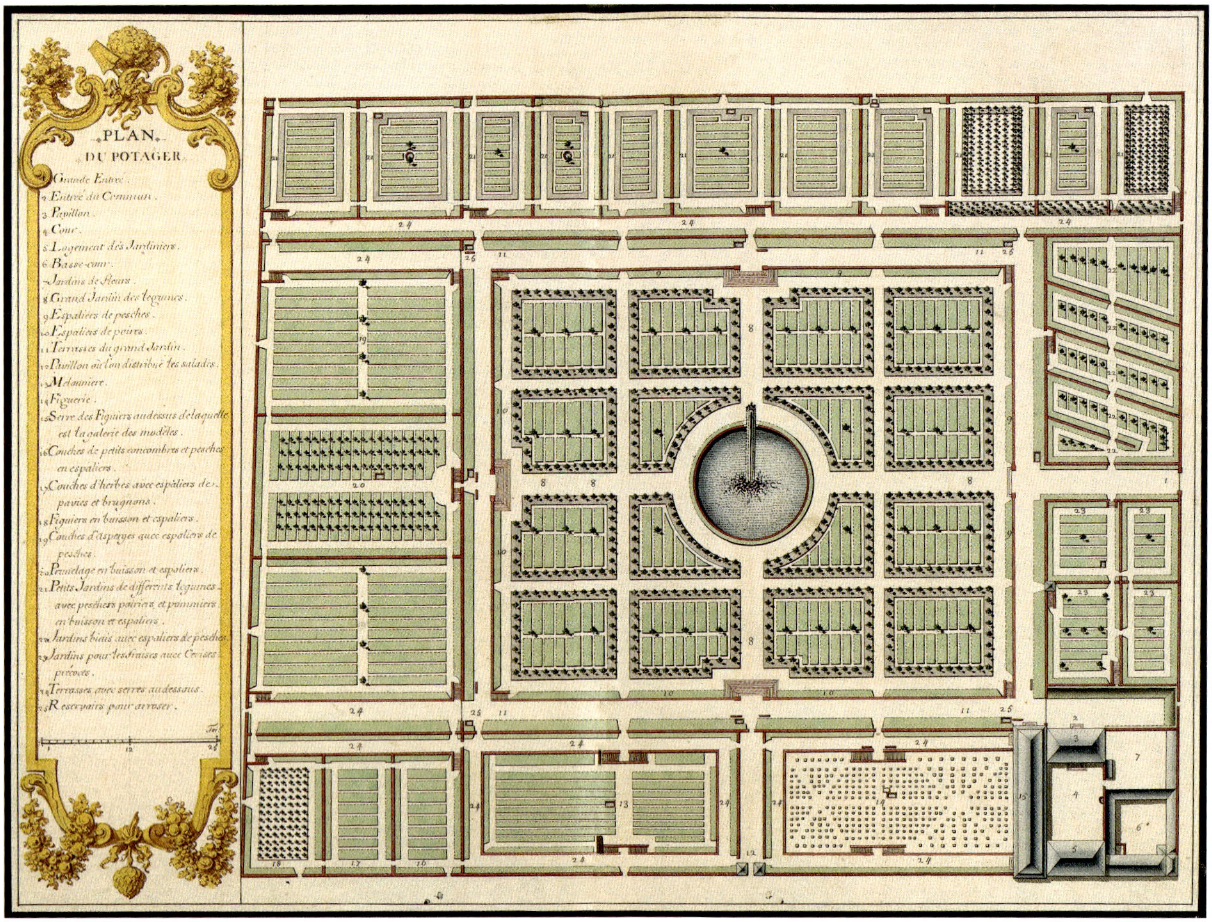

Het model van alle baroktuinen: het park van de Zonnekoning, Lodewijk XIV. Ontwerp voor de 'plattegrond van de kastelen en tuinen van Versailles in het jaar 1722'.

fontein in het midden van de tuin, die door een wijdvertakt waterleidingstelsel werd gevoed.

Lovisa Ulrika (die oorspronkelijk Luise Ulrike heette), kunstzinnig en ontwikkeld, nam na haar bruiloft de modernisering van het slotpark in rococostijl dadelijk ter hand. De barokke tuin bleef bewaard – tot aan haar drieëndertigste verjaardag. Op 24 juli 1753 deed Adolf Frederik, intussen tot koning gekroond, zijn gemalin een Chinees huisje cadeau. Onder strikte geheimhouding was het exotische houten paviljoen in Stockholm gebouwd en kort voor de verjaardag van de koningin per schip naar Drottningholm getransporteerd. Met dit gebouwtje maakte de Chinese mode ook in Zweden haar opwachting. De architecten Carl Hårleman en Carl Johan Cronstedt hadden ontwerpen uit Duitsland laten komen. Bijna tegelijkertijd gaf Lovisa Ulrika's broer Frederik II voor de tuin van slot Sanssouci in Potsdam opdracht tot de bouw van een Chinees theehuis – een rococo-kleinood met oriëntaalse ornamenten, dat met zijn vergulde, levensgrote 'Chinese figuren' veel opzien baarde. Ook het paviljoen in het Zweedse Drottningholm was typerend voor gebouwen in de Chinese stijl – en bovendien een uitstekend decor voor kleine festiviteiten.

De voorliefde voor oriëntaals vormgegeven behang, meubels, porselein en lakwerk was in de grote handelscentra in Frankrijk en Nederland begonnen en had zich wijd verbreid: in de achttiende eeuw leed de complete hoge adel van Europa aan Chinakoorts. Slot Pillnitz bij Dresden bijvoorbeeld werd vanaf 1720 geheel in Chinese stijl opgetrokken. Oppervlakkige reisbeschrijvingen voedden het idee dat de landen van het Verre Oosten plaatsen van vrolijk en zorgeloos leven en aards geluk waren – precies datgene waarmee de galante hofwereld van de rococo zich wilde identificeren. De chinoiserieën stilden de honger naar het exotische en het vreemde.

In Drottningholm was het rood geverfde houtwerk met de drakenconsolen overigens al snel aan vervanging toe; het materiaal was op den duur niet bestand tegen het hardvochtige klimaat. Tussen 1763 en 1769 liet het vorstenpaar een tweede, solidere versie van steen bouwen. Intussen waren er talrijke boeken over het thema China verschenen. Carl Gustav Ekeberg bijvoorbeeld behandelde in 1754 de Chinese tuin in zijn boek over de landbouw in China, dat in verschillende talen werd vertaald. Ook het nieuwe Chinese paviljoen van Drottningholm werd natuurlijk voorzien van een golvend pagodedak. Bij de vormgeving van de twee hoofdvertrekken van de nieuwbouw lieten de decorateur en de architecten zich inspireren door het in 1757 gepubliceerde boek van William Chambers (1728–1798), *Designs of Chinese Buildings, Furniture, Dresses, Machines and Utensils etc.* Chambers had als koopman voor de Zweedse Oost-Indische Compagnie in China gewoond en na zijn terugkeer naar Engeland enige boeken over de Oost-Aziatische architectuur en decoratie geschreven. In 1768 stuurde hij een exemplaar van elk van zijn geschriften naar het Zweedse hof, waar men zijn verhandelingen ijverig bestudeerde.

Het hart van het in een halve cirkel opgetrokken gebouw, de spiegelzaal, werd ingericht met Chinese porseleinfiguren; de stoelen zijn bekleed met Indiase zijde met bloemmotieven. Hoewel niet oriëntaals ingericht, werd het deel van de tuin rondom het exotische paviljoen door Lovisa Ulrika kortweg 'China' genoemd. Architect Carl Frederik

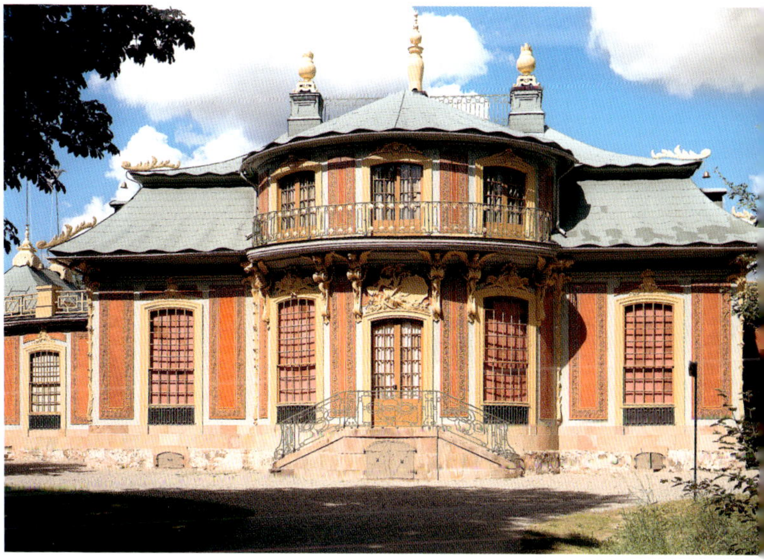

Chinees paviljoen in het park van Drottningholm, tussen 1763 en 1769 gebouwd. Met de houten voorganger van het bouwwerk maakte de Chinese mode haar entree in Zweden.

Adelcrantz liet bosschages aanplanten die kleine ruimten vormden. Daarin vonden volières en romantische kamperfoelie- en seringenpriëlen hun plaats. Het oosterse tuinpaleisje zelf diende als intiem toevluchtsoord voor de koninklijke familie. Zodoende werd één paviljoen van het gebouw 'Confidences' genoemd. Daar kon men helemaal privé dineren, zonder de aanwezigheid van de alomtegenwoordige bedienden. Zowel de eettafel als de dressoirs kon men namelijk in de personeelsruimten in de kelder laten zakken.

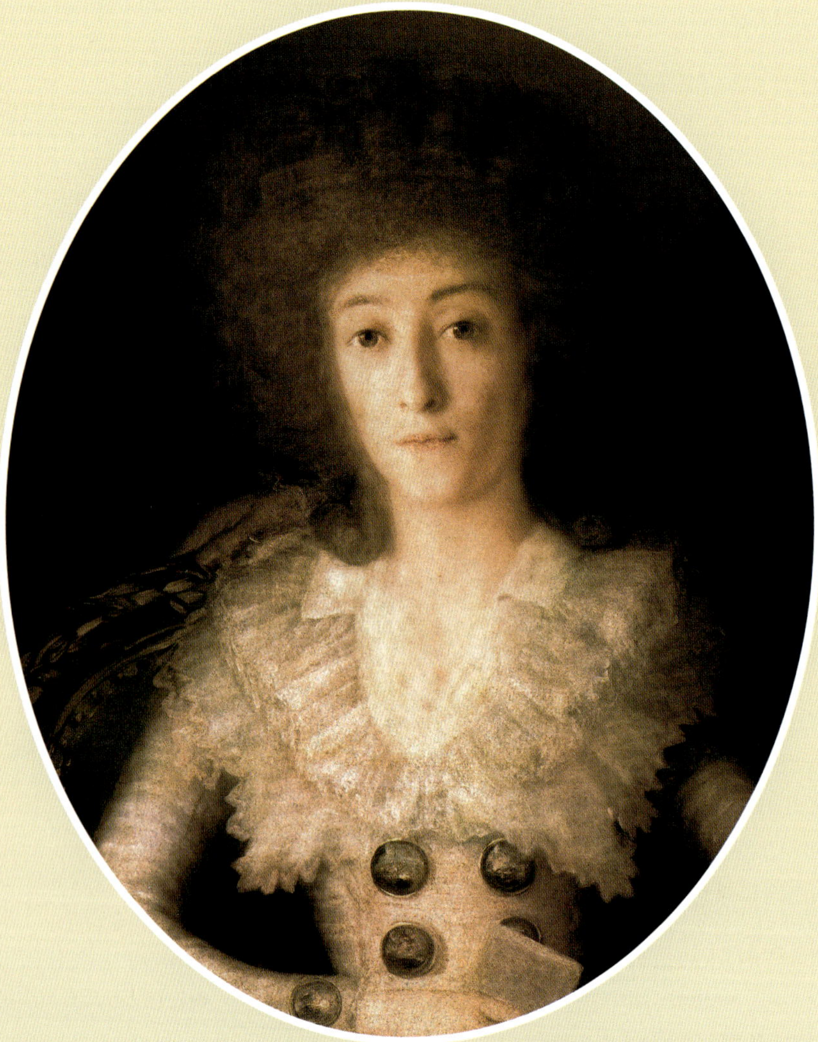

DE HERTOGIN VAN OSUNA
1752 – 1834

*'De opmerkelijkste vrouw van heel Madrid
als het gaat om talent, karakter en smaak.'*

Elizabeth Lady Holland (1770–1845)

De hertogin van Osuna

Hete zomers en droge winters zijn geen ideale uitgangsomstandigheden voor weelderige bloemenparterres of sappig groene Engelse landschapstuinen. María Josefa Pimentel hertogin van Osuna liet zich echter niet ontmoedigen door het ongunstige klimaat van haar Spaanse vaderland. Het volgens haar aanwijzingen aangelegde park El Capricho in Madrid behoort tot de mooiste van het land. Voor de hertogin moest de tuin zowel een representatieve functie vervullen als voor het genoegen dienen. 'El Capricho' betekent zoveel als 'gril' of 'merkwaardige inval'. Inderdaad vielen de achttiende-eeuwse bezoekers door de vele bijzondere ideeën van de ene verbazing in de andere.

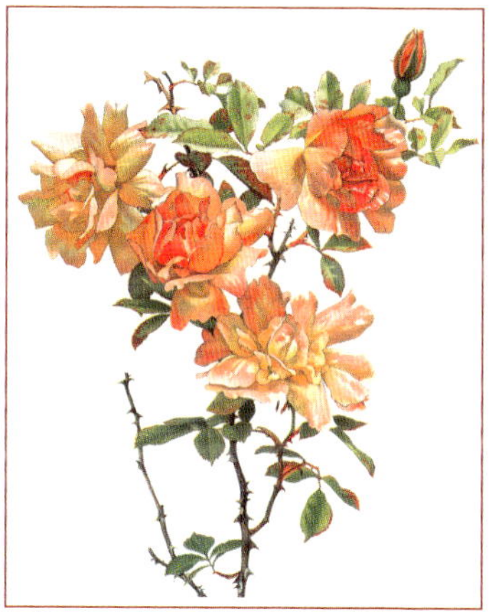

Het park weerspiegelde de sociale status en het vermaarde intellect van de hertogin. Afkomstig uit een van de voornaamste families van de hoge Spaanse adel, zette zij in de tweede helft van de achttiende eeuw niet alleen op het gebied van mode en stijl in het hele land de toon; ze was ook zeer ontwikkeld. De hertogin bezat een bibliotheek van 60.000 banden en las alles van Horatius tot Cervantes en de denkers van de Franse Verlichting, voor wie ze grote waardering had. Dat was allesbehalve vanzelfsprekend: ze had persoonlijk bij de Inquisitie, die pretendeerde over de moraal en de goede zeden te waken, een vergunning voor het bezit van verboden boeken moeten halen – onder andere werken van Voltaire en Rousseau, die niet alleen maar over staatstheorie en opvoeding schreef. In zijn gevoelige roman in brieven *Julie ou la nouvelle Héloïse* van 1761 beschreef hij een tuin die – in tegenstelling tot de rationeel geconcipieerde baroktuinen van zijn tijd – uitsluitend op de natuur gebaseerd is. Zeer populair in adellijke kringen waren Rousseaus botanische leerbrieven, waarin hij de afzonderlijke plantengeslachten beschreef en zijn lezers aanspoorde om in bos en veld naar bladeren en bloemen te gaan zoeken. Of de hertogin van Osuna nu precies deze boeken las, weten we niet. Wel dat de Franse schrijver en uitgever Charles de Pougens haar uit Parijs boeken stuurde die *en vogue* waren. Daarnaast voorzag hij haar van Indiase thee, parfums en dagbladen als de *Journal des Débats*. De hertogin was ook sociaalpolitiek geëngageerd en sloot zich aan bij de eerste niet-religieuze vrouwenbeweging van Spanje, de zogenoemde Junta de Damas de Honor y Mérito. Deze adellijke dames bevorderden de opleiding van meisjes uit de lagere klassen en zetten zich in voor de verbetering van de omstandigheden in vrouwengevangenissen. In de kunstgeschiedenis is de hertogin

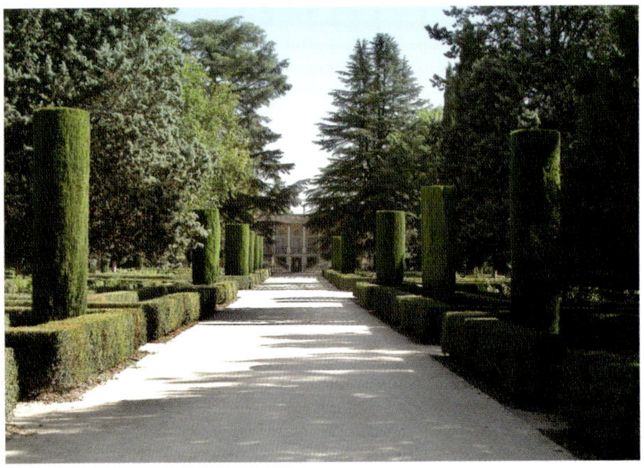

Typische elementen van de baroktuin zijn de in geometrische vormen gesnoeide buxushagen, die hier de weg naar het tussen 1792 en 1796 gebouwde paleis La Alameda omzomen.

van Osuna bekend geworden als mecenas. Al vroeg begunstigde ze de beroemdste Spaanse schilder van de achttiende eeuw, Francisco de Goya, die ze opdracht gaf voor portretten van haarzelf en haar gezin.

Haar meest ambitieuze projecten waren echter de bouw van paleis Alameda en de aanleg van het bijbehorende park El Capricho. In het jaar 1783 had ze samen met haar man een klein landhuis in de buurt van Madrid gekocht. Er hoorden ook 250 hectare grond bij, die in gebruik waren voor landbouw en fruitteelt. De hertogin liet de eenvoudige hofstede in een paleis met een zuilenfaçade omtoveren. De opdracht voor de tuin gaf ze aan Pablo Boutelou, die tot een bekend geslacht van tuinarchitecten behoorde. Hij was door zijn reizen naar Versailles, Nederland en Engeland vertrouwd geraakt met de nieuwste ideeën op het gebied van tuinarchitectuur en gold destijds in Spanje als meester in zijn vak. Voor de hertogin van Osuna ontwierp hij een tuin in twee delen: ten noordoosten van het paleis legde hij volgens de regels van de traditionele Franse baroktuin een rond bloemperk aan. In het midden klatert een fontein, 'la fuente de las ranas' ('de fontein met de kikkers'). Het andere, met circa negentien hectare veel grotere deel ligt ten westen van het slot en werd gevormd naar het ideaal van de Engelse tuin, dat aan het begin van de achttiende eeuw in de mode was geraakt. De bezoeker wandelt over kronkelende paden door een lieflijk landschap met weiden en kleine bossen die weliswaar een natuurlijke indruk maken, maar kunstig zijn gearrangeerd. De Engelse dichter en satiricus Alexander Pope riep als een van de eersten om terugkeer naar de 'bekoorlijke eenvoud van de onopgesmukte natuur' – en stak de draak met de geometrische strengheid en kunstmatigheid van de Franse tuinen: "Adam en Eva in taxus; Adam een beetje gehavend doordat er een boom van kennis van goed en kwaad door de grote storm geveld is ... Sint Joris in buxus; zijn arm is nog niet lang genoeg, maar volgend jaar april zal hij de draak kunnen doden ... Twee reuzen, een beetje bruin, gaan weg voor een zacht prijsje," grapte hij in een verzonnen catalogus van gesnoeide groenblijvers. In talrijke artikelen legde hij de zweep over al die 'kleine labyrintjes in kunstige bloemperken'.

Het is zeer waarschijnlijk dat María Josefa de Osuna bekend was met de ideeën van Pope en andere Engelse tuintheoretici en -architecten, zoals William Kent. En net als in de Engelse voorbeelden, die vaak aan schilderijen van Nicolas Poussin en Claude Lorrain doen denken, mochten ook in El Capricho architectonische elementen niet ontbreken. Deze deden enerzijds dienst als uitkijkpunten,

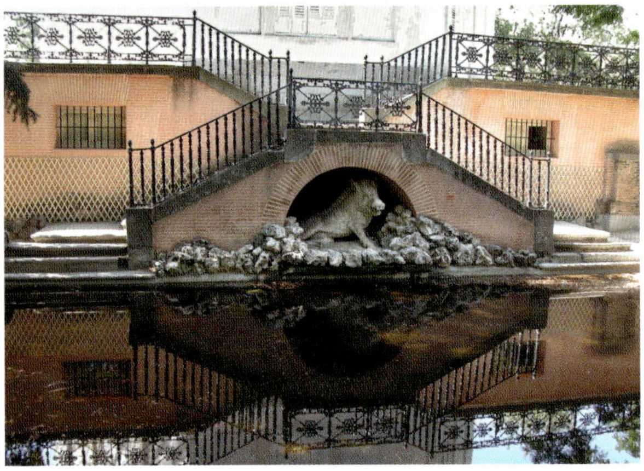

De toegangstrap naar het Casino de Baile, het zomerhuis aan de rivier de Ría, dat in 1815 werd ingericht voor het geven van dansavonden.

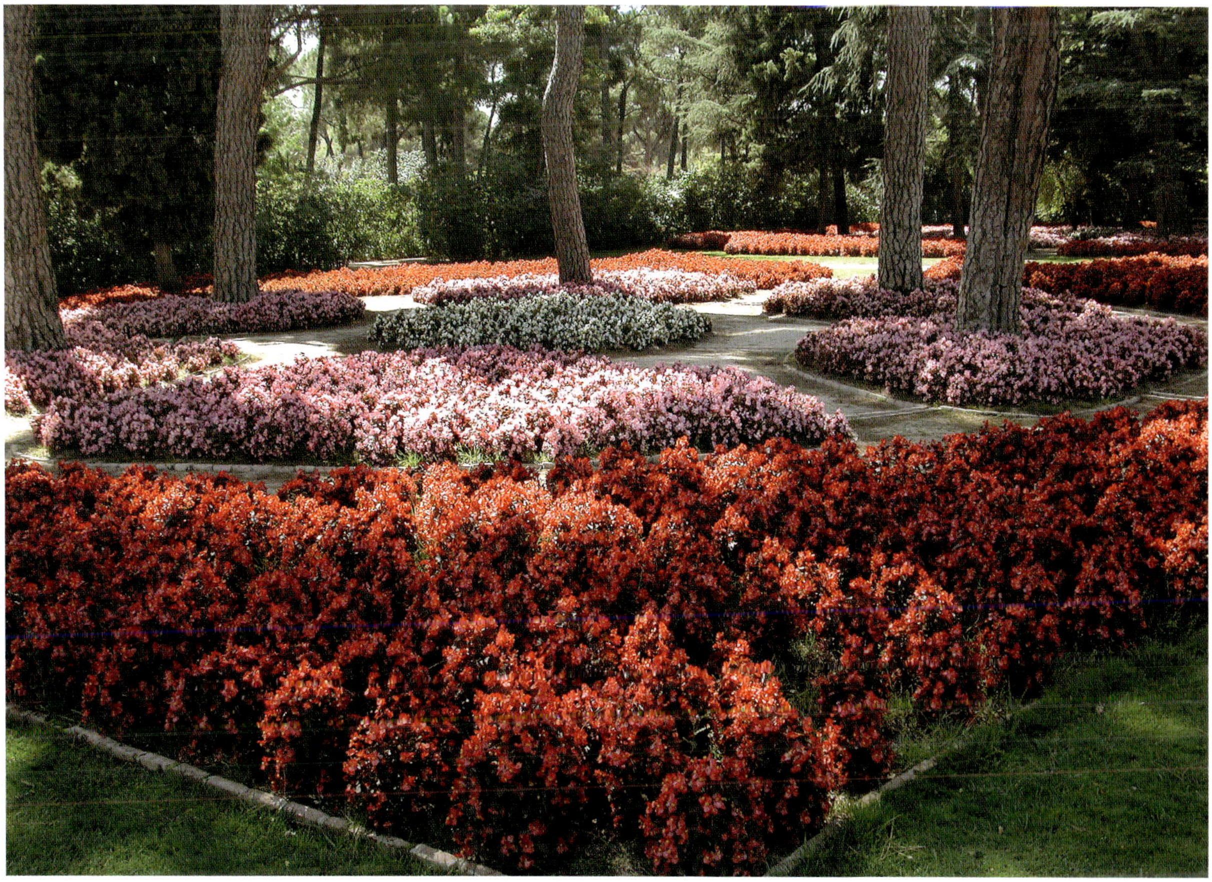

In de schaduw van een aantal mediterrane pijnbomen strekt zich een met begonia's beplante parterre in wisselende roodtinten uit.

maar anderzijds stonden ze ook voor persoonlijk-wijsgerige, historische, literaire en mythologische thema's. Een ovaal tempeltje was gewijd aan Bacchus, de god van de wijn. Het 'huis van de kluizenaar', door de theaterschilder Angel María Tadey met illusionistische schilderingen versierd, werd bewoond door in afzondering levende monniken die om vergeving van de zonden van de hertog baden. Het bijzonderste bouwwerk van het park is het bijenhuis, 'El Abejero', in classicistische stijl. Hier waren de bijenvolken ondergebracht die de hofhouding van honing moesten voorzien. Het bijzondere was dat men door een glazen ruit de bijen bezig kon zien – het gebouw was dus ook bedoeld om te stichten en te onderrichten. Met het beeld van de vlijtige bij werd de natuur de mens tot voorbeeld gesteld. In de loop der tijd stelde de hertogin nog andere tuininrichters aan, zoals in 1787 de Fransman Jean Baptiste Mulot en in het jaar 1795 zijn landgenoot Pierre Prevost. Tussen 1798 en 1799 liet ze een kanaal met een lengte van 420 meter aanleggen dat in een kunstmatig meer met twee eilanden uitmondt.

De tegenwoordige opzet van de tuin komt niet meer geheel overeen met het ontwerp van de hertogin van Osuna en haar tuinarchitecten. Haar kleinzoon Pedro Alcántara liet een labyrint aanleggen. Weer een andere eigenaar van El Capricho, de schilder en tuinarchitect Javier de Winthuysen, verving de rozentuin van het paleis in 1940 door een bloemperk. Ook een groot genoegen van de adellijke dames en heren behoort al lang tot het verleden: met een gondel, die door een gekleurde bediende werd bestuurd, voer men over het kanaal. Het romantische tochtje begon bij het miniatuurfort El Fortín, waarvandaan bij feestelijke gelegenheden kanonsalvo's werden afgevuurd.

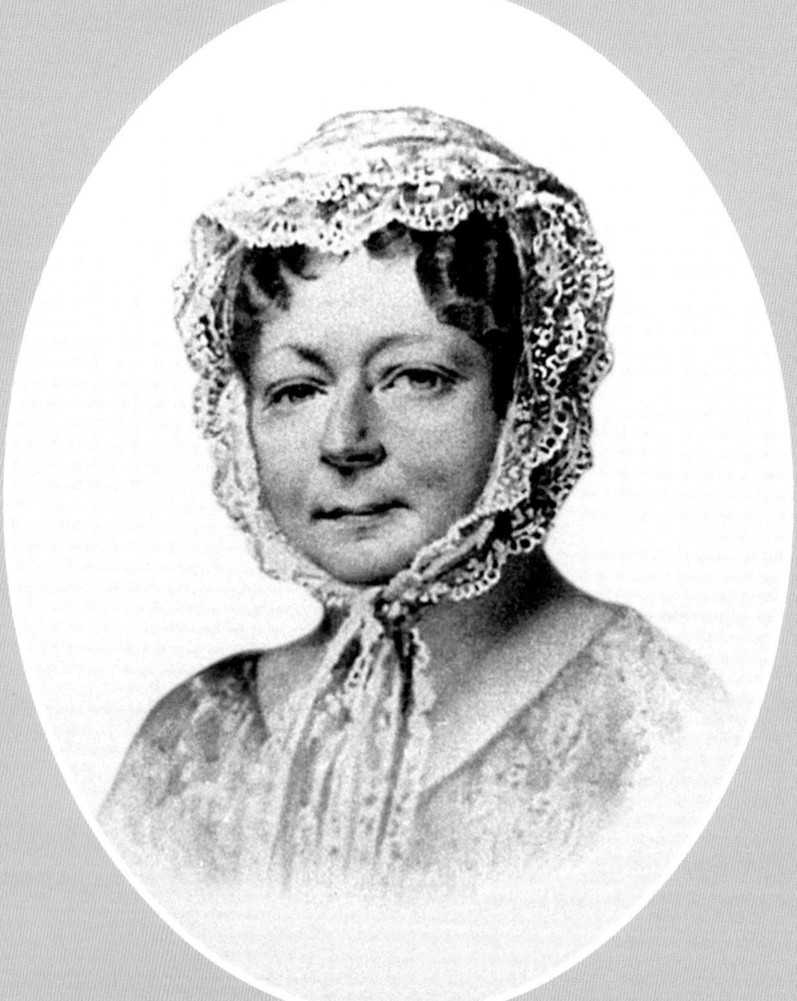

VORSTIN LUCIE VAN PÜCKLER-MUSKAU
1776 – 1854

*'Laat je niet misleiden door de oppervlakte van mijn handelwijze.
Kijk dieper en je zult het inzien:
het bezit van Muskau is mijn ondergang.'*

Vorst Hermann van Pückler-Muskau aan Lucie, Briefwechsel und Tagebücher, 1873 – 1876

Vorstin Lucie van Pückler-Muskau

Lucie van Pückler-Muskau is in de annalen van de tuinarchitectuur bijgeschreven omdat ze alles, maar dan ook echt alles deed om de passie van haar man te ondersteunen: vorst Hermann van Pückler-Muskau (1785–1871) had het in zijn hoofd gehaald in Muskau een enorm park te creëren, een park zoals de wereld nog nooit had gezien. De om zijn dandyachtige levenswijze bekend staande vorst had het idee in 1814 opgedaan tijdens een reis door Engeland, waar hij niet minder dan 36 parken had bezichtigd. Zijn voorbeeld was het uitzicht vanaf Richmond Hill over het weidse landschap van het Thamesdal, waar de vele tuinen en parken de indruk gaven van een landschapsbeeld dat zich verloor in het oneindige. Eenmaal in Duitsland teruggekeerd begon hij direct de burgers van zijn vorstendom over te halen om het voor het park benodigde land tegen een financiële vergoeding aan hem ter beschikking te stellen. Al aan het begin van het groots opgezette project kon er over één ding geen twijfel bestaan: de uitvoering zou veel geld gaan kosten. In 1817 trouwde hij met de vrouw die over de voor zijn tuinarchitectonische escapades benodigde financiële achtergrond beschikte. Als dochter van staatskanselier Hardenberg, aan wie Pückler zijn vorstenoorkonde en Pruisen de naar hem genoemde hervormingen te danken had, genoot Lucie gravin van Hardenberg-Reventlow het grootst mogelijke aanzien in voorname Berlijnse kringen.

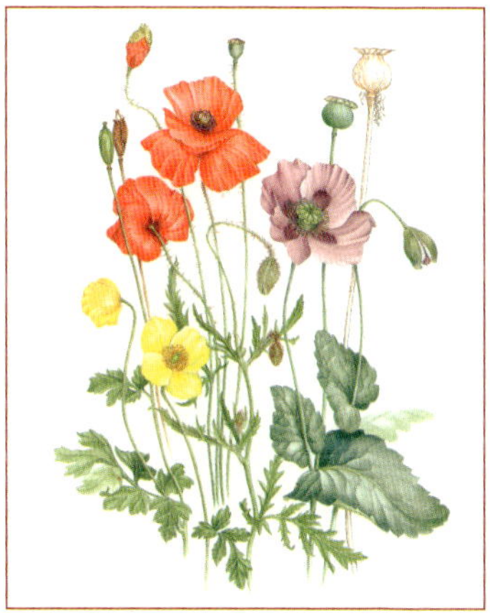

Al vóór de huwelijksvoltrekking schreef Pückler aan zijn bruid over alle kleine en grote landaankopen die hij al had gedaan of nog moest doen. Allereerst werd de omgeving van het kasteel aangepast aan de wensen van de vrijheer van Muskau en de verwachtingen van de toekomstige vorstin: er werd een langgerekte parkweide aangelegd die het perspectief naar de door Lucie bewoonde kamers van het kasteel leidde. Naar Lucies koosnaam doopte Pückler het terrein 'Snoesjesdal' – tegenwoordig heet het 'Tranenweide'. Op een ver van het slot verwijderd stuk grond creëerde hij met twee kleine *cottages* een sfeervol tuindomein, dat hij 'Engeland' noemde. Hier stonden de bevolking een uitspanning, een schietbaan en een kegelbaan ter beschikking. In het zuiden legde hij het zogenoemde badpark aan, een klein kuuroord met minerale bronnen waarvan hij hoopte dat het wat extra inkomsten zou opleveren. Lucie liet zich door de parkmanie van haar echtgenoot meeslepen en organiseerde geld en materialen. Maar al aan het begin van hun huwelijk ontpopte de vorst, zo blijkt uit zijn brieven, zich als een notoir echtbreker; zelfs voor een verhouding met

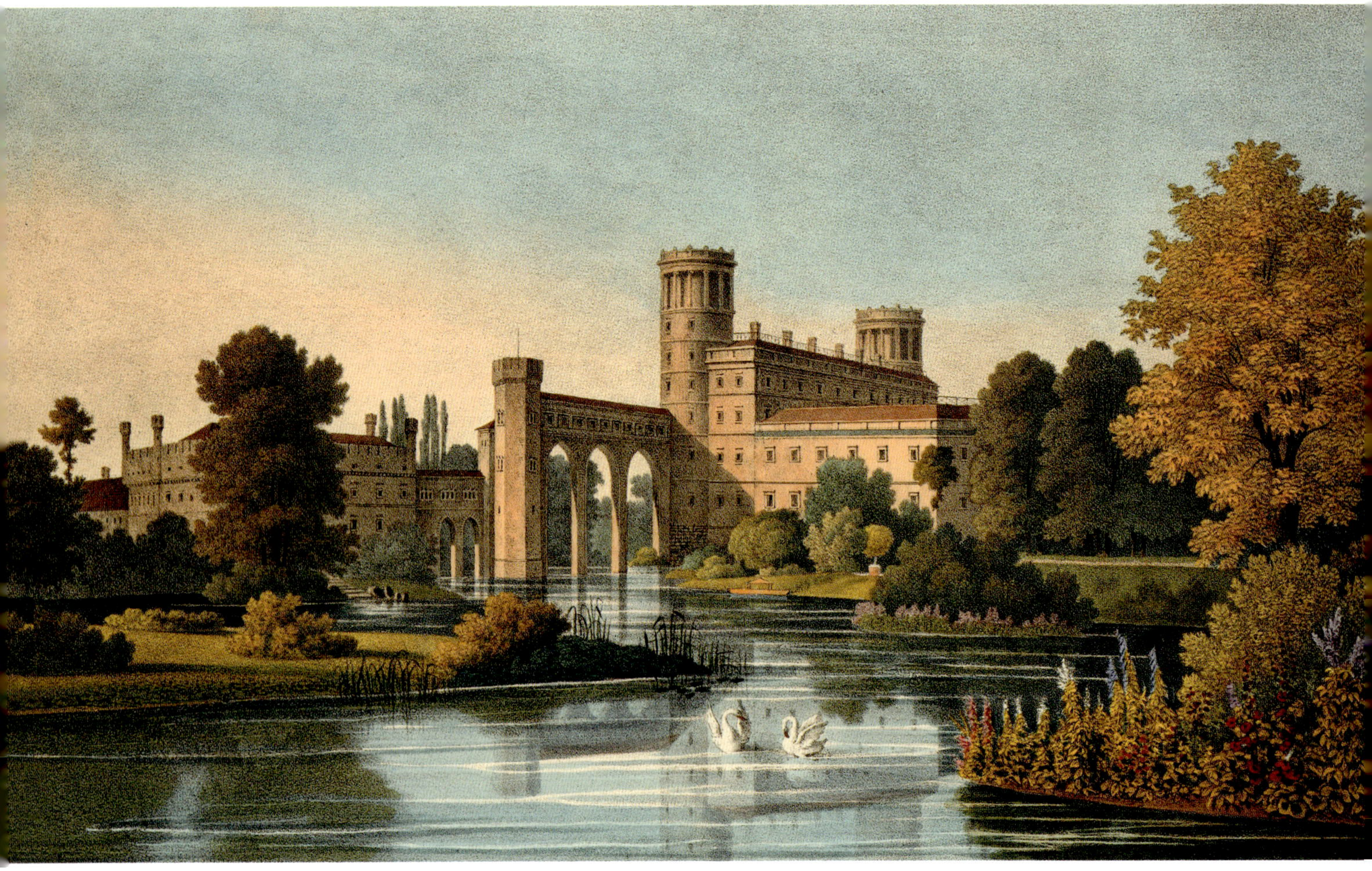

Het ideale ontwerp voor slot Muskau door Karl Friedrich Schinkel voor Pücklers boek over het park, Andeutungen über Landschaftsgärtnerei, *verschenen in 1834.*

Lucies pleegdochter Helmine deinsde hij niet terug. Van zijn echtgenote verwachtte Pückler toegeeflijkheid: zij zou zijn moederlijk lijdzame liefdespartner zijn, terwijl hij Helmine nodig had voor de bevrediging van zijn erotische fantasieën.

Aangezien de genotzuchtige vorst zelden in Muskau aanwezig was, werd Lucie degene die zijn ideeën gestalte gaf. Met de hulp van parkopzichter Jacob Heinrich Rehder bekommerde zij zich om de aanleg van de tuin, die steeds meer geld verzwolg. In 1823 was de berg schulden zo hoog geworden dat er nog maar één uitweg was: Lucie, altijd de zichzelf

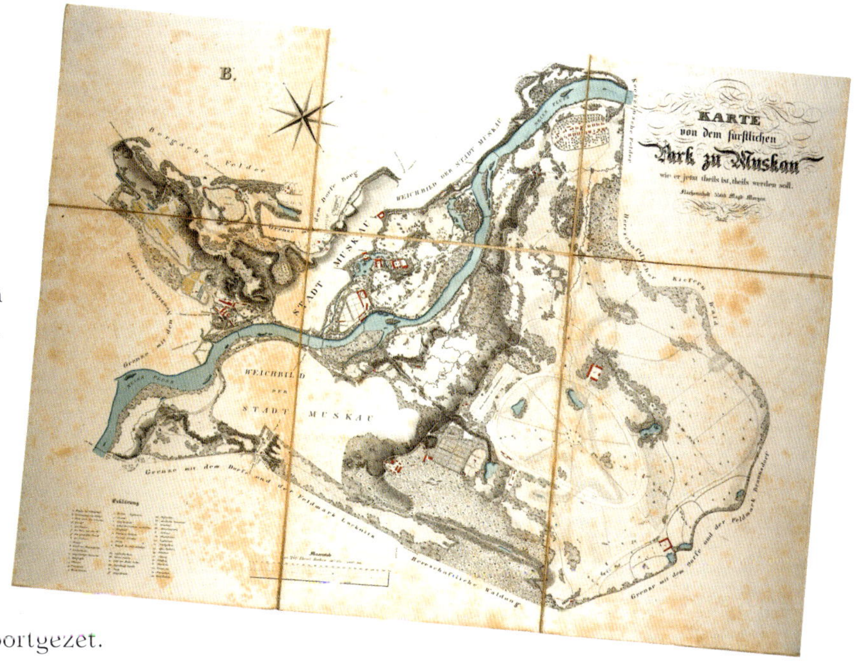

Ontwerp voor het park van Muskau, het zogenoemde Plan B, in Andeutungen über Landschaftsgärtnerei*, 1834.*

wegcijferende partner, bood haar man een echtscheiding aan, zodat hij een rijke erfgename kon zoeken om de tuinaanleg te financieren. Hun huwelijk was een verstandshuwelijk geweest en de scheiding puur zakelijk, merkte Pückler droog op; de scheiding veranderde niets aan de eeuwige vriendschap en liefde voor zijn 'hartesnoesje'. Het gezamenlijke tuinproject werd ook nu in eerste instantie voortgezet. Op advies van Lucie werden de slotgrachten tot een natuurlijk overkomend meer samengevoegd, het zogenaamde Luciemeer. In 1826 – de echt van het vorstelijk paar was intussen officieel ontbonden – vertrok Pückler naar Engeland om naar een bruid op zoek te gaan. Een jaar later schreef hij aan Lucie dat hij maar liefst bij vier rijke erfgenames een kans maakte: "Gibbins, de dochter van de dokter, knap en ontwikkeld, met minstens 50.000 pond. 2. Een andere koopmansdochter, bijzonder knap, vriendelijk en dom, met 40.000 pond. 3. Een voorname, lelijke met 100.000 pond. 4. Een zachtaardige, slimme, knappe en voorname, maar met slechts 25.000 pond ... Als er zich geen machtige vijand mee bemoeit, dan denk ik dat geen van allen me een blauwtje zal laten lopen als ik er werk van maak." De vorst op vrijersvoeten moest echter onverrichter zake naar huis terugkeren – voor de Engelse wet was hij niet gescheiden en in de verfijnde Britse *society* stond hij bovendien op heel wat tenen. Het is aan Lucie te danken dat Pückler na zijn terugkeer naar Muskau de meer dan 2000 pagina's brieven bewerkte die hij tijdens zijn Engelse reis aan haar had geschreven. De door de vorstin geredigeerde uitgave van de brieven verscheen in 1830–32 onder de titel *Briefe eines Verstorbenen* ('Brieven van een overledene'). Het boek werd een bestseller. In de jaren daarna reisde Pückler door de Oriënt en was hij actief als reisschrijver. Lucie voerde intussen in Muskau het bevel over het slot en het park, dat werd uitgebreid met nog meer bloementuinen, de blauwe tuin en de herentuin. In 1840 keerde Pückler naar Muskau terug en gaf de aanzet tot ambitieuze nieuwbouw: zo ontstonden de oranjerie en een grootscheepse brouwerij met een aangrenzend hotel. In het jaar 1845 had de vorst zich zo diep in de schulden gestoken dat hij het bezit Muskau ten slotte toch moest verkopen. Lucie, die sinds de echtscheiding het grootste deel bezat, stemde met een zwaar hart met de verkoop in. De parkmanie was hiermee echter niet ten einde: ze stak al snel weer de kop op in Branitz, waar 'snoesje' en haar 'tuinvorst' op aandringen van Lucie uit een 'woestijn', zoals zij het zelf uitdrukte, een 'oase' schiepen – een groot landschapspark met een decor dat bestaat uit eeuwenoude bomen, bloementuinen en meren en, waarschijnlijk uniek in Europa, zelfs een paar piramiden.

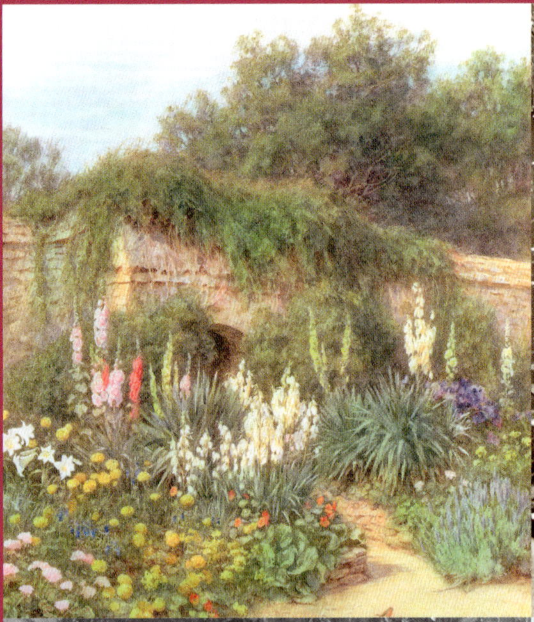
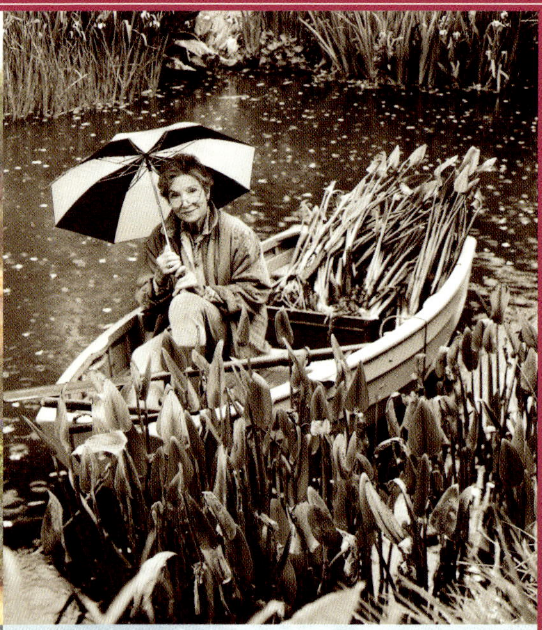
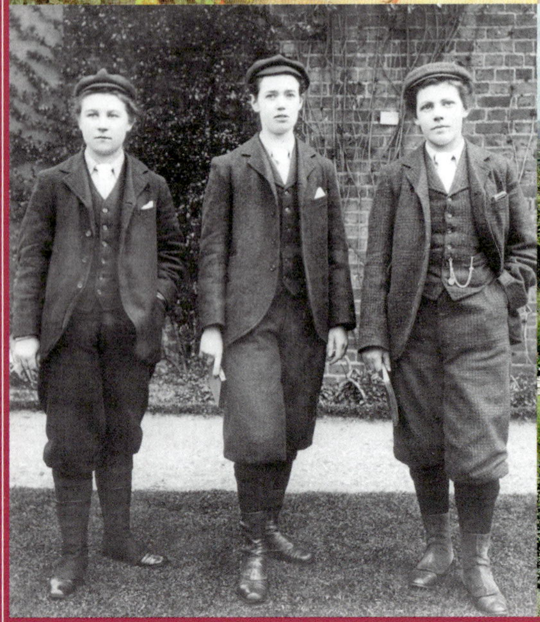
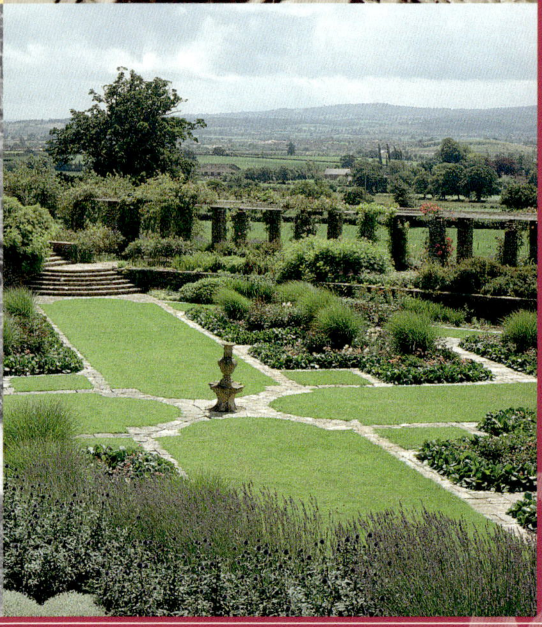

Wieden, gieten, harken

Vrouwen met groene vingers

Tuinieren werd in alle tijden als een geschikte hobby voor dames beschouwd, maar eerder als decoratief accessoire ter onderstreping van de vrouwelijke charmes dan als serieuze bezigheid: de lieftallige vrouw straalde nog meer in de gloed van een bloeiende tuin, de tuin kwam nog beter tot zijn recht als aan zijn verzorging een vrouwenhand viel af te lezen. Men zag graag dat vrouwen boeketten samenstelden of een beetje botaniseerden, maar voor zwaar lichamelijk werk en al te diepe wetenschappelijke inzichten meende men hen te moeten behoeden. Vooral het stelsel van Linnaeus met zijn metaforische obsessie voor pollen en stampers, voor bigamie en huwelijken tussen neef en nicht gold lange tijd als ongepast. Zelfs Goethe, die zich ook met de natuurwetenschappen serieus bezighield, stak zijn scepsis niet onder stoelen of banken: "Dit alles blijft onverdraaglijk voor de reine menselijke geest. Als onschuldige zielen botanische leerboeken ter hand nemen, wordt hun zedelijk gevoel gekrenkt."

Dit hoofdstuk vertelt over vrouwen die zich over deze preutse aanstellerij hebben heengezet, die meer wilden zijn dan een teergevoelig ornament en die zich het tuinieren met al zijn lasten, teleurstellingen en de mogelijkheid van nieuwe inzichten eigen wilden maken. Van slechts een coulisse verandert de tuin in de eigen werkplaats van de vrouw, een plaats waar ze zichzelf ontplooit en ervaringen opdoet die deel van de vrouwelijke identiteit worden: een 'kamer voor zichzelf', zoals Virginia Woolf wist dat vrouwen nodig hebben.

De schrijfster Louisa Johnson was de eeuwige conflicten met haar tuinier beu en publiceerde in 1837 een boek met de programmatische titel *Every Lady Her Own Flower Gardener* ('Elke dame haar eigen tuinier'). Het kweken van bloemen, vertelt ze, was in Groot-Brittannië van een tijdverdrijf in de voornaamste passie van dames veranderd. Johnsons eis: "Wij hebben een boek nodig dat ons in de gelegenheid stelt onze eigen tuiniers te worden. Wij willen alles zelf weten."

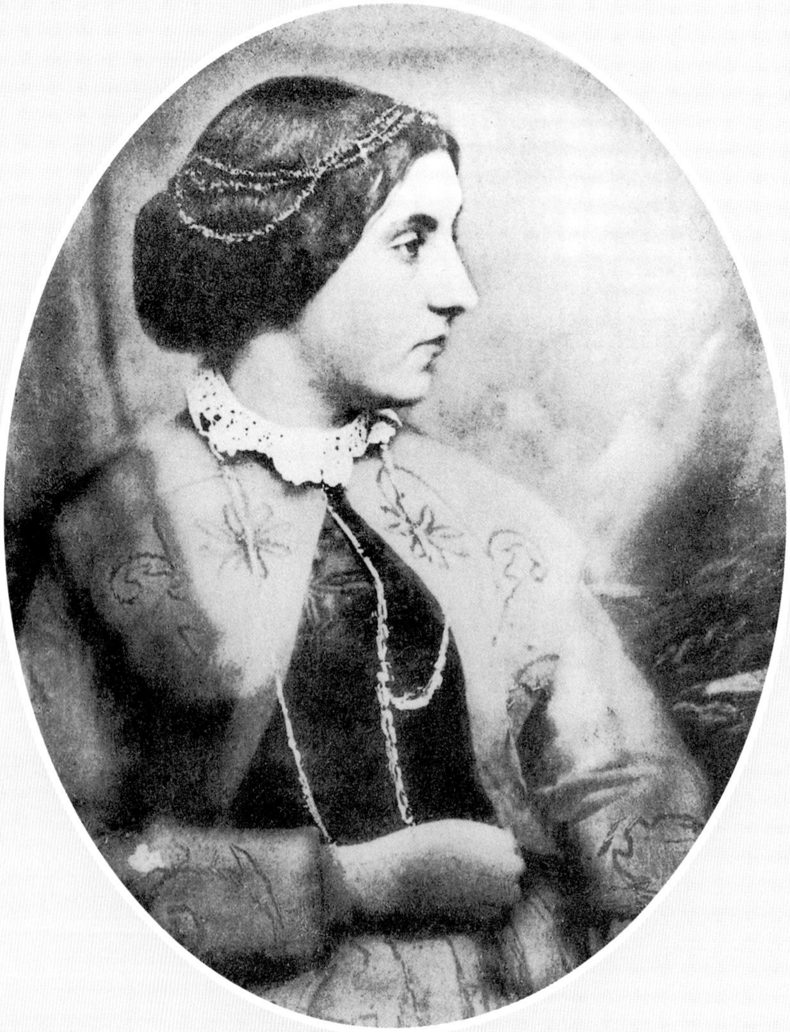

JANE LOUDON
1807 – 1858

'Ik schrijf dit omdat ik denk dat boeken voor professionele tuiniers zelden aan de behoeften van amateurs beantwoorden.'

Jane Loudon

Toen John Claudius Loudon, journalist en zeer gewaardeerd auteur van tuinadviesboeken, in 1830 de recent verschenen griezelroman *The Mummy* las, had hij een déjà-vu-ervaring: in het futuristische verhaal spelen allerlei technische vondsten een rol, zoals een met stoomkracht aangedreven ploeg en een mechanische melkinstallatie. Precies deze technologische ontwikkelingen had Loudon zelf ten tonele gevoerd in een van zijn boeken. Hij maakte onmiddellijk een afspraak met de auteur en stelde tot zijn verbazing vast dat het om een vrouw ging – een bijzonder aantrekkelijke vrouw bovendien: Jane Webb, toen 23 jaar oud, schreef onder een mannelijk pseudoniem. Zes maanden later waren de twee een getrouwd stel.

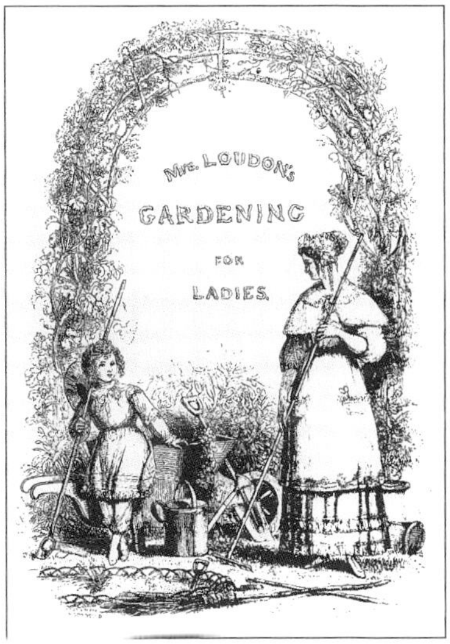

Jane Loudons Gardening for Ladies, *verschenen in 1840, bevat een verzameling praktische adviezen en heldere instructies voor de tuinierende dame.*

Na de bruiloft stapte Mrs. Jane Loudon van het vak van horrorauteur over naar het vreedzame rijk der bloemen en werd zij de even toegewijde als commercieel ingestelde partner van haar echtgenoot. Gezamenlijk bewerkten zij de huiselijke tuin in Bayswater, die het laboratorium was voor Loudons plantenkweekexperimenten. Jane hielp als secretaresse bij de redactie van zijn omvangrijke hoofdwerk, de *Encyclopedia of Gardening*, waarin Loudon de stand van de kennis op het gebied van plantkunde, tuiniertechnieken en de diverse tuinstijlen van heel Europa samenvatte.

Daarnaast gaf hij sinds 1826 *The Gardener's Magazine* uit, een blad met adviezen voor professionele tuiniers. Al naar gelang de tijd van het jaar werd de lezer erop gewezen wat er in de tuin en in de landbouw moest worden gedaan – vakkundig, maar niet zelden op strenge toon en met geheven wijsvinger. Loudon presenteerde kweekresultaten en nieuw geïmporteerde exotische planten en tot vreugde van zijn mannelijke lezers besprak hij ook hier technische snufjes: van de gazonwals via de al genoemde stoomploeg tot het inklapbare dak voor broeikassen.

Jane Loudon, tot dan toe niet erg in deze materie ingevoerd, deelde al snel de passie van haar man en profiteerde van diens brede kennis. Maar met de vakliteratuur van zijn hand kon ze weinig beginnen: die was te technisch en bovendien droog geschreven. Ervan overtuigd dat tuinadviesboeken beslist ook de belangstelling van een vrouwelijk publiek zouden wekken richtte ze met *The Lady's Magazine of Gardening* haar eigen tijdschrift op. Minder dan tien procent van de vrouwen in de middenklasse was destijds actief in een beroep; het meren-

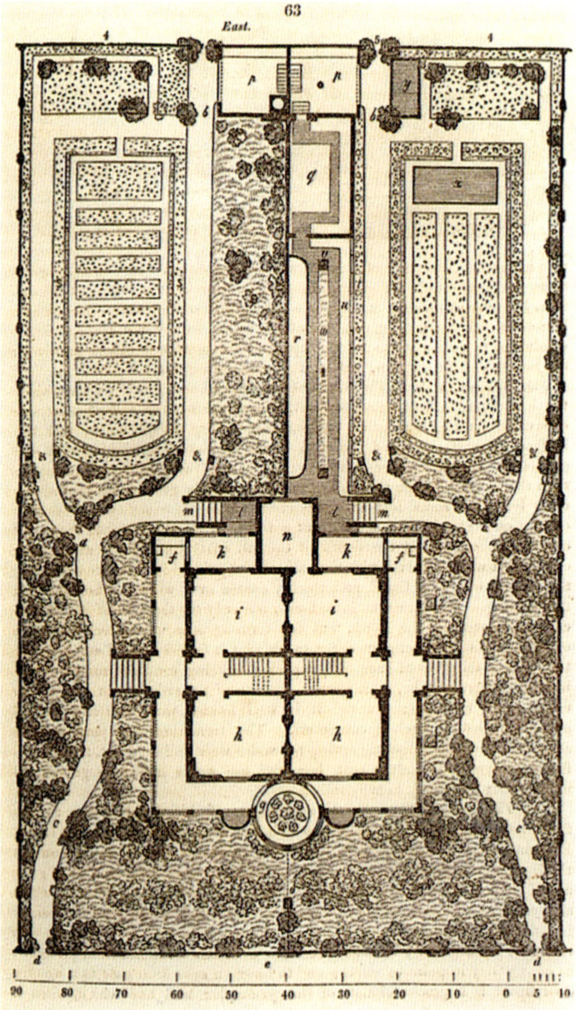

Links: in hun tuin in het Londense stadsdeel Bayswater experimenteerden de Loudons onder andere met exoten, die ze op hun geschiktheid voor het Engelse klimaat beproefden. Hun beroemde collectie gardenia's was ondergebracht in een broeikas met een van ijzer geconstrueerde koepel.
Onder: portret van John Claudius Loudon, ca. 1845.

deel bewoog zich in de vaak aangehaalde driehoek van kinderkamer, keuken en kerk. De tuin was voor Jane Loudon een plaats van creativiteit: hij was, zei ze eens, het canvas waarop vrouwen konden ontwerpen en schilderen, in hun eigen kleuren en helemaal naar hun eigen wensen.

Natuurlijk presenteerde ook zij in haar tijdschrift de nieuwste trends en kweekresultaten, maar zonder enig jargon te gebruiken en in een vaak poëtische taal. Eén rubriek hield zich met in het wild levende dieren bezig en in een aparte rubriek werden vragen behandeld als: "Is er iets waar van de oude tuinwijsheid dat een primula van kleur verandert als je hem ondersteboven plant?" De uitgeefster en enige auteur van het tuintijdschrift voor dames beantwoordde geduldig elke vraag, hoe bizar ook, schreef over kamerplanten en over tuindecoratie – waarbij ze een duidelijke voorkeur voor de duistere, overdadige kitsch van de Victoriaanse tijd aan de dag legde: moshutten en bankjes, kunstmatige rotsen, pittoreske boomstronken en versierde potten en beelden.

Naast al deze detailkwesties had ze duidelijke ideeën over de vraag hoe een tuin moest worden vormgegeven. Nadat in Engeland decennialang het parklandschap favoriet was geweest, de enscenering dus van een geïdealiseerde natuur, raakte in de negentiende eeuw het oude principe weer in zwang dat tuinkunst als mensenwerk herkenbaar moest blijven: bloemperken kwamen weer in de mode en Jane Loudon adviseerde parterres met een zeer formeel karakter en barokke regelmaat. In het midden van haar ontwerpen plaatste ze vaak ronde bloembedden, want die boden naar haar mening van alle kanten een plezierige aanblik.

Bij de keuze van de planten bewandelde ze twee verschillende wegen: enerzijds stelde ze schematische kleurcomposities samen. Primaire kleuren moesten naast mengkleuren staan en afzonderlijke tuingedeelten kregen kleurthema's toegewezen, bijvoorbeeld de combinatie van een hoofd- en een complementaire kleur. Anderzijds pleitte ze voor showbloemperken met een allegaartje van exotische planten. Het aantal beschikbare soorten was in de voorafgaande decennia tot in het oneindige gegroeid. Plantenjagers en -verzamelaars hadden

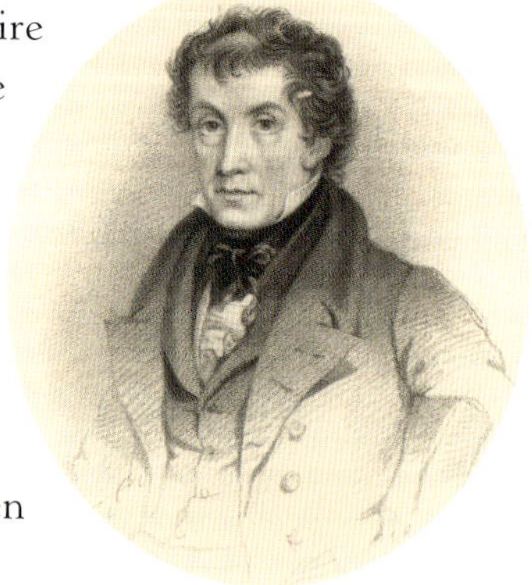

elke hoek van de wereld en alle vegetatiezones doorkruist en vele tropische planten waren gecultiveerd voor het milde Engelse klimaat. Als solitairen werden ze nu in de schijnwerpers gezet, vanwege hun schoonheid en tot meerdere eer van hun eigenaars.

Natuurlijk waren John en Jane Loudon niet de enigen die voor tuinierende mannen en vrouwen publiceerden. Sinds de jaren twintig van de negentiende eeuw waagden ook andere schrijvers en uitgevers zich op dit terrein – en de concurrentiestrijd werd hardhandig uitgevochten. De redacteur van de *Gardener's Gazette* bijvoorbeeld, George Glenny, schrok niet terug voor persoonlijke aanvallen. Van vrouwelijke tuiniers moest hij al helemaal niets hebben: de heer Loudon alleen was al een miserabel schrijver, zo liet hij zich eens ontvallen, maar zijn vrouw maakte alles nog erger. Ze was 'een kwaadaardige krankzinnige', een 'leugenachtige oude vrouw', ja zelfs 'weerzinwekkend', en: "Hoe eerder Loudon zich van haar ontdoet, hoe beter."

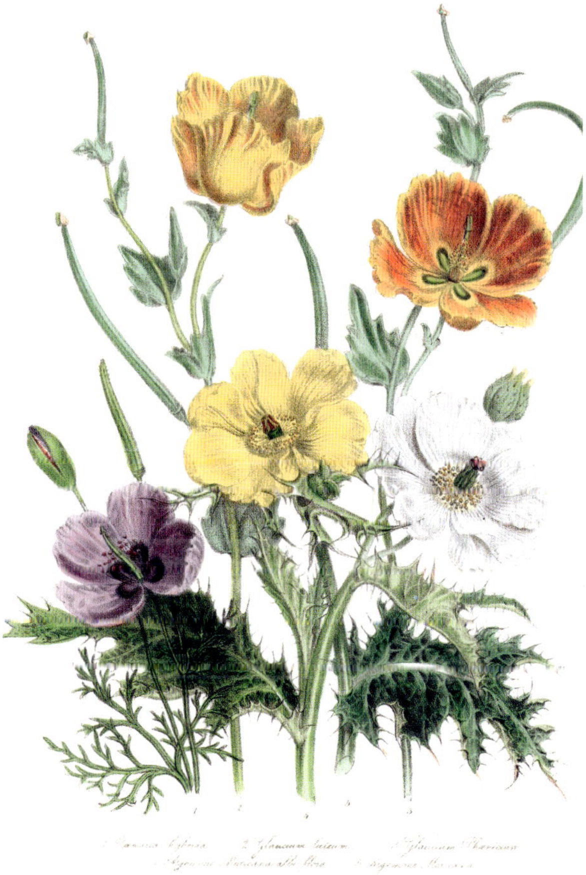

Jane Loudon illustreerde haar boeken voor een groot deel zelf. Op deze kleurenlitho, afkomstig uit haar werk The Ladies' Flower Garden *van 1842, zijn papavers en anemonen afgebeeld.*

De weinig vrome wens van de cholerische redacteur zou niet in vervulling gaan. Hij zelf verloor korte tijd later zijn baan, terwijl Jane Loudon haar werk tot het eind van haar leven met succes voortzette. Na de dood van haar man in 1843 ging ze door met het uitgeven van hun tijdschrift en schreef ze samen met hun dochter Agnes een hele serie tuinboeken speciaal voor vrouwen, die allemaal bestsellers werden. Haar verdienste en het geheim van haar succes bestonden erin dat ze haar lezeressen voortdurend aanmoedigde alle uitdagingen van het tuinieren aan te gaan. Voor het zware werk van het spitten waren vrouwenhanden en -voeten geenszins 'te klein en te delicaat gevormd'. Het kwam aan op techniek, dan was alles heel eenvoudig. Ze beval kleinere spaden aan met een lichte steel en messcherpe snede, leren handschoenen en een metalen plaat die men met leren riemen onder de schoenzool kon bevestigen, de zogenaamde tramp.

Alleen de hinderlijke rokken, strak aangesnoerde corsetten en zedige kanten kraagjes durfde ook zij nog niet overboord te zetten. Doordrongen als ze was van de calvinistische ijver van haar echtgenoot, vond ook zij dat fatsoen en moraal een essentieel onderdeel van het bestaan van een dame vormden: "Echtgenotes en moeders hebben belangrijke plichten te vervullen; zij zijn drijvende krachten van de wereld van de moraal en zelfs te midden van hun geurende bloemen vinden zij gelegenheid voor stichtelijke woorden en het uitdelen van wijze lessen."

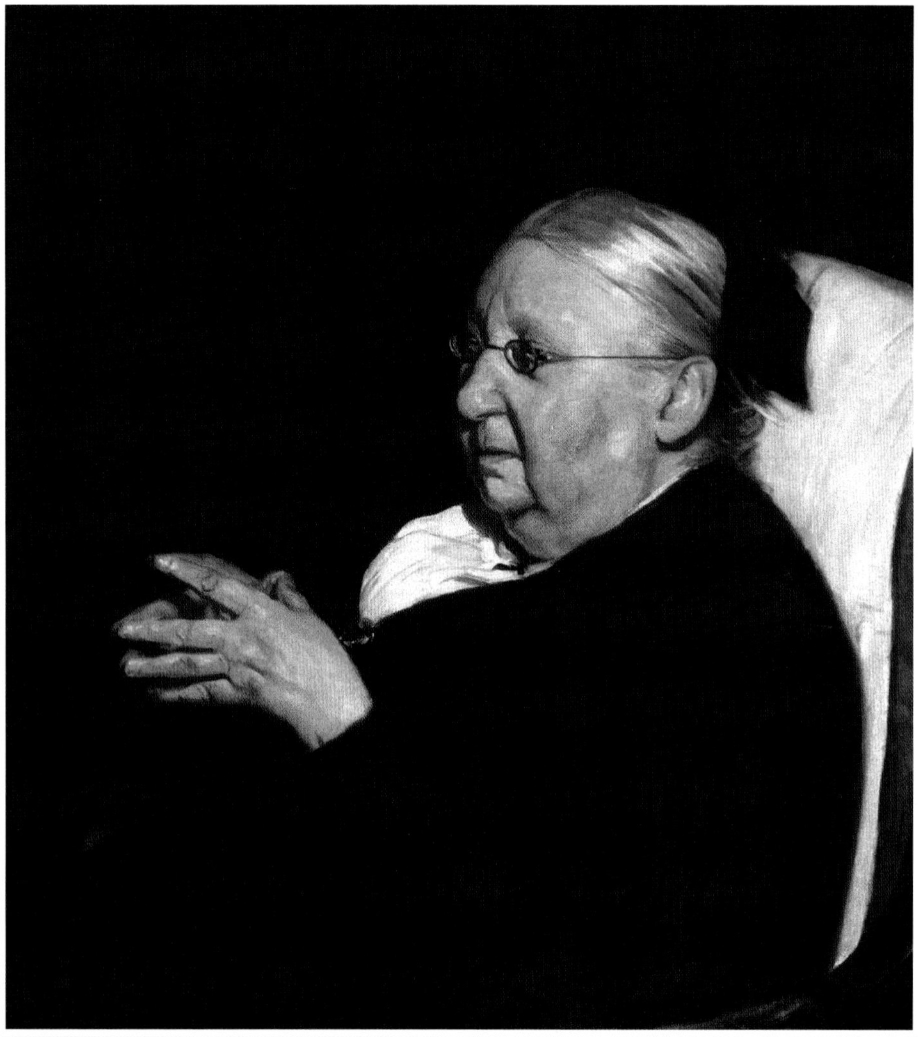

GERTRUDE JEKYLL
1843 – 1932

*'Het is heel leerzaam toe te kijken wat
een handige bosarbeider allemaal voor elkaar krijgt
met zijn eenvoudige, traditionele gereedschap.'*

Gertrude Jekyll

Helen Allingham schilderde rond 1900 het hoofddeel van de tuin van Gertrude Jekyll in Munstead Wood. Aloë, lelies en stokrozen steken af tegen de ronde vormen van de lage planten en bloemen.

Gertrude Jekyll draagt niet toevallig dezelfde naam als een gestalte uit de wereldliteratuur. Haar broer Walter, een vriend van Robert Louis Stevenson, was de peetvader van de titelheld van de roman *Dr. Jekyll and Mr. Hyde*. Gertrude zelf werd de helft van een niet minder beroemd paar: Gertrude Jekyll en Edwin Lutyens waren een droomkoppel van hun tijd – hij architect, zij tuinvormgeefster. Rond het begin van de twintigste eeuw ontwikkelden ze samen datgene wat we nu onder een 'Engelse boerentuin' verstaan.

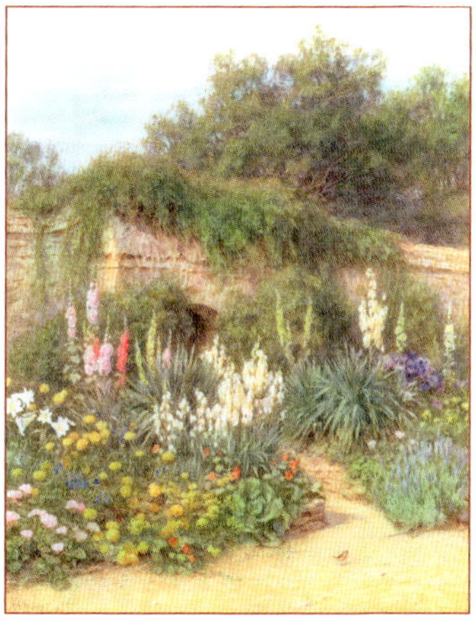

Alsof ze nooit jong is geweest, zien we op bijna alle foto's die van Gertrude Jekyll bewaard zijn gebleven een statige matrone in ruime zwarte jurken van taf met een brilletje, het witte haar opgestoken, vaak ook met hoed en wandelstok. Bovendien had ze, voordat ze als middelbare dame beroemd zou worden met haar tuinen, al een aanzienlijke loopbaan als kunstenaar achter zich. Haar toelating tot de Londense Kensington School of Art toen ze zeventien jaar oud was, had ze niet alleen te danken aan haar talent, maar ook in hoge mate aan haar kunstzinnige ouders. Zij stimuleerden hun dochter ook doordat ze, tegen de conventie in, niet op een huwelijk aandrongen.

De jonge studente kunstgeschiedenis hield van de schilderijen van William Turner. Vooruitlopend op het impressionisme had hij het spel van licht en kleur in de natuur tot zijn thema gemaakt. Gertrude Jekyll bestudeert zijn werkwijze en ontdekt op uitgebreide reizen naar Italië, Griekenland en Algerije in de verbleekte, pastelkleurige vegetatie van het zuiden 'haar' kleuren: grijs en paars, roze en zilver. Naast het schilderen probeert ze de meest uiteenlopende handwerktechnieken. Haar eerste eigen werken zijn borduursels, maar met de conventionele handwerkjes die meisjes van goeden huize destijds produceerden, hebben ze weinig gemeen. Gertrude Jekyll ontwerpt patronen van gestileerde bloemen en bladeren, experimenteert met driedimensionale effecten en verschillende materialen. Ze is welgesteld en doelbewust genoeg om zonder acht te slaan op de heersende smaak haar eigen stijl te ontwikkelen. Daarbij beproeft ze haar krachten ook op zulke buitenissige technieken als zilversmederij en intarsia. Haar originele en krachtige ontwerpen vinden al snel hun eerste afnemers. Wanneer ze ook opdrachten krijgt als binnenhuisarchitect, richt ze haar eigen werkplaats in.

Ze heeft man noch kinderen; tot haar vriendenkring behoren schilders en schrijvers. Toch is ze geen

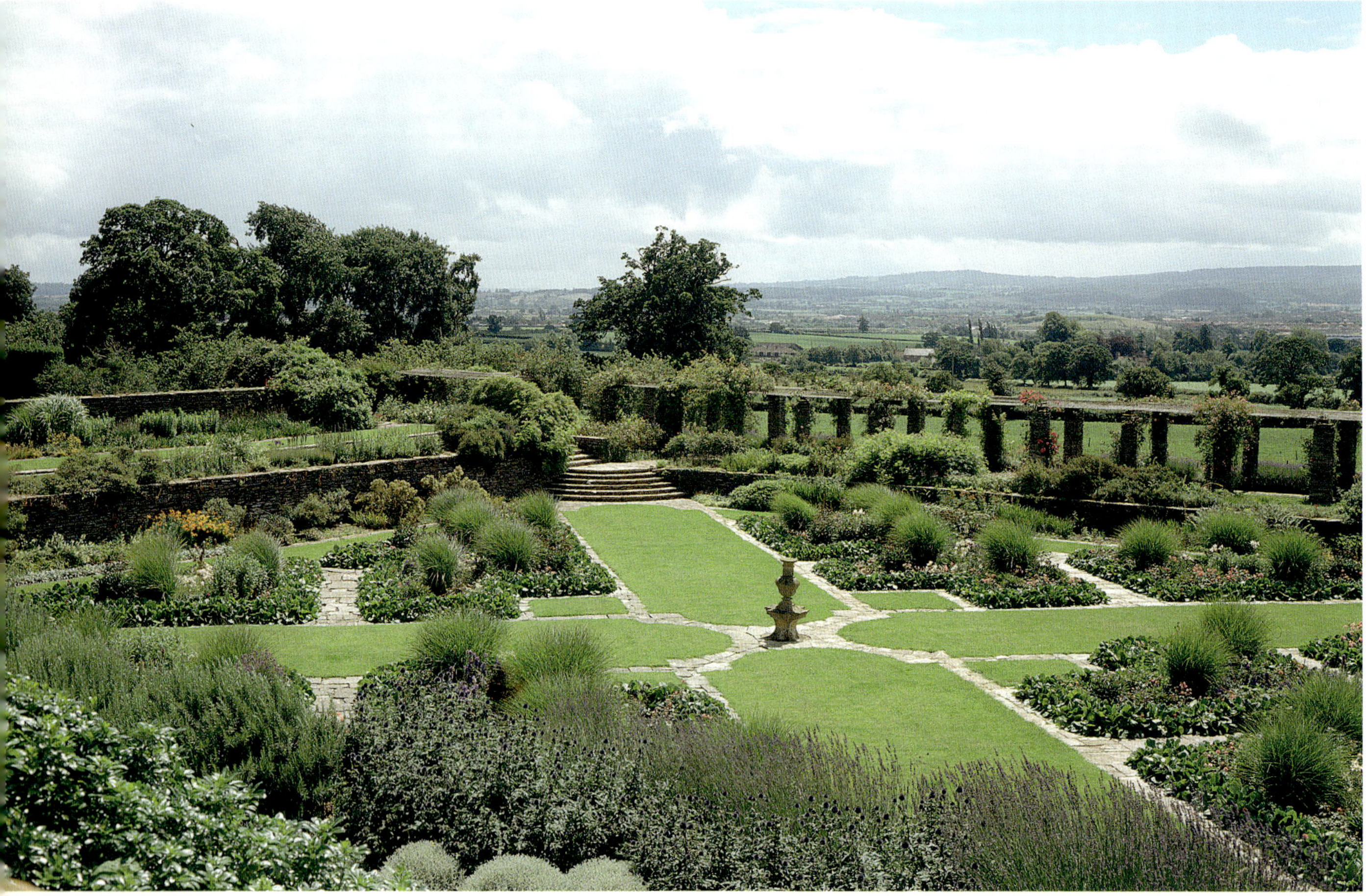

bohémienne. Haar leven is ingericht zoals haar tuinen: zorgvuldig en met mate. Ze werkt gedisciplineerd en hecht waarde aan traditie en fatsoen. Zo houdt ze bijvoorbeeld afstand van de suffragettes, hoewel juist zij een voorbeeldig geëmancipeerd leven leiden. Maar er hangt een zwaard van Damocles boven dit geordende bestaan: artsen stellen de prognose dat ze stukje bij beetje het licht in haar ogen zal verliezen – een tragedie voor een beeldend kunstenaar.

Dat Jekyll zich op de tuininrichting richt wanneer ze haar precieze handwerk niet meer kan uitvoeren, is nochtans meer dan een noodoplossing. Reeds op haar reizen heeft ze beroemde historische tuinen op het continent bezocht en grondig bestudeerd; in 1868 tekent ze voor vrienden al haar eerste eigen ontwerp. Daarna wordt de ouderlijke tuin haar experimenteerveld; hier ontwikkelt ze haar ideeën en vertaalt ze naar de praktijk. In 1880 begint ze met het

Boven: Hestercombe Garden ontstond tussen 1904 en 1910 en geldt als meesterwerk van Lutyens en Jekyll. De geraffineerde structuur van het terrein biedt een reeks afwisselende uitzichten.
Onder: in 1897 schilderde Lutyens zijn strenge partner.

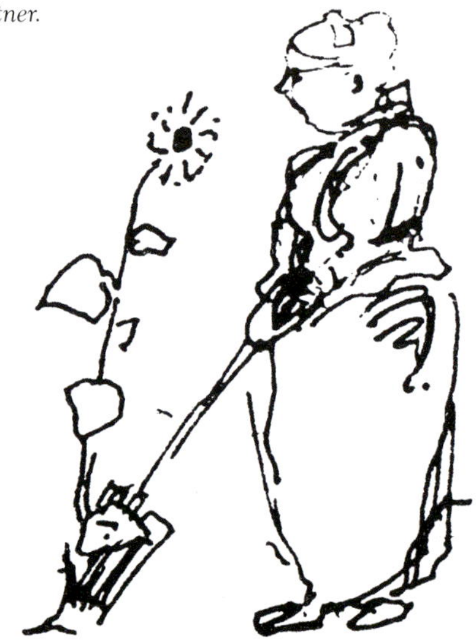

Een blik naar het westen door de grote pergola in Hestercombe: de imposante constructie van Lutyens is tegenwoordig begroeid met klimrozen, kamperfoelie en wijnstokken. Op de bodem tiert de lavendel welig.

schrijven van artikelen over kleurstelling en plantencombinaties voor het tijdschrift *The Garden*: het fundament van een omvangrijk oeuvre is gelegd. Ze blijkt al direct een trendsetter te zijn en trekt bijvoorbeeld ten strijde tegen de 'tapijtbloemperken' die in die tijd als modern worden beschouwd en waarin eenjarige planten in nauwkeurige patronen worden geordend. "De kleuren dienen met de bezonnenheid en ampele overweging te worden gesteld waarmee een schilder ze op het doek gebruikt, in plaats van ze in levenloze klodders rond te morsen," trekt zij van leer. Gertrude Jekyll geeft de voorkeur aan een kleurstelling in grote vlakken zoals op impressionistische schilderijen, vaak in slechts weinig schakeringen. Beroemd geworden zijn haar aanplanten in de kleuren die ze op haar reizen rond de Middellandse Zee leerde kennen en liefhebben – zo ontstonden composities van valse salie en kattenkruid, ezelsoor en lavendel.

Vanaf 1878 woont Gertrude Jekyll met haar moeder, die weduwe is geworden, in het ouderlijk huis Munstead House in het Zuid-Engelse graafschap Surrey. Wanneer blijkt dat de twee eigenzinnige dames wat afstand van elkaar nodig hebben, koopt Jekyll een stuk grond tegenover Munstead House. Ze noemt het Munstead Wood, begint met de inrichting van de tuin en zoekt een architect voor een passend huis. Aan het eind van de jaren tachtig leert ze tijdens een theekrans Edwin Lutyens kennen. Zij is midden veertig, een bedaarde dame en gevestigd kunstenaar, hij is negentien en een hoogbegaafd, ambitieus architect. Ze is verrukt van zijn gevoel voor humor en zijn vleierijen. Hij begrijpt dat deze even veeleisende als vermogende klant zijn ideeën als architect niet alleen kan begunstigen, maar ook kan verrijken. Twee geestverwanten hebben elkaar gevonden: hij zal de huizen bouwen, zij de tuinen ontwerpen.

In Munstead Wood breekt ze voor het eerst met het gebod de bloembedden in te richten met het oog op een explosief hoogtepunt van kleuren in de hoogzomer. In plaats daarvan probeert ze het met een op de seizoenen gerichte verdeling over de ruimte. Dicht bij het huis, zichtbaar vanuit het raam, plant ze de winterbloeiers: toverhazelaar en winterakonieten, kerstrozen en sneeuwklokjes. Daarachter stopt ze honderden vroeg bloeiende bollen: hyacinten, lenteklokjes, krokussen, narcissen en vooral tulpen. In het centrum van de tuin breidt zich dan de zomerse bloemenweelde uit, met vrouwenmantel, ridderspoor en – natuurlijk – heel veel rozen. En aan de buitenrand, als een verre gloed, staan de herfstbloemen: dahlia's, chrysanten en asters.

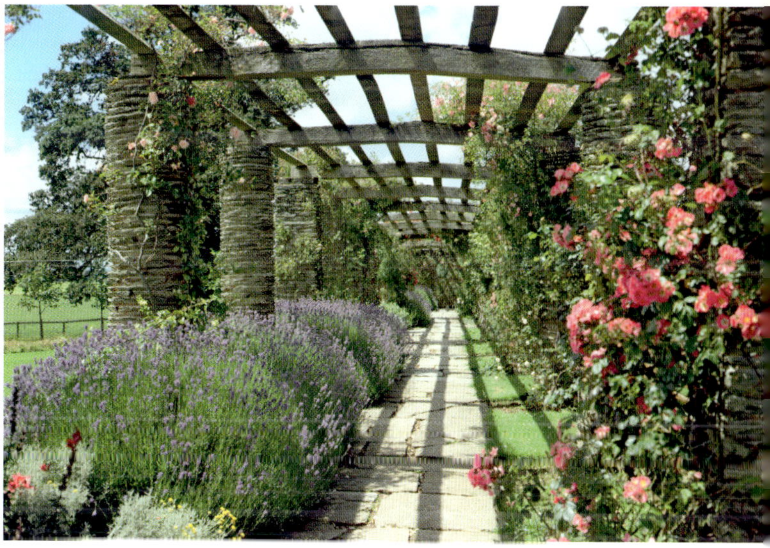

Munstead Wood is het geslaagde gezellenstuk van het koppel Jekyll en Lutyens en wordt binnen zeer korte tijd een bedevaartsoord voor tuinliefhebbers. Van 1888 tot aan de uitbraak van de Eerste Wereldoorlog realiseert het ongelijke paar meer dan honderd projecten. Hun klantenkring breidt zich al snel uit tot die kringen die zich een dure smaak

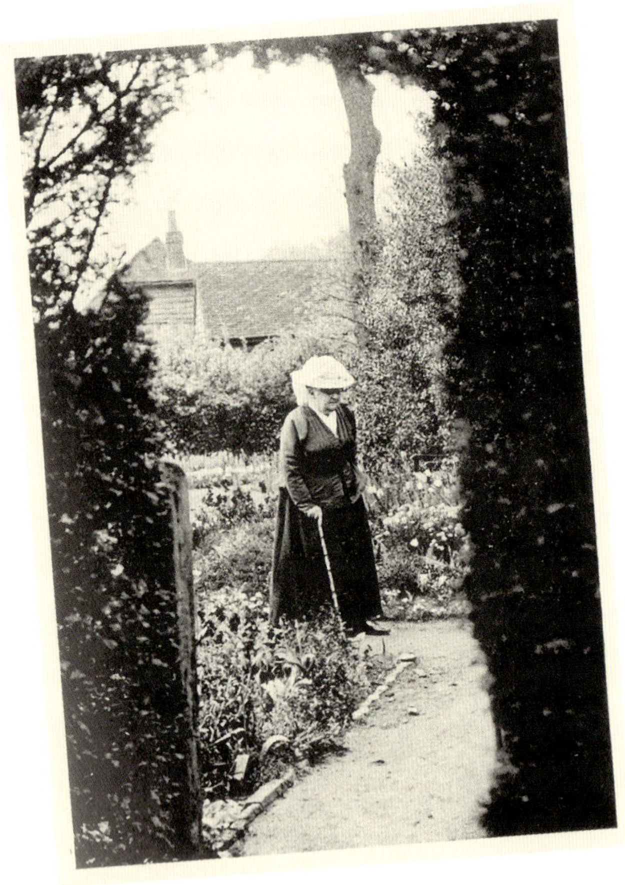

Gertrude Jekyll op tachtigjarige leeftijd tijdens een wandeling door haar tuin in Munstead Wood.

kunnen veroorloven. Maar iedere keer weer doorbreken Jekyll en Lutyens de verwachtingen van hun standbewuste en verwende opdrachtgevers. In een periode waarin het historisme groteske vormen aanneemt, propageren zij het ideaal van de landelijke architectuur met bijpassende boerentuinen. Lutyens bouwt huizen van inheemse steen met traditionele handwerktechnieken. Huis en tuin zijn als een eenheid aangelegd: architectonische elementen van het huis komen terug in de vormgeving van de tuin. Gertrude Jekyll rangschikt vloeiend in elkaar overgaande arrangementen, waarmee ze een tegenwicht biedt aan de formele strengheid van Edwin Lutyens' muren en parterres. De nieuwe, natuurlijke stijl is tot op heden bepalend voor de 'Engelse boerentuin.'

De architectuur en tuininrichting van het span maakten deel uit van de 'Arts and Crafts'-beweging. Daarin waren kunstenaars en filosofen, industriëlen en sociale hervormers verenigd die reageerden op de industrialisering van Engeland: op de verwoesting van hele streken, op het groeiende aantal fabrieken en de erbarmelijke woonomstandigheden van het proletariaat, maar ook op de slechte kwaliteit van industriële massaproducten. Hun tegenconcept: artistieke ontwerpen die op traditionele vormen teruggrepen. Ze gebruikten ambachtelijke methoden en inheemse materialen. Het landleven en de bescheiden *cottages* met hun kleurrijke boerentuinen werden voor de goedbedoelende estheten uit de hogere klasse het toonbeeld van het mooie, eenvoudige leven. Ook voor Gertrude Jekyll was de Engelse *countryside* een ideaal, het paradijs van haar kindertijd. Alles wat haar uit die tijd vertrouwd was, kwam nu boven in haar werk: het licht en de kleuren, maar bovenal de planten die zich in het milde klimaat van Surrey thuis voelen.

In die jaren gold het als een teken van goede smaak in zijn tuin zo veel mogelijk verschillende en zo exotisch mogelijke planten te verzamelen. Om te kunnen beseffen hoe revolutionair de nieuwe tuinopvatting van Gertrude Jekyll een eeuw geleden was, moet men zich realiseren dat dahlia's, malve, akelei en lupine destijds als zeer ordinair te boek stonden. Zij hield van de bosweiden met hun uitgestrekte velden vol verwilderde sneeuwklokjes en narcissen; zij hield van de *cottage*-tuintjes, waar het nuttige eendrachtig naast het mooie staat, bloemen en vaste planten tussen sla en groenten, kruiden en medicinale planten. Daar horen ook grasland met fruitbomen bij, hazelaarhagen en bessenstruiken. Gertrude Jekyll durfde zelfs nog verder te gaan. Ze dacht na over tuinen met louter nuttige planten, die hun eigen esthetische waarde bezitten: 'uitsluitend met planten uit de moestuin ... die de tuin in een handomdraai met prachtige bloemen zouden vullen,' met pompoenen en bonen als klimplanten

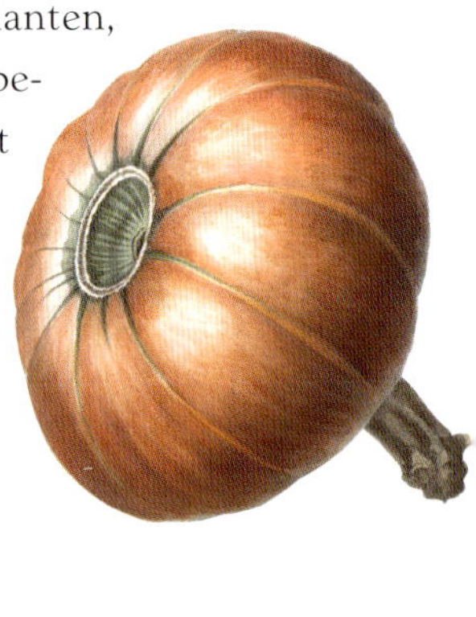

Sir William Nicholson schilderde in 1920 de laarzen van Gertrude Jekyll. Zichtbaar comfortabel en vaak gerepareerd spreken ze van de praktische instelling en spaarzaamheid van hun eigenaar. Het schilderij hangt in de Tate Gallery in Londen, de laarzen staan in het Guilford Museum in Surrey.

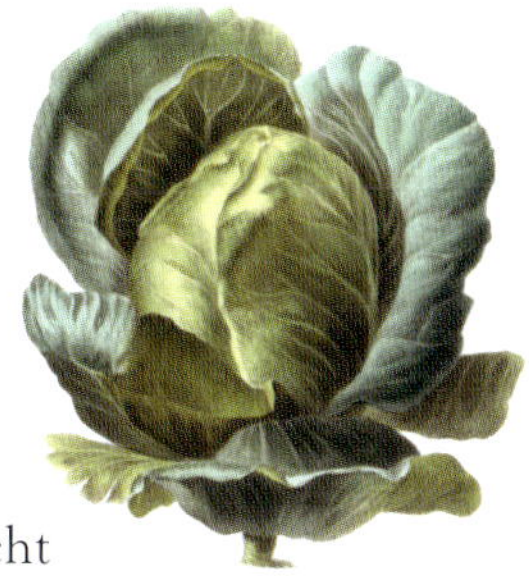

en als bodembedekker blauw gebladerde artisjokken. “Radijs zou met haar groene bosjes voor aardige accenten zorgen en rabarber is sowieso een van de decoratiefste grootbladige planten die we hebben.”

Haar klanten zou zoiets destijds toch echt te ver zijn gegaan. In elk geval beklaagde Jekyll zich met grote regelmaat over hun eigenwijsheid en het feit dat ze elke keer weer de rolverdeling moest uitleggen: “De mensen kopen willekeurig struiken en bloemen die ze mooi vinden, en dan komen ze mij vragen waar ze ze moeten planten. Dan kan ik alleen maar zeggen dat ik op die manier niet kan helpen.” Een ‘lege tuin’ wilde ze zien – om dan zelf te beslissen wat er werd aangeschaft en waar het moest komen te staan.

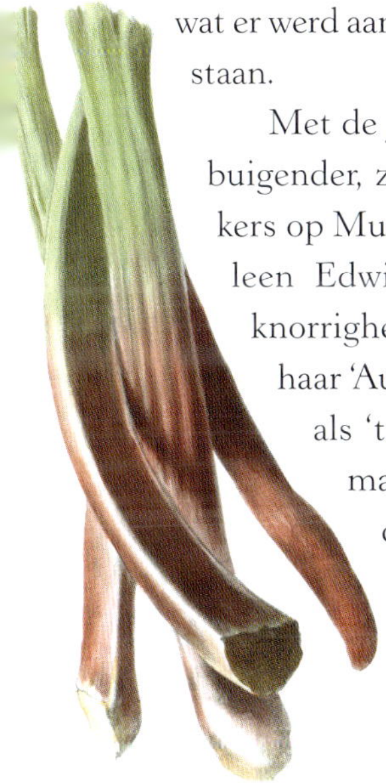

Met de jaren werd ze steeds norser en neerbuigender, zodat er nog maar nauwelijks bezoekers op Munstead Wood durfden te komen. Alleen Edwin Lutyens mocht haar met haar knorrigheid plagen; zijn kinderen noemden haar ‘Aunt Bumbs’, een onomatopee die iets als ‘tante Boing’ betekent. Ze kwam nog maar zelden buitenshuis en vervaardigde haar beplantingssschema’s op de tekentafel – alles bij elkaar meer dan 350 vaak grote tuinen, maar soms ook alleen een rond perk of een eenvoudige voortuin. Geen opdracht was haar te min. Toen een leerling uit Noord-Engeland haar om hulp vroeg bij de inrichting van zijn bloembak, stuurde ze hem per kerende post een beplantingsschema voor een alpentuintje en een paar bloembollen.

Een ongewoon verzoek bereikte haar in 1924 vanuit het koninklijk huis: of zij en Lutyens, beiden intussen internationaal bekend, voor prinses Mary een poppenhuis met tuin wilden ontwerpen. Een tuin van papier-maché, koperdraad en glas? Het was Jekyll eigenlijk een gruwel. Maar in dit geval kwam ze als toegewijd onderdaan aan het verzoek tegemoet.

Gertrude Jekyll creëerde niet alleen een geheel nieuwe idee van hoe een mooie tuin eruit moet zien. Ze prees ook steeds weer in dichterlijke bewoordingen de vreugden van het tuinieren, dat voor haar niet slechts een handwerk en het podium voor haar creativiteit was, maar een bijna spirituele belevenis: “Een tuin is een geweldige leraar. Hij leert je geduld en de gave van het wachten, hij leert je vlijt en spaarzaamheid, maar bovenal leert hij je grenzenloos vertrouwen.”

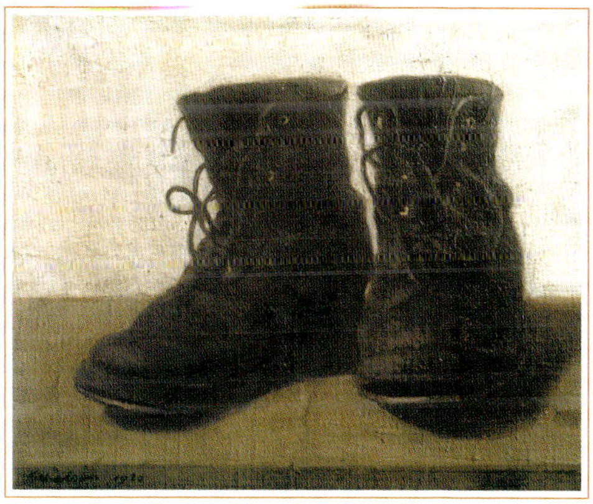

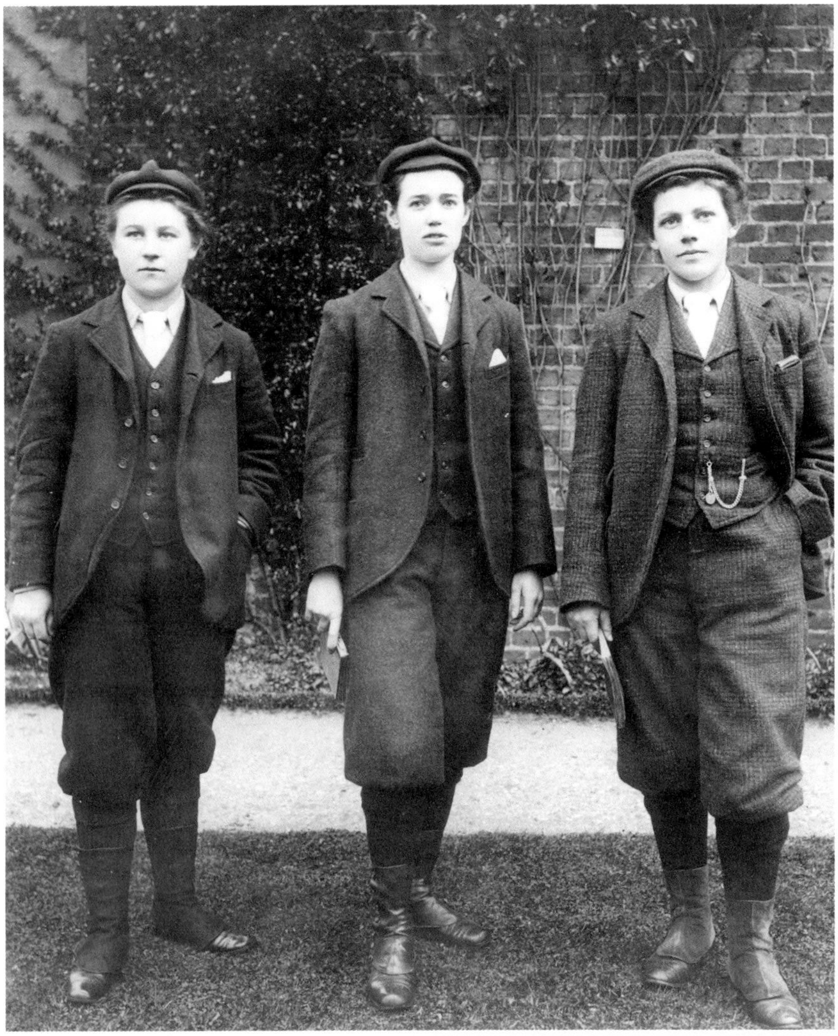

'De enige manier om iets te leren is het werk te doen dat op dat moment gedaan moet worden.'

Beatrix Havergal

De leraressen

Beatrix Havergal, de grondlegster van de Waterperry School for Lady Gardeners, droeg een niet bepaald modieus, maar wel heel praktisch uniform: hemdjurk, kniekousen en stevige werkschoenen.

Sir William Thistleton Dyer, het hoofd van de koninklijke botanische tuin in Kew, had echt alles in het werk gesteld om deze beker aan zich voorbij te laten gaan. Maar in 1896 bleek alle verzet toch zinloos: door de groeiende toestroom naar de tuinbouwschool voor meisjes in Swanley kon ook hij er niet meer omheen de eerste vrouwen tot zijn respectabele instituut toe te laten. Om ervoor te zorgen dat ze in het leger der tuiniers zo min mogelijk zouden opvallen, waren ze verplicht hun haar onder een muts weg te stoppen en pakken met knickerbockers te dragen, net als de mannen. Maar daarmee was de sensatie pas echt compleet. Al snel werd het van de daken verkondigd:

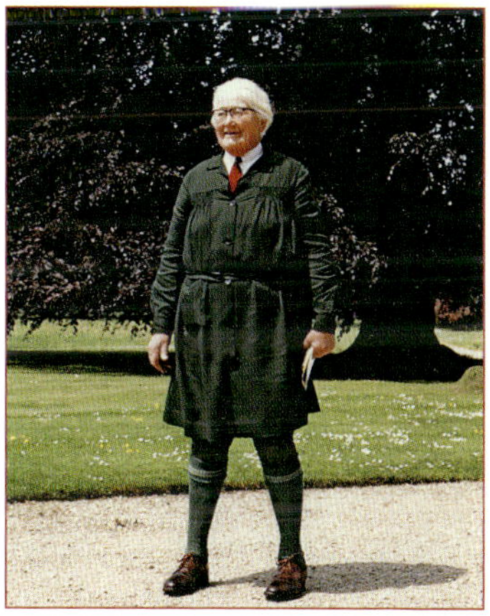

> *Heel Londen vertrok toen direct richting Kew om zich daar van boven op de bus te vergapen aan vrouwen, in pofbroek verkleed als knapen.*

De school in Swanley had haar poorten al vijf jaar eerder geopend. De studentes waren een bonte schare van natuur minnende aristocratendochters en pas gescheiden vrouwen op zoek naar onafhankelijkheid. In elke jaargang scheidde zich al snel het kaf van het koren, want in het dagelijkse leven was het hard werken geblazen: in de broeikas en op de velden werd hier binnen drie jaar alles onderwezen wat bij het handwerk van de tuinier hoort. Op het curriculum stonden botanie en methoden van plantenteelt, maar ook landschapsarchitectuur en tuininrichting. Nadat vrouwen eeuwenlang op zelfstudie en mondelinge uitwisseling van ervaringen aangewezen waren geweest, konden ze hier voor het eerst een professionele opleiding krijgen.

Al spoedig genoot de instelling een uitstekende reputatie, doordat de vrouwen die afstudeerden korte metten maakten met de heersende vooroordelen tegenover vrouwelijke tuiniers en tuininrichters. Ze werkten in welgestelde privéhuishoudens of in openbare instellingen, zoals de koninklijke botanische tuin zelf. Daar werd overigens van hen verwacht dat zij met hun beroep als het ware getrouwd waren. Toen een van hen – die als bijzonder ijverig bekend stond – haar verloving aan de directeur bekendmaakte, kreeg ze ontslag.

In het liberale Amerika bestond al sinds 1870 een tuiniersopleiding voor meisjes. Dit nieuws had in Engeland voor enige beroering gezorgd. Met veel schijnheiligheid en een opmerkelijk klassebewustzijn trokken de Engelsen van leer: "Zoudt u dames inzetten om te ploegen en om mest op karren te laden en weg te rijden? Dat zou ik nooit doen, net zo

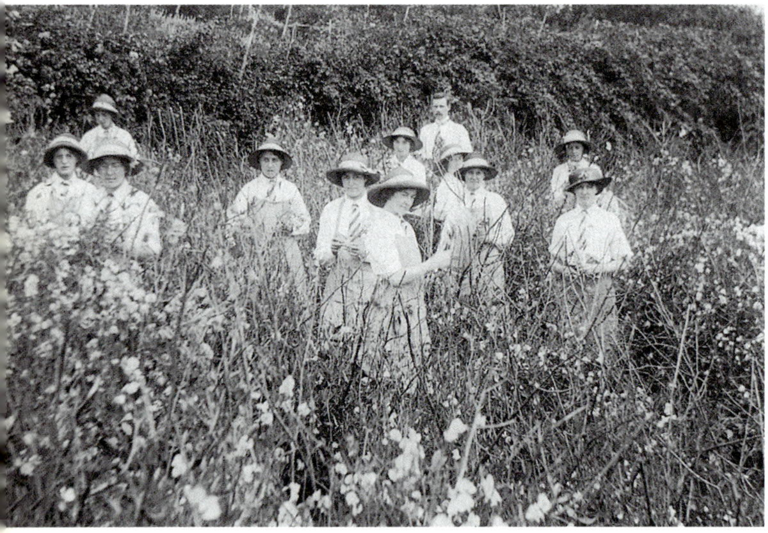

De leerlingen van de Glynde School for Lady Gardeners bij het praktijkonderwijs in een veld wikke, zedig gekleed met hoed, stropdas en lange rok.

min als ik ze vloeren zou laten schrobben of hun dagen aan de wastobbe zou laten slijten..." De industrialisering had echter een brede middenklasse gecreëerd die beslist niet rijk genoeg was om zich een leven zonder werk te kunnen veroorloven. Steeds meer vrouwen, ook uit de bourgeoisie, wilden of moesten met werk in hun onderhoud voorzien. Of dat dan als onfatsoenlijk werd beschouwd, was wat hen betreft niet de vraag.

De voorvechtsters van vrouwenrechten – meest strijdlustige dames uit de hogere klasse – namen de zaak in hun agenda op. Een van de vele kameleontische figuren in hun gelederen was de gravin van Warwick, een feministe met een reputatie die klonk als een klok en daarnaast een beroemde schoonheid. Als lid van de hoge adel onderhield zij een mysterieuze en derhalve veelbesproken verhouding met de prins van Wales. Haar onafhankelijkheid van de morele normen van haar tijd werd slechts overtroffen door de vastberadenheid waarmee ze zich inzette voor de opleiding van meisjes. In 1898 stichtte ze Studley College in Warwick, een zelfs naar tegenwoordige maatstaven veeleisende onderwijsinstelling. Ongeveer honderd meisjes per jaargang werden hier niet alleen in de tuinbouw onderwezen, maar ook in de zuivelproductie en de hoender- en bijenteelt. Er waren laboratoria en broeikassen en in de loop der jaren veranderden de scholieren een verlopen landgoed met kasteel en aangrenzende velden in een bloeiende onderneming.

De gravin zorgde er ook persoonlijk voor dat ze in hun onderhoud konden voorzien: in een tijdschrift dat zij onderhield – een forum voor de ideeën van de emancipatiebeweging – werden speciaal voor dit doel personeelsadvertenties ingevoegd, overigens ook voor de Britse koloniën overzee. Zodoende was het geen wonder dat de koloniale politicus Cecil Rhodes evengoed tot de begunstigers hoorde als het ministerie voor landbouw. Er zijn zelfs berichten over stilzwijgende donaties door het koninklijk huis.

Na de eeuwwisseling begon de strijd voor gelijke rechten vruchten af te werpen: tot het uitbreken van de oorlog in 1914 ontstonden in Groot-Brittannië nog zo'n vijfentwintig tuinbouwscholen voor

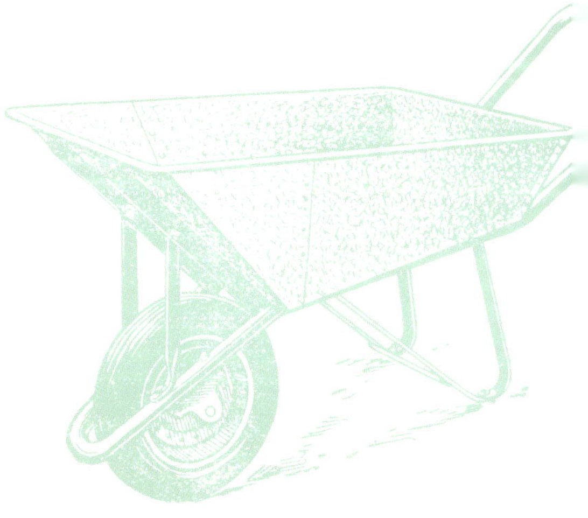

meisjes. De bekendste was die van Lady Frances Wolesley in Glynde. Deze energieke dochter van een veldmaarschalk wist dat bij succesvolle arbeid vooral zelfvertrouwen en plichtsgevoel horen. Het was dan ook geen toeval dat zij haar school leidde als een bataljon: de dames droegen een uniform en er heerste strikte discipline. Dat was ook wel nodig: de opleiding op meisjesscholen was – meestal uit geldnood – tot twee of hooguit drie jaar beperkt, terwijl men zich op de jongensscholen voor dezelfde hoeveelheid stof over het algemeen vier jaar de tijd gunde.

Maar het gedril loonde de moeite. Niet zelden vonden de tuiniers van Glynde nog voor hun afstuderen een betrekking, waarbij Frances Wolesley haar best deed om een eerlijk salaris te bedingen – in die tijd helemaal niet vanzelfsprekend. Overigens was ook Gertrude Jekyll een begunstiger van de onderwijsinstelling; zij bemiddelde tussen afstuderende leerlingen van Glynde en haar adellijke klantenkring.

In tegenstelling tot de gravin van Warwick was Lady Frances Wolesley op de praktijk gericht. Ze leidde niet alleen de school, maar gaf ook zelf les. Als jong meisje was ze al in aanraking gekomen met de tuinbouwvisionair William Robinson, van wie ze de beginselen van een nieuw naturalisme in de tuinvormgeving overnam. Eenmaal in ruste begon ze boeken te schrijven over het onderwijssysteem van Glynde en over haar hervormingsideeën in de landbouw; ten slotte, in 1919, publiceerde Wolesley het standaardwerk *Gardens, Their Form and Design*. Hierin verwoordt ze haar credo: bij alle aandacht voor de praktische kant van zijn beroep moet de tuinier ook altijd een artistiek ideaal nastreven. Net als muziek is tuininrichting voor haar 'een van de gevoeligste kunsten' en komt de mens tijdens het tuinieren 'zo dicht mogelijk bij Gods scheppingswerk'.

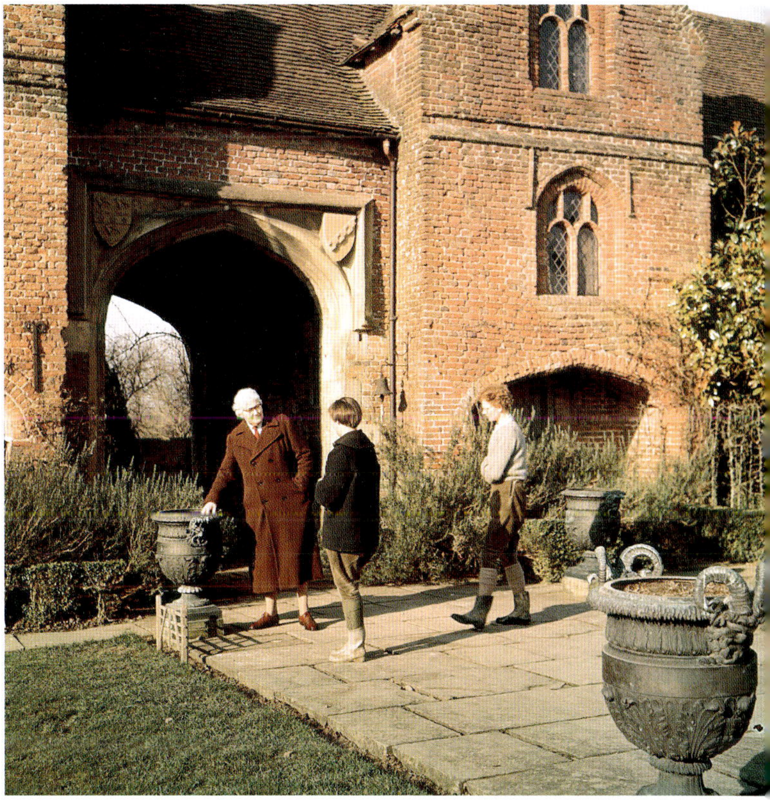

Beatrix Havergal en haar leerlingen Sybille Kreutzberger en Pamela Schwerdt, die na de dood van Vita Sackville-West de tuinen van Sissinghurst in haar geest onderhielden en verder ontwikkelden.

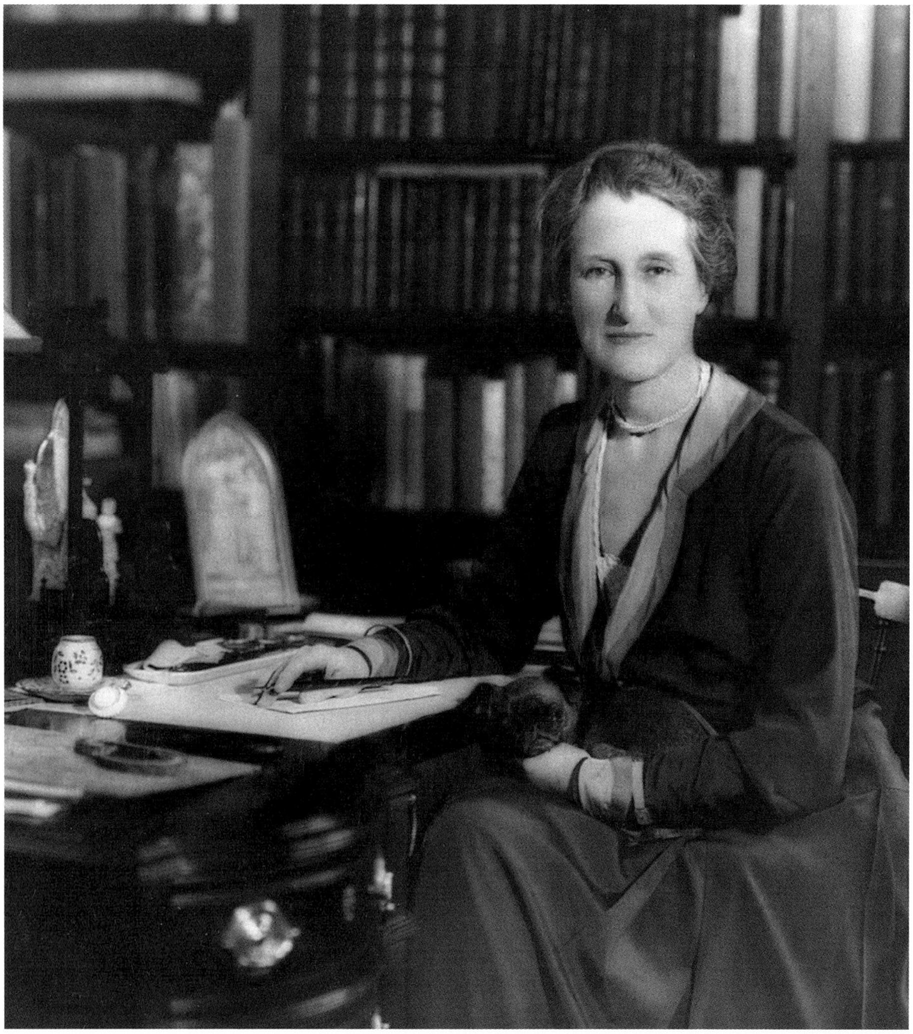

BEATRIX JONES FARRAND
1872 – 1959

'Als je wilt dat mensen je geld geven voor je werk,
moet je het zo professioneel mogelijk doen.'

Beatrix Jones Farrand

In het oudejaarsnummer van de *New York Times* van 1899 verscheen onder de kop 'Een vrouwelijke landschapstuinier' een omvangrijk artikel over een zekere Miss Beatrix Jones. Die had zojuist – samen met tien mannen – de 'Amerikaanse Vereniging voor Landschapsarchitecten' opgericht: "Miss Jones is door haar talent en ijverige studie een van de besten in haar vak en daarbij pas 27 jaar oud!"

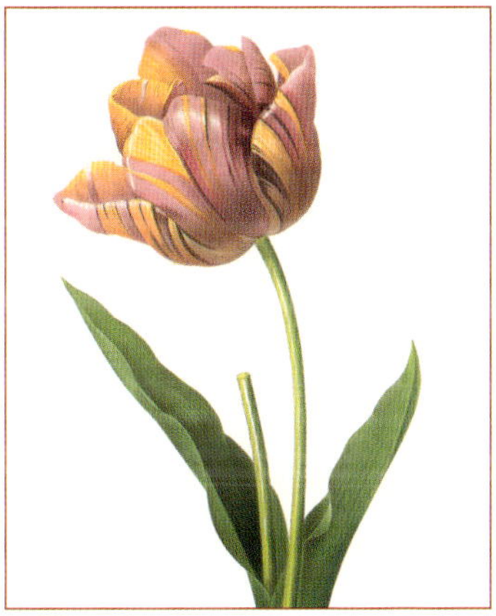

Zo veel professionaliteit bij een vrouw? Sommige tijdgenoten vonden dat moeilijk te geloven en zo was het gerucht in de wereld gekomen dat deze dame misschien wel wat van plantkunde wist, maar dat ze voor het overige anderen voor zich aan het werk zette. De correspondent van de *New York Times* was achter de geruchten aan gegaan en erachter gekomen dat ze niet op waarheid berustten. Bij het ontwerp voor Mr. Scott in het vakantieoord Bar Harbor bijvoorbeeld had de jonge vrouw hoogstpersoonlijk het terrein opgemeten, het schema voor de ontwatering gemaakt en met de architect het algemene concept voor huis en tuin doorgesproken. Bijzonder onder de indruk is de auteur van het feit dat ze in weer en wind op het bouwterrein rondliep en daar een groep van rond de tachtig mannen orders gaf. Dit toonbeeld van veelzijdigheid en daadkracht was, zoals ze zelf zei, het product van vijf generaties geëngageerde tuinliefhebbers. De eerste leiboomgaarden aan de oostkust waren het eigendom van Beatrix Jones' grootmoeder. Beatrix zelf had volgens het familieverhaal als kind op het zomerverblijf van de welgestelde dynastie in Bar Harbor al planten gedroogd en kevers gefotografeerd. Op haar twintigste wordt ze door Charles Sprague Sargent, een vermaard hoogleraar in de botanie, uitgenodigd in Harvard te komen studeren. Omdat er in die tijd nog geen studie landschapsarchitectuur bestaat, moet ze de belangrijke vakken zelf bij elkaar sprokkelen. Ze studeert bij hem botanie en tuinvormgeving en leert dan aan de Columbia School of Mines perspectieftekenen, landmeten en wegenbouw. Sargent stuurt haar naar Europa, ze moet 'alle kunsten bestuderen, want alle kunsten zijn aan elkaar verwant'. Ze bezoekt musea voor de schone kunsten en openbare parken. In Engeland is ze verrukt van de perfecte privétuintjes, in Frankrijk en Italië schoolt ze haar oog aan de restanten van parken uit de zestiende en zeventiende eeuw. Ze fotografeert, bestudeert oude plattegronden en heeft aan het eind van haar reis meer dan honderdvijftig tuinen gezien. Vermoedelijk is zij de enige vrouw van haar generatie die zo doelbewust naar het beroep van tuinarchitect toe werkt.

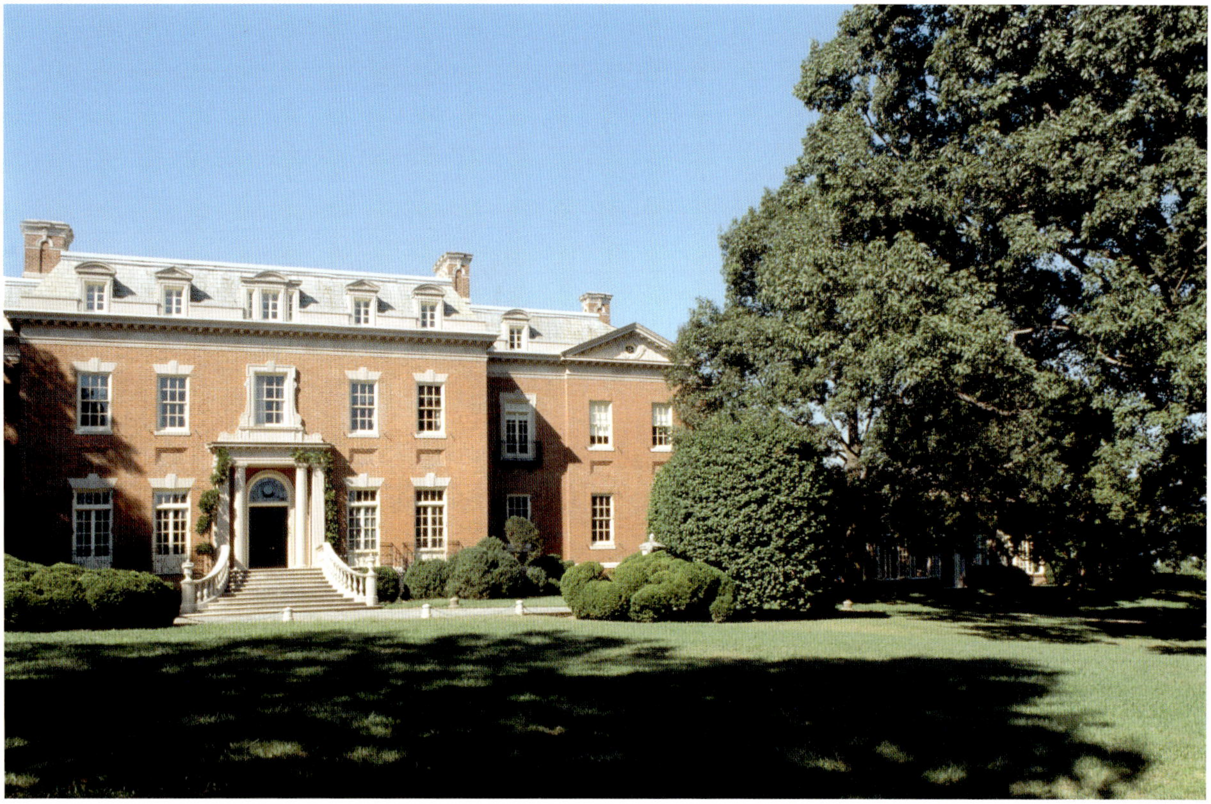

In Dumbarton Oaks, waar de bibliotheek en de bijzondere kunstcollectie van Mildred en Harold Bliss toegankelijk zijn voor studiedoelen, wordt tegenwoordig ook onderzoek gedaan naar de geschiedenis van tuin- en landschapsarchitectuur.

Op haar vierentwintigste komt ze dus beslagen ten ijs. Op de benedenverdieping van de stadswoning van haar moeder in New York richt ze een kantoor in. Ze heeft de catalogi van de beroemdste plantentelers bij de hand en laat bloembollen uit Nederland komen en terracottavazen en beelden uit Italië. De eerste klanten zijn vrienden van de familie uit de New Yorkse *upper class*. Ze zal de tuinen van de Rockefellers, de Morgans en de Roosevelts ontwerpen – en ze trouwt met de beroemde historicus Max Farrand. Op het hoogtepunt van haar carrière heeft ze drie kantoren: in New York, Connecticut en Maine. Ze krijgt prestigieuze opdrachten, verzorgt de vormgeving van de oostelijke tuin van het Witte Huis, het park van de Morgan Library in New York en de botanische tuin van Santa Barbara in California. Maar haar meesterwerk is Dumbarton Oaks.

In dit huis in het Washingtonse stadsdeel Georgetown zou in 1944 geschiedenis worden geschreven: op de Conferentie van Dumbarton Oaks werd het fundament voor de Verenigde Naties gelegd. Maar in 1920, toen Beatrix Jones Farrand hier aan haar werk begon, was Dumbarton Oaks nog een stil landhuis, bewoond door Robert en Mildred Bliss. Rondom het huis strekten zich elf hectare voormalig boerenland uit, een onoverzichtelijk stuk grond: sterk hellend terrein, doorsneden door kleine dalen met elkaar kruisende perspectieven – niet bepaald de droom van een landschapsarchitect.

Nooit heeft Beatrix het land aan een concept onderworpen, aldus Mildred Bliss over haar vriendin. “Ze keek naar het licht en de schaduwen, luisterde naar de wind en volgde de loop van de dalen.” Op haar visitekaartje stond het kort en bondig: ze noemde zich ‘landschapstuinier’ en niet ‘landschapsarchitect’, zoals haar vakgenoten deden. Haar voornaamste vormgevingsinstrument waren altijd de planten die ze gebruikte. Ze werkte met het effect van hun vormen. Ze was vooral dol op bomen met treurvormen: die leverden zachte contouren op, maakten vloeiende overgangen mogelijk en neutraliseerden hoogteverschillen. Weliswaar greep ook zij terug op beproefde vormgevingselementen als terrassen en bruggen, trappen en fonteinen, maar haar handelsmerk zijn haar herkenbare poëtische invallen.

Dumbarton Oaks heeft bijvoorbeeld een forsythiatuin die door Mildred Bliss wordt beschreven als 'een golvende zee die zich uitstort over twee in goud gedompelde hellingen'. Aan de oostelijke rand van het park ligt de 'Lovers' lane pool': in een klein zijdal, nauwelijks meer dan een zacht glooiende kom, spreidt zich als in een Romeins amfitheater een halve cirkel van stenen banken, waar plaats is voor een kleine vijftig bezoekers. Maar waar anders in het midden het podium van het theater ligt, bevindt zich hier een ovale vijver, in steen gevat en overschaduwd door een beuk. Daar vandaan voert een voormalig muilezelpad, door boomtoppen overhuifd, heuvelafwaarts. Het heet 'Melisande's Alley' naar een sprookjesfiguur en het ziet er inderdaad vooral in het voorjaar sprookjesachtig uit, wanneer er een bloeiend tapijt is van sterhyacinten, krokussen en narcissen. Aan het eind van het pad ligt het spectaculairste onderdeel van de vormgeving van Dumbarton Oaks, een beeldhouwwerk van planten: de Ellips, een dubbele rij haagbeuken, geplant in een ellipsvorm, met een fontein in het centrum. Tot hoofdhoogte zijn alle zijtakken weggesnoeid en pas boven die kale stammen zijn de bomen tot een rechthoekige haag gevormd.

In tegenstelling tot haar grote voorbeeld Gertrude Jekyll ontwierp Beatrix Jones Farrand haar tuinen niet uitsluitend op de tekentafel. Ook in de uitvoering en het onderhoud nam ze haar deel op zich, bezocht de tuinen in de loop der jaren en liet precieze handleidingen voor beplanting en verzorging achter, die tot op de dag van vandaag worden gebruikt. Dat geldt bijvoorbeeld voor de campus van Princeton University: als de studenten zich nog altijd geborgen voelen onder de kathedraalachtige taxusbomen, als de geur van de blauwe regen tegen de muren van het Graduate College zich verspreidt en ze van de alomtegenwoordige bloemenpracht kunnen genieten, dan hebben ze dat aan Beatrix Jones Farrand te danken. Zij heeft een plaats geschapen die bedoeld is om deel uit te maken van de esthetische opvoeding van jonge mensen, een levend kunstwerk. Niet ver van de University Chapel van Princeton staat ter ere van de tuinier een met klimop begroeide bank met het opschrift: "Haar liefde voor schoonheid is zichtbaar in alles wat ze heeft geplant – tot onze verrukking."

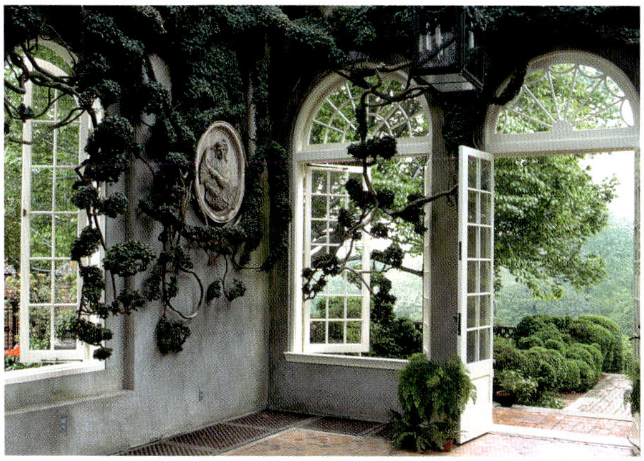

De rond 1810 gebouwde oranjerie van Dumbarton Oaks herbergt 's winters de exoten. Het gebouw is bijna geheel overwoekerd door één enkele plant, een klimficus die meer dan 150 jaar oud zou zijn.

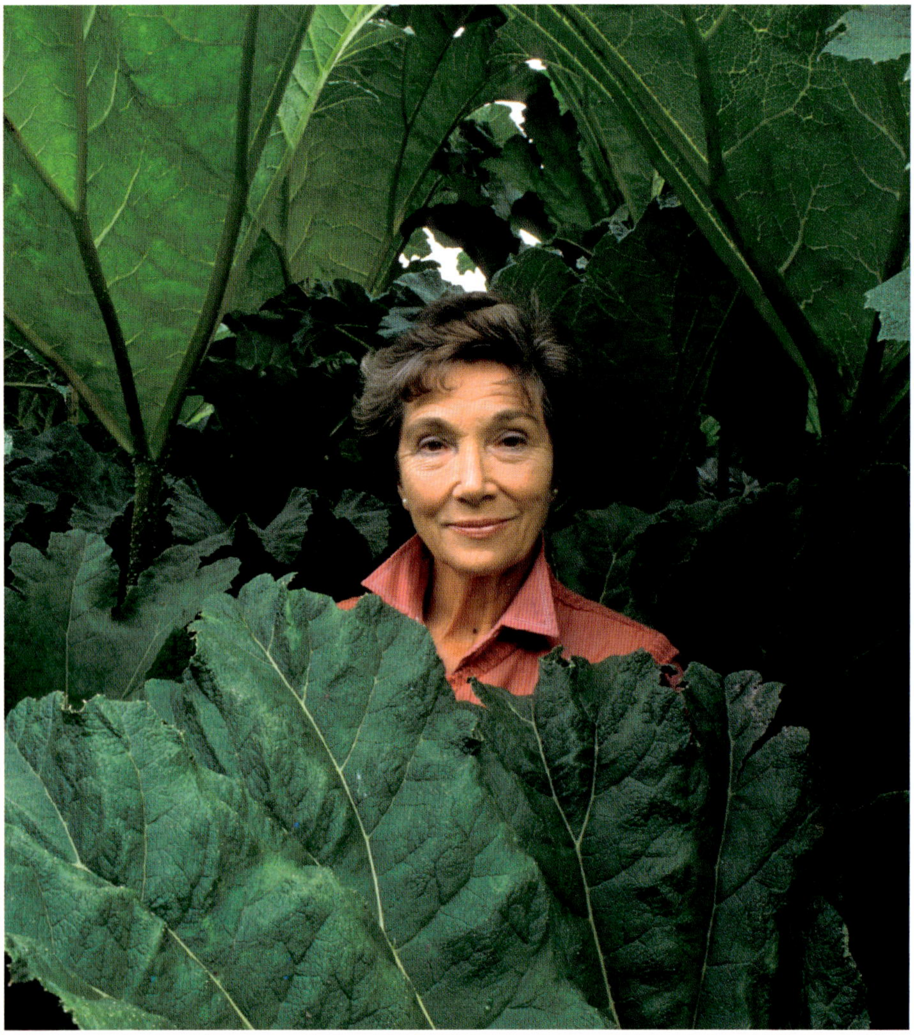

BETH CHATTO
*1923

'Tuinieren is geen kwestie van
reputatie of rijkdom,
tuinieren is een manier van leven.'

Beth Chatto

East Anglia is de enige regio in Engeland die niet gunstig is om te tuinieren. Rondom Colchester laat de regen 's zomers soms weken op zich wachten en doen de onophoudelijk waaiende oostenwinden de aarde verdrogen. In augustus of nog eerder bieden de tuinen een treurige aanblik: vergeeld gras, verdorde bloemen; soms is het zo droog dat zelfs het onkruid niet meer gedijt.

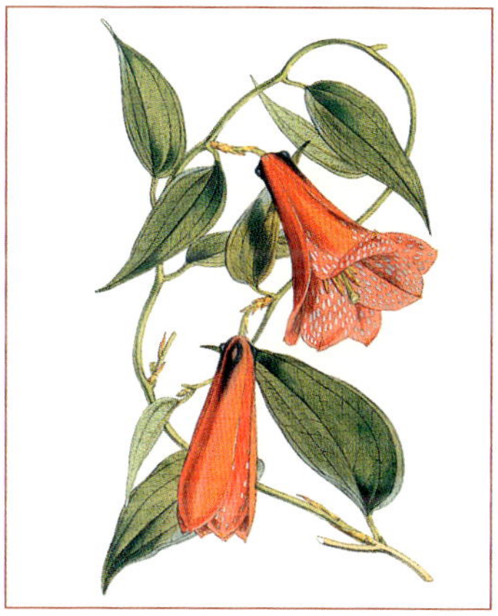

Uitgerekend hier, in Elmstead Market, heeft Beth Chatto een van de beroemdste tuinen van Engeland gecreëerd. Wat haar in het begin van de jaren zestig ter beschikking stond, was niet meer dan een paar duizend vierkante meter woestenij in de vorm van een grote vlakke kom – een verwilderd, nutteloos gat te midden van de boomgaarden van haar man Andrew. Hier wilde het stel een nieuw woonhuis bouwen. Dat werd een ontnuchterende ervaring: na het verwijderen van allerlei struikgewas – braamstruiken, varens en brandnetels – kwam er niets dan 'stoffige, uitgemergelde grond' tevoorschijn, zou Beth Chatto later vertellen.

De ijstijd heeft in deze streken een enorme laag sediment achtergelaten – tot op een diepte van zeven à acht meter liggen alleen maar stenen en zand. Zo'n bodem in een droog klimaat is de nachtmerrie van iedere tuinier. Niettemin stonden er op het stuk land twee statige eiken van driehonderd jaar oud en ontsprong op de bodem van het dal een bron. Weliswaar was de laagte daardoor één groot moeras van slik, leem en sloef, maar aan de andere kant zou een dergelijke waterreserve allerlei groen mogelijk hebben gemaakt.

Maar de Chatto's besloten het anders aan te pakken. Andrew had zich naast zijn fruitteeltbedrijf al jaren met de vraag beziggehouden onder welke omstandigheden de planten die algemeen in tuinen worden gebruikt, in hun natuurlijke omgeving groeien: waar precies welke soorten staan en hoe ze verzorgd moeten worden om zich optimaal te ontwikkelen – vragen die hij en Beth zich nu ook in Elmstead Market stelden. Zij verwoordde het puntig: "Planten zijn net als mensen. Ze willen niet op de eerste de beste plek neergezet worden, ze willen dat er aan hun eisen wordt voldaan." En zo zochten de twee doelbewust naar planten die in hun tuin ook zonder kunstmatige watervoorziening tevreden zouden zijn.

Een driedeling van het terrein lag om praktische redenen voor de hand: boven een droge tuin, dan een droge bostuin en op de bodem van het dal de watertuin. In het drasland werden vijf vijvers van verschillende grootten aangelegd, gescheiden door begroei-

Rechts: de weelderige watertuin van Beth Chatto – veertig jaar geleden waren hier alleen een paar vieze poelen. Onder: maar het eigenlijke wonder van het park is de kiezeltuin. Hier gedijen op de hete kiezels droogte minnende planten in een haast onwerkelijke kleurenpracht.

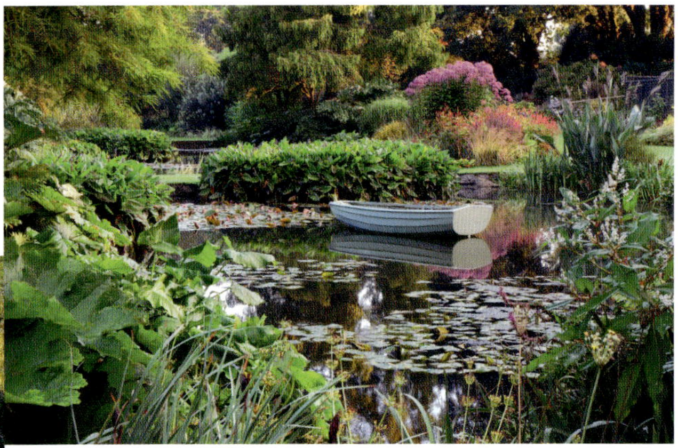

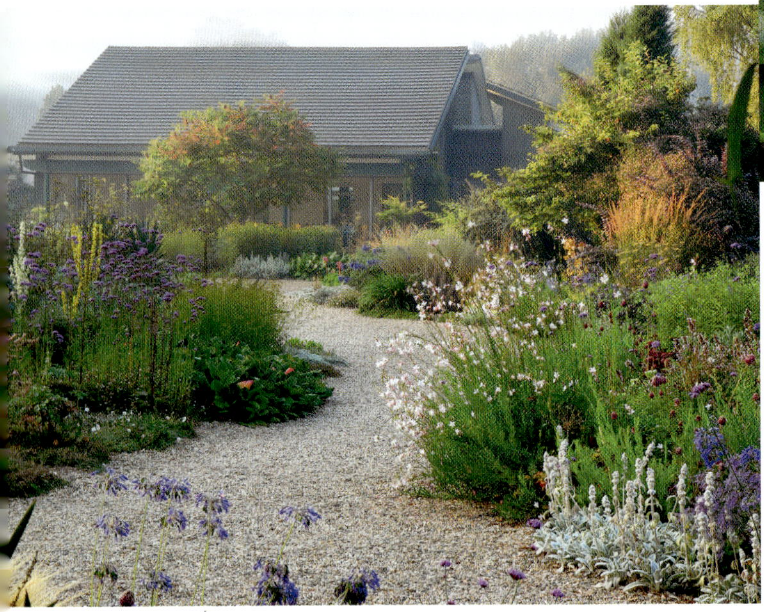

de dammen. Hier overheerst zacht groen, grote grassen, astilben, hemerocallis en gunnera. Reusachtige mammoetbladeren die zich pas op hoofdhoogte ontvouwen, spiegelen zich in het zwarte water.

Ook de bostuin verrast door zijn veelzijdigheid. Bomen en struiken vormen een beschuttend leefmilieu voor schaduw minnende planten. De eerste boom die Beth Chatto plantte, was een wilg aan de rand van de vijver. En er is werkelijk een echt bos ontstaan: van magnolia's en moerascypressen, berken en rododendrons. Op droge schaduwrijke plaatsen is het zand met grind vermengd om ervoor te zorgen dat de bodem meer water vasthoudt. Daar groeien cyclamen, varens, allerlei soorten hosta's, prachtig polygonum, kamperfoelie en nog veel meer – zonder uitzondering planten die de rustige atmosfeer niet met felle kleuren verstoren.

Direct bij het huis is een toevluchtsoord aangelegd voor planten die van droogte houden. Tegen een achtergrond van artisjokken en ezelsdistels, alsem en blauwe look breiden zich alle denkbare sedumsoorten, sempervivum, wolfsmelk en vooral de grijsbladigen uit het Middellandse Zeegebied: lavendel, salie en tijm. “Om te beginnen moet je afscheid nemen van je voorkeur voor bloemen; dan merk je pas hoeveel verbazingwekkende bladvariaties in kleur, textuur en vorm er bestaan. Als je met loofwerk vormgeeft, dan volgen de bloemen vanzelf.”

Beth Chatto heeft in Elmstead Market niet alleen van de nood een deugd gemaakt. De voorliefde voor 'groene bloemen', voor grassen en bladvormen heeft bij haar een lange geschiedenis. Als jonge vrouw al, lang voordat ze aan de aanleg van de grote tuin begon, had ze zich een naam verworven op het gebied van bloemschikken. In het kommervolle leven na de oorlog kon de lerares en moeder van twee dochters op deze manier het nuttige met het creatieve verbinden. Haar boeketten, droogboeketten en die voor Engeland zo typerende geurpotpourri's uit eigen tuin baarden veel opzien, omdat zij juist niet de gebruikelijke fleurige zomerbloemen gebruikte, maar euphorbia's, hosta's en grassen.

De weg tot de roem voert in Groot-Brittannië langs de grote bloemenshows – bovenal de befaamde Chelsea Flower Show. Van de elf keer dat Beth Chatto daaraan deelnam, won ze tien keer een prijs. Elke keer verraste ze hier weer met arrangementen van onooglijke, alledaagse planten die sommigen in hun eigen tuin als onkruid zouden uitroeien. Maar de eerste en wat haar betreft tot dusver belangrijkste prijs kreeg ze in 1975 bij de bloemenshow van de Royal Horticultural Society: de zilveren medaille

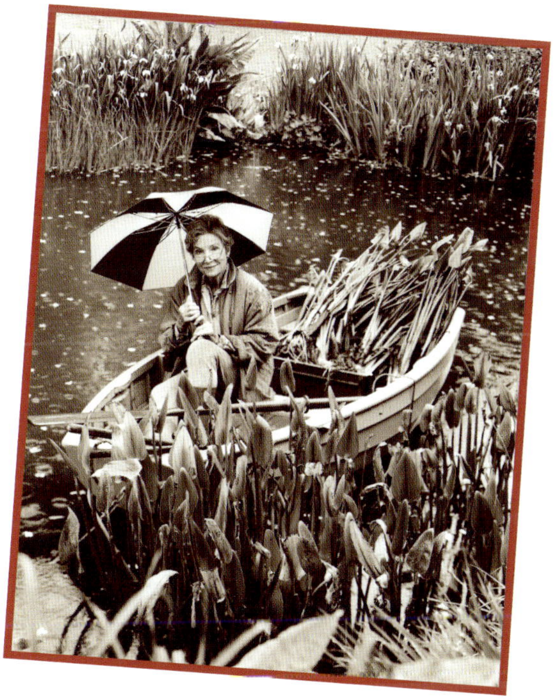

Beth Chatto poseert in de zomer van 2000 in een roeiboot voor een portretfoto van Tessa Traeger.

voor een geheel groene winterse compositie van kerstrozen, lissen, longkruid en grassen zorgde toen voor haar doorbraak.

Chatto was er al vroeg mee begonnen ook zelf planten te telen, zij het in eerste instantie op kleine schaal. Pas in 1967, toen de kinderen volwassen waren en het fruitteeltbedrijf was opgegeven, richtte ze een plantenkwekerij op met de naam 'Unusual Plants' ('Ongewone planten'), die nog steeds bestaat. Ook voor het Engelse klimaat exotische planten worden hier met liefde omringd, maar de passie van de eigenares geldt op hoge leeftijd nog altijd de eenvoudige, niet spectaculaire planten.

Internationale faam verwierf ze echter met haar kiezeltuin. Het is alsof ze het experiment tot het uiterste wilde doorvoeren om zelfs de onhandelbaarste plaats groen te krijgen – in dit geval de voormalige parkeerplaats van haar kwekerij. Volgens het verhaal is er maar één keer een tuinslang op gebruikt: als voorlopige begrenzing voor de pas aangelegde borders. Een rotstuin in klassieke zin zoekt men hier overigens tevergeefs; de indruk is meer die van een droge rivierbedding van oker-grijze kiezelsplit, waarin bloeiende eilandjes gerangschikt zijn.

Omdat de temperatuur in deze streken zelden onder de zes graden Celsius zakt, heeft Beth Chatto ook teruggegrepen op exotische planten die normaal in een woestijnachtige omgeving of op rotsachtige mediterrane hellingen gedijen. Weliswaar vormen die een attractie voor bezoekers, maar de bijzondere charme van de tuin wordt gevormd door datgene wat deze pionier met de vaak onderschatte inheemse planten heeft gedaan. Chatto's tuin is een overwinning van tuinierskunst op een vijandige natuur. Boven het kiezelbed zindert de hitte, maar alsof het de gewoonste zaak ter wereld is, bloeien er porseleinkleurige kerstrozen en zien we gemarmerde bladstructuren en perken van zachtgrijs met bloedrode accenten en slanke irissen, en daartussen grote vlakken die schuilgaan onder gele bloesemsluiers.

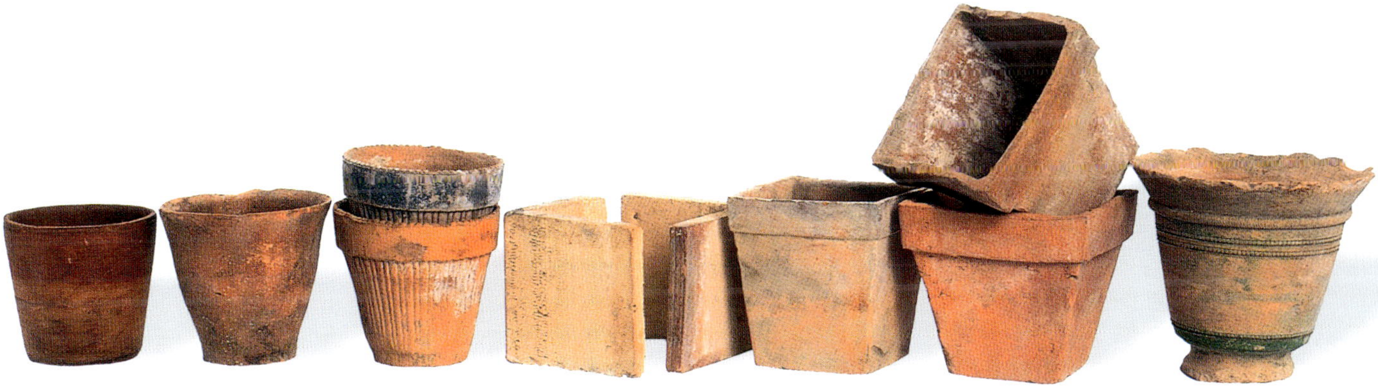

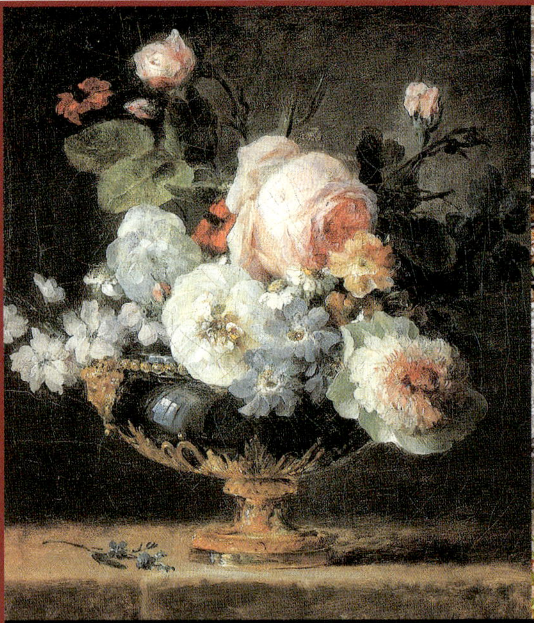
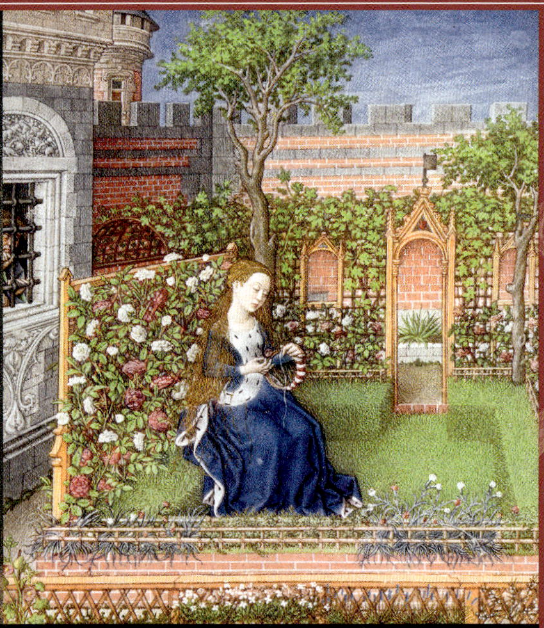
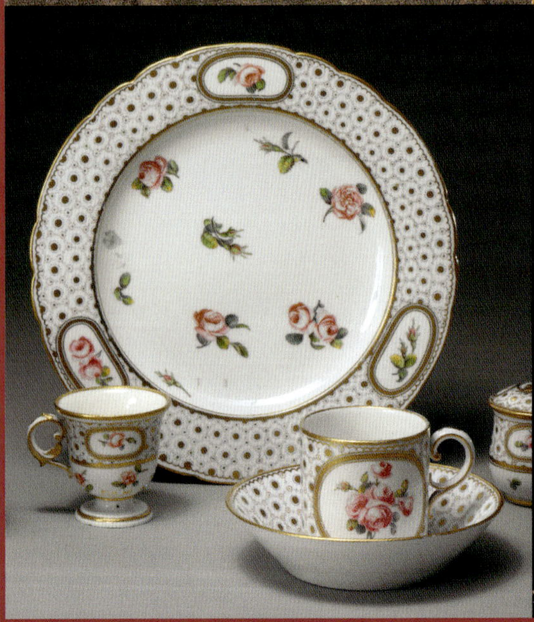
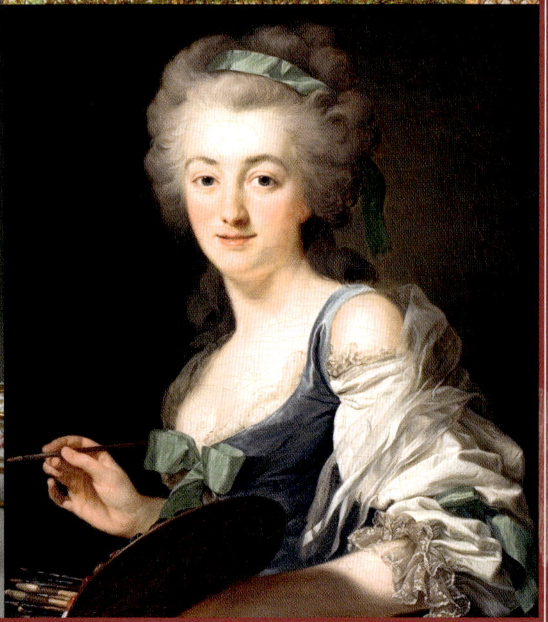

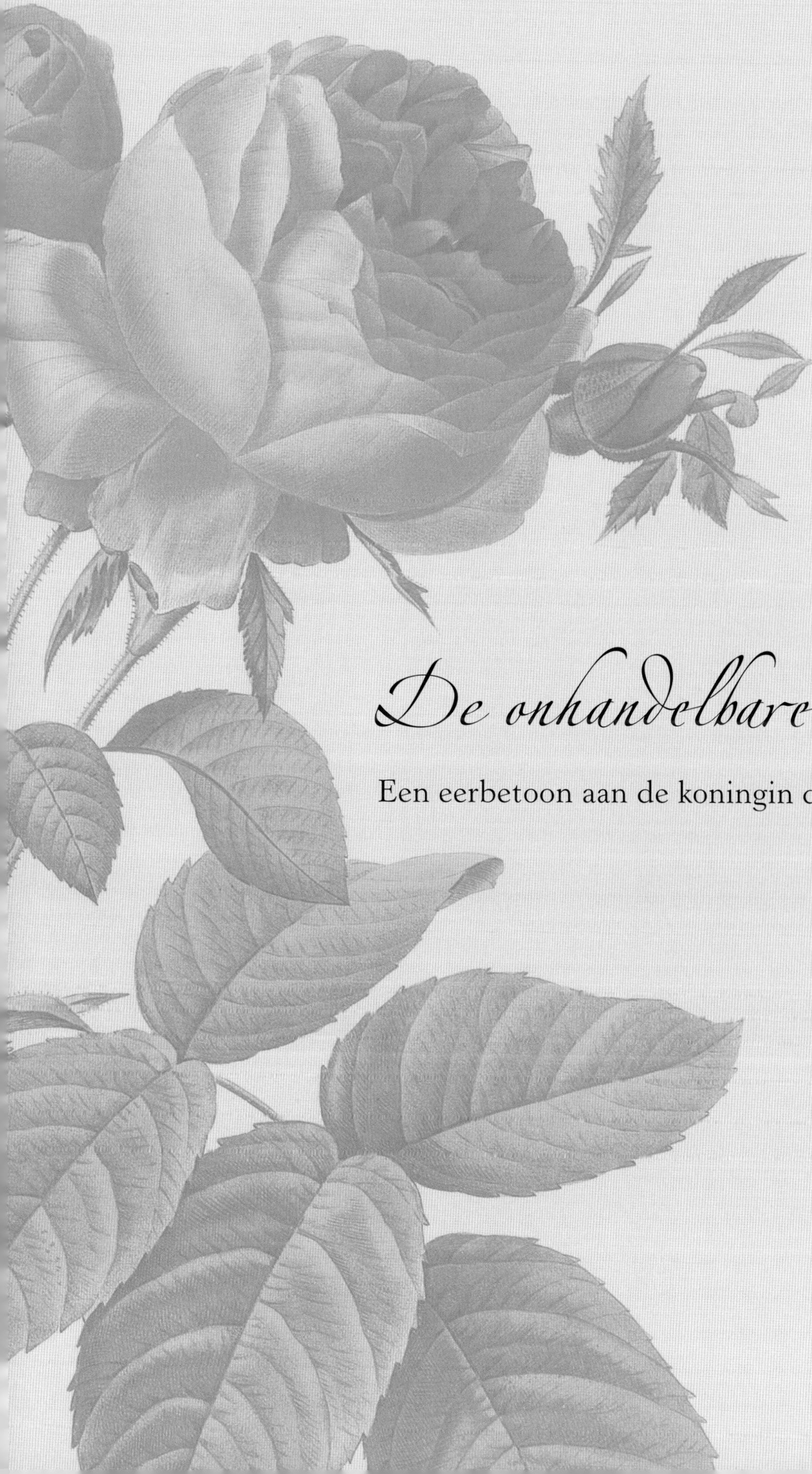

De onhandelbare schone

Een eerbetoon aan de koningin der bloemen

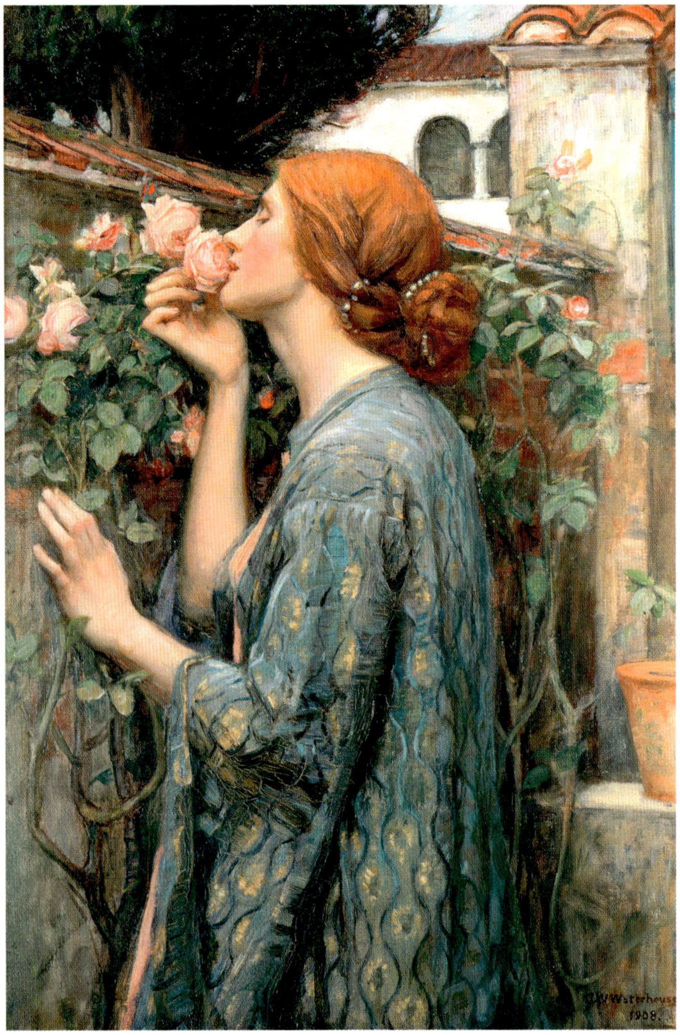

'Als Zeus de bloemen een koningin had gegeven,
zou de roos deze kroon mogen dragen.'

Achilles Tatius, *tweede eeuw na* Chr. (lang toegeschreven aan Sappho)

Schoonheid en doornen – de roos als tijdloos symbool

Links: een jonge vrouw geniet vol overgave van de geur en de schoonheid van de roos op het schilderij De ziel van de roos *(1908) van John William Waterhouse.*

Dat de roos de koningin der bloemen is, is nog altijd onomstreden. Niet alleen voor de Griekse romanschrijver Achilles Tatius was zij 'een sieraad der aarde (...), oog der bloemen'. Haar ereplaats in de tuin is van alle tijden; altijd kon ze op de bijzondere aandacht en zorg van tuiniers en tuiniersters rekenen. Ook wij staan even bij de roos stil en wijden een apart hoofdstuk aan deze bloem en aan de historische achtergronden van de waardering ervoor.

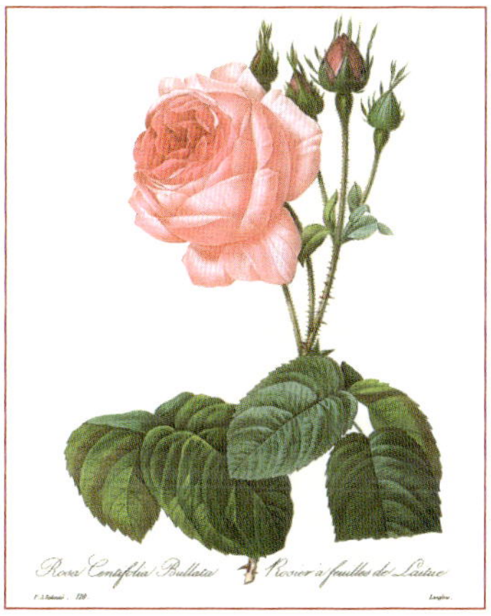

Eeuwenlang hebben rozentelers – in grote meerderheid mannen – hun kweeksuccessen vrouwennamen gegeven. Hun creaties heten 'Apricot Queen Elisabeth' en 'Prinses Marilène', 'Mies Bouwman' en 'Mevrouw Nathalie Nypels' of 'Penelope' en 'Circe'. Vorstinnen en mythische heldinnen zijn op deze manier vereeuwigd, net als dames uit de *high society* of een dame die het hart van de rozenkweker had gestolen, zijn vrouw, zijn geliefde, zijn dochter. En als de roos niet aan een bepaalde vrouw is gewijd, verwijst de naam vaak naar vrouwelijke elegantie, bekoorlijkheid of tederheid, zoals bij 'Ballerina', 'Maiden's Blush' en 'Cuisse de Nymphe'.

Als je je bloemen überhaupt vrouwelijk kunt voorstellen, biedt de roos blijkbaar de grootste rijkdom aan metaforen van het vrouwelijke wezen of wat mannen daarvoor aanzien. Een enkeling, zoals Rainer Maria Rilke ('Roos, pure tegenstrijdigheid'), heeft de doornen van de roos poëtisch vruchtbaar gemaakt en het gevaar zich bij het plukken te bezeren als zinnebeeld gebruikt voor het ongenaakbare, gevaarlijke of arglistige karakter van vrouwen. Maar alle tijden en culturen hebben de schoonheid en geur van de roos met vrouwen in verband gebracht, als metafoor, als naam, als compliment, als synoniem van vergankelijke schoonheid, als motief in de beeldende kunst, literatuur en mythologie.

In de Griekse mythologie kleurt de godin van de dageraad, Eos, de hemel met het morgenrood. Met dit gebaar beëindigt ze de heerschappij van haar zus, de maangodin Selene, en baant ze de weg voor haar broer, de zonnegod Helios. Bij Homerus heet Eos 'de rozenvingerige', omdat ze toen ze ten tonele verscheen de mensheid de roos gaf, die door de Grieken van oudsher als symbool van de liefde wordt beschouwd. Wanneer Aphrodite, de godin van de liefde, voor het eerst de aarde betreedt, springt er tot haar eer een witte rozenstruik uit de grond. Een van Aphrodites minnaars, de mooie jager Adonis, werd dodelijk getroffen door zijn rivaal Ares in de gedaante van een everzwijn. Op weg naar haar stervende geliefde verwondde Aphrodite zich aan de doorns van witte rozen en kleurde haar bloed de bloemen rood. Sindsdien staat de witte roos voor de reinheid van de liefde, terwijl rood de kleur van de begeerte en de hartstocht werd.

Ook de Germaanse godin van de liefde en de vruchtbaarheid, Odins vrouw Frigga, draagt een roos als attribuut van haar heerschappij: de hondsroos of *Rosa canina*. Aan de Beneden-Rijn heet deze plant nog altijd 'Frigga's doorn'. Bij de Germaanse offerplaatsen werden ter ere van de godin rozenstruiken geplant. Zo werden rozenstruiken het voorwerp van talrijke rituelen, die ook onder het christendom nog eeuwenlang hebben bestaan. Frigga verleende onder andere bijstand bij zwangerschap en geboorte. Na een goed doorstane, gevaarlijke bevalling begroeven vroedvrouwen de nageboorte onder een rozenstruik. En tot op de dag van vandaag wordt rozenolie niet alleen gebruikt als kostbaar bestanddeel van parfums, maar ook als middel tegen vrouwenziekten. In dit schemergebied tussen mythologie en plantkunde hoort ook het sprookje van Doornroosje thuis. Na een bezoekje van de rozengalwesp ontstaat op de hondsroos de zogenaamde slaapappel. Volgens de sage legt Odin een slaapappel onder het hoofd van Brünnhilde om haar in een diepe slaap te brengen. Nog in de Middeleeuwen gebruikten mensen deze galappeltjes als middel tegen slapeloosheid. Dan is het ook niet vreemd dat een complete rozenhaag Doornroosje en haar hofhouding in een honderdjarige slaap dompelt...

De christelijke iconografie neemt de attributen van heidense godinnen over en geeft ze door aan de maagd Maria; in de Middeleeuwen wordt de roos het zinnebeeld van de Moeder Gods. Er wordt ook een type tuin aan haar gewijd, de *hortus conclusus* – de door een muur omgeven, afgesloten tuin. Naar de woorden uit het Hooglied van Salomo: "Een afgesloten hof zijt gij, mijn zuster, bruid, een afgesloten wel, een verzegelde bron," symboliseert de tuin de Maagd zelf. Ze is vruchtbaar, maar haar vruchtbaarheid is alleen voor God bestemd. Zij is de bron waaruit het leven ontspringt. Een ommuurde tuin is sober ingericht, bijvoorbeeld met een zodenbank en een fontein in het midden. Er ligt een bloemenweide en rondom staan langs een traliewerk van hazelaar- of wilgentenen de onmisbare rozenstruiken.

De *hortus conclusus* werd ook wel 'paradijstuintje' genoemd, want men meende dat de roos oorspronkelijk alleen in het paradijs groeide. Volgens de legende had Eva bij haar verbanning uit het paradijs heimelijk een roos meegenomen, die met haar geur en schoonheid toch nog een afspiegeling van de heerlijkheid en onschuld van het paradijs zou zijn. De antieke mythe over de verliefde Aphrodite klinkt nog na in het feit dat de rode roos voor aardse vrouwen bestemd is, voor hun zinnelijke en hartstochtelijke liefde. De witte roos zonder doornen daarentegen is voorbehouden aan Maria, de maagdelijke Moeder Gods.

Ook in de seculiere literatuur van de Middeleeuwen is de roos het symbool van liefde en zinnelijkheid, zoals in de destijds bijzonder populaire *Roman de la rose* van Guillaume de Lorris en Jean de Meung uit de dertiende eeuw. Het verhaal speelt zich af in een ommuurde tuin, waarvan de eigenares Liefdesgenot is. Amant, de hoofdpersoon van het verhaal, ontmoet in deze tuin een jonge vrouw in de gedaante van een roos en wordt hevig verliefd op haar. Vervolgens worden hem door allegorische figuren als Angst, Jaloezie en Laster allerlei beproevingen opgelegd, voordat hij zijn rozendame kan veroveren. Aan het eind blijkt het hele avontuur, waarin de held met alle licht- en schaduwzijden van liefde en hartstocht in aanraking komt, een droom te zijn geweest.

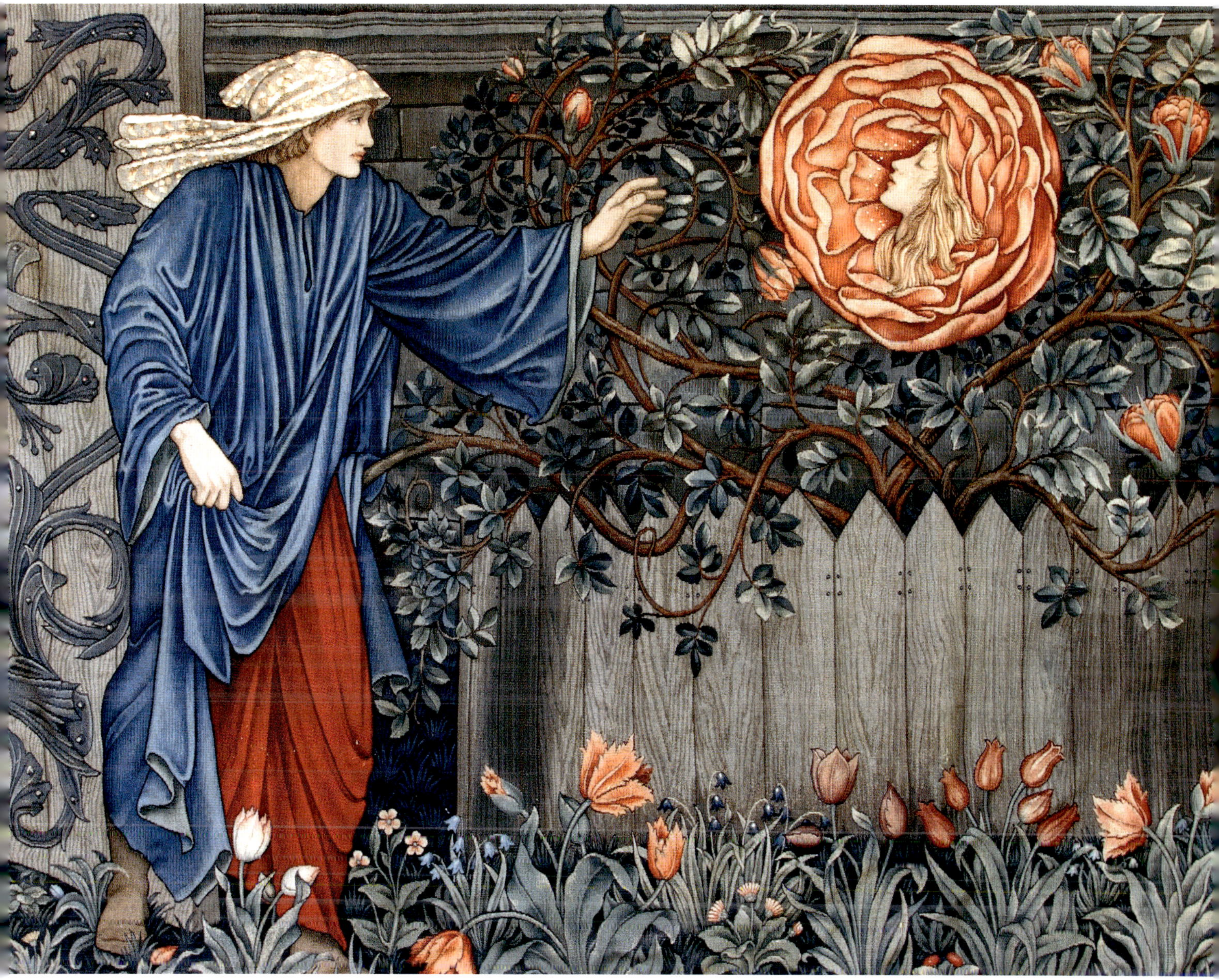

De geliefde in de gedaante van een roos: sinds de dagen van de Roman de la rose *een motief dat steeds weer terugkeert. William Morris maakte dit wandtapijt,* De roman van de roos, *naar een ontwerp van Edward Burne-Jones.*

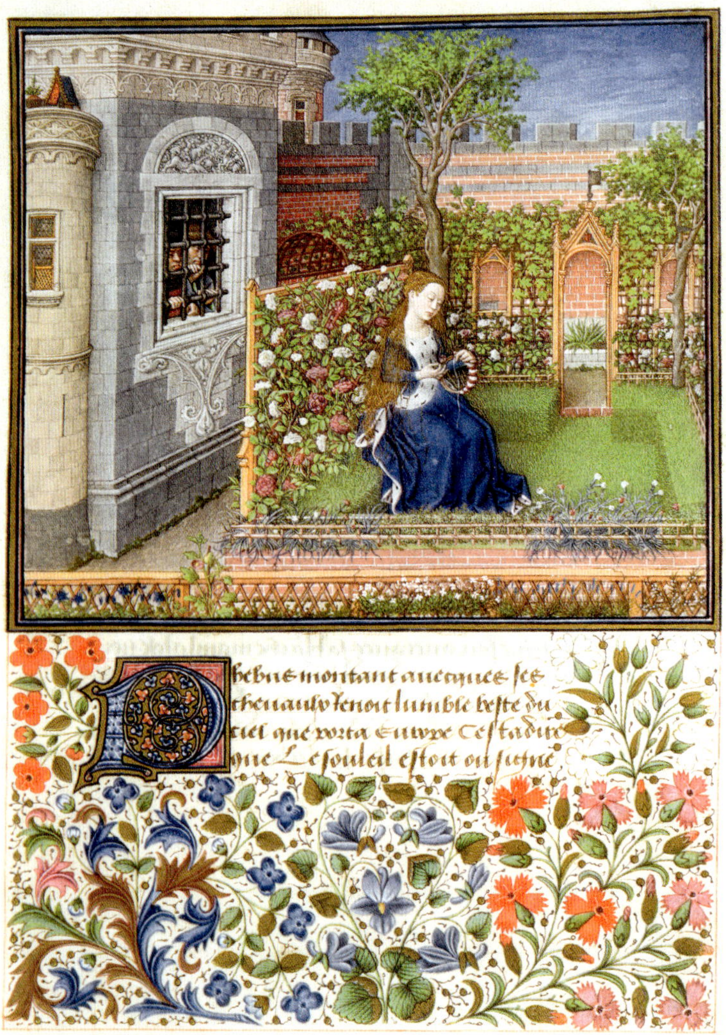

Het middeleeuwse 'paradijstuintje' was vaak niet meer dan een omheind hofje, zoals hier op een Franse illustratie van 1460 bij Boccaccio's Teseida. *Een zodenbank rondom noodt tot verpozen; op de voorgrond groeien anjers, akelei en violieren. De onvermijdelijke rozenhaag beschermt de jonge vrouw tegen opdringerige blikken.*

Ten slotte is de roos ook een mystiek symbool. In strijd met een gangbaar mannelijk vooroordeel over de zwijgzaamheid van vrouwen gebruikten geheime bondgenootschappen van alle tijden de roos als teken van discretie. De wilde roos, die het binnenste van haar bloem zorgvuldig verborgen houdt, gold als zinnebeeld van beslotenheid en geheimhouding. Reeds de pythagoreeërs hadden de ordening van de vijf bloembladen van de roos nagebootst en in het pentagram omgezet, het symbool bij uitstek voor een geheim. Diverse geheime bondgenootschappen hingen boven de tafel waaraan ze beraadslaagden een witte roos (de Rozenkruisers zijn er zelfs naar genoemd) en de formule voor discretie luidde 'sub rosa dictum', 'onder de roos gezegd'. Dit motief keert terug in het houtsnijwerk van biechtstoelen, maar ook in de naam van de verzetsgroep van Sophie en Hans Scholl, 'Die weisse Rose'.

Liefde en bedrog, geheim en verraad, lijden, ascese en reinheid en altijd weer zinnelijkheid: deze mythologische en religieuze associaties raken net als de oude legenden tegenwoordig steeds meer in de vergetelheid. Maar hun sporen zijn bij nadere beschouwing overal in onze culturele overlevering te vinden. Het is geen toeval dat in het sprookje Sneeuwwitje de stille, terughoudende zus is en Rozenrood de temperamentvolle en impulsieve. En bij Doornroosje staat het gevecht van de ongelukkige prins met de rozenhaag ongetwijfeld voor zijn aanval op de onschuld van de prinses. 'Een bloem plukken' is sinds eeuwen in allerlei talen een eufemisme voor 'een meisje met geweld van haar maagdelijkheid beroven' – Goethes gedicht 'Heideröslein' is een sprekend voorbeeld. Ook de medische wetenschap heeft deze metafoor overgenomen door ontmaagding als 'defloratie' aan te duiden.

Al even vanzelfsprekend gebruikten de volksmond en de volkspoëzie de roos als erotisch symbool. Men had het bijvoorbeeld over een meisje dat koel was als een rozenblaadje, terughoudend als een gesloten knop, of over de overgave van een bloeiende vrouw. De wijken van middeleeuwse steden waar de meisjes van plezier woonden, heetten Rozenkwartier, Rozensteeg of Rozenhoek. Tot slot duidde men bordelen ook wel aan als 'rozenbad' en de klanten als 'rozengangers'.

Dat bloemen een taal spreken en dat hun verschillende betekenissen in alle lagen van de maatschappij werden onderkend, blijkt uit een curieuze rechtszaak die in 1902 in Berlijn werd gehouden. Een bloemenverkoopster had als bruidsboeket in plaats van de bestelde rode rozen een tuil dahlia's geleverd. De bruid was ontsteld, want dahlia's staan voor kilheid. Ze weigerde het boeket en eiste haar geld terug. De rechtbank stelde haar in het gelijk en gaf als reden op dat een bloemenverkoopster de taal der bloemen behoorde te kennen. En inderdaad: bloemenverkoopsters waren de specialisten als het om symbolische bloemencadeaus ging. In de negentiende eeuw werden de conventies op bloemengebied tot een ware kunst verheven. Narcissen stonden voor egoïsme en pioenrozen voor schaamte. Een bosje heide was een teken van eenzaamheid en aloë zelfs van bitterheid. Wie bijzonder subtiele signalen wilde zenden, moest ook op de kleur van de bloemen letten.

De witte roos hoorde in de vaas voor een Mariabeeld thuis. Maar een royale bos witte rozen was ook heel geschikt als verlovingscadeau, om de zuiverheid van de bedoelingen en de bewaard gebleven maagdelijkheid te benadrukken. De kleur roze was voorbehouden aan jonge meisjes, die in zekere zin nog niet in volle bloei waren. Een oranje roos hield de vraag in of de schenker hoop op toekomstig geluk mocht koesteren. Een boeket gele rozen was een soort waarschuwingssignaal, een teken van wantrouwen en jaloezie. De niet beantwoorde liefde werd gesymboliseerd door de donkerste van alle rozen, de zogenaamde zwarte roos – waarbij het de ongelukkige verliefden weinig zal hebben getroost dat er eigenlijk geen zwarte, maar alleen donkerrode bloemen bestaan.

Deze zeer gecompliceerde kleurenleer was een onuitputtelijke bron van tedere en erotische toespelingen en van verschrikkelijke misverstanden – en bracht een vermaard botanicus van de Royal Horticultural Society tot de verzuchting: "Als u goed begrepen wilt worden, stuurt u dan in elk geval geen bloemen."

Deze wens zal niet in vervulling gaan. Het is geen toeval dat juist de 'oude rozen' tegenwoordig een renaissance beleven, want die belichamen alles wat de koningin der bloemen tot de ideale liefdesbode maakt: de volmaakte vorm van de bloem en het fluweel van haar blaadjes kunnen als betekenisvol compliment aan het lichaam van de geliefde worden gezien, de betoverende geur belooft de sensuele geneugten van een liefdesnacht, en niet in de laatste plaats zijn de doornen een herinnering aan het feit dat zelfs het grootste geluk gevaar loopt.

Volgende bladzijden: de Romeinse keizer Heliogabalus bedelft zijn gasten onder een regen van rozenblaadjes. Deze scène, in 1888 geschilderd door Sir Lawrence Alma-Tadema, werd het toonbeeld van Romeinse decadentie.

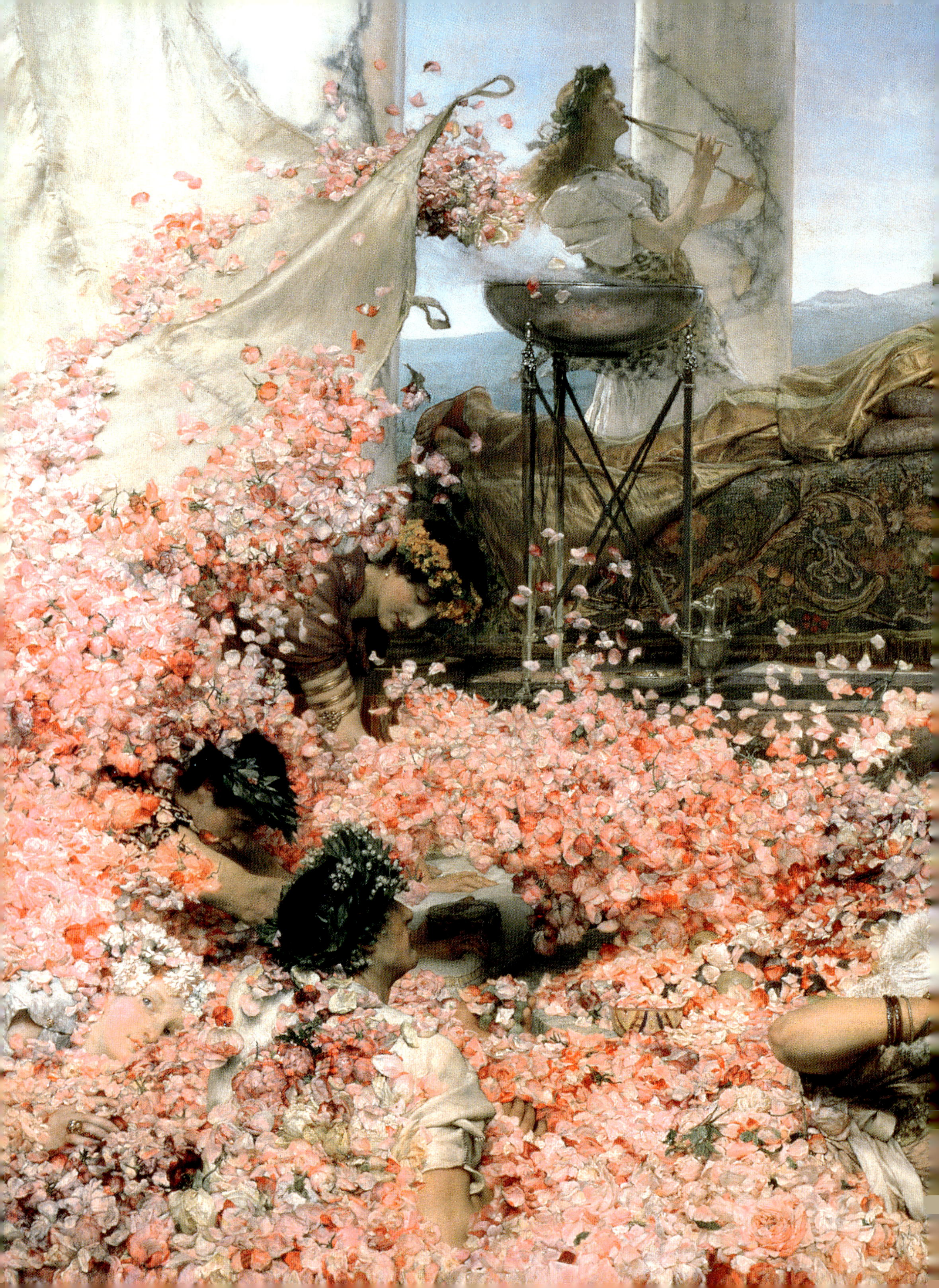

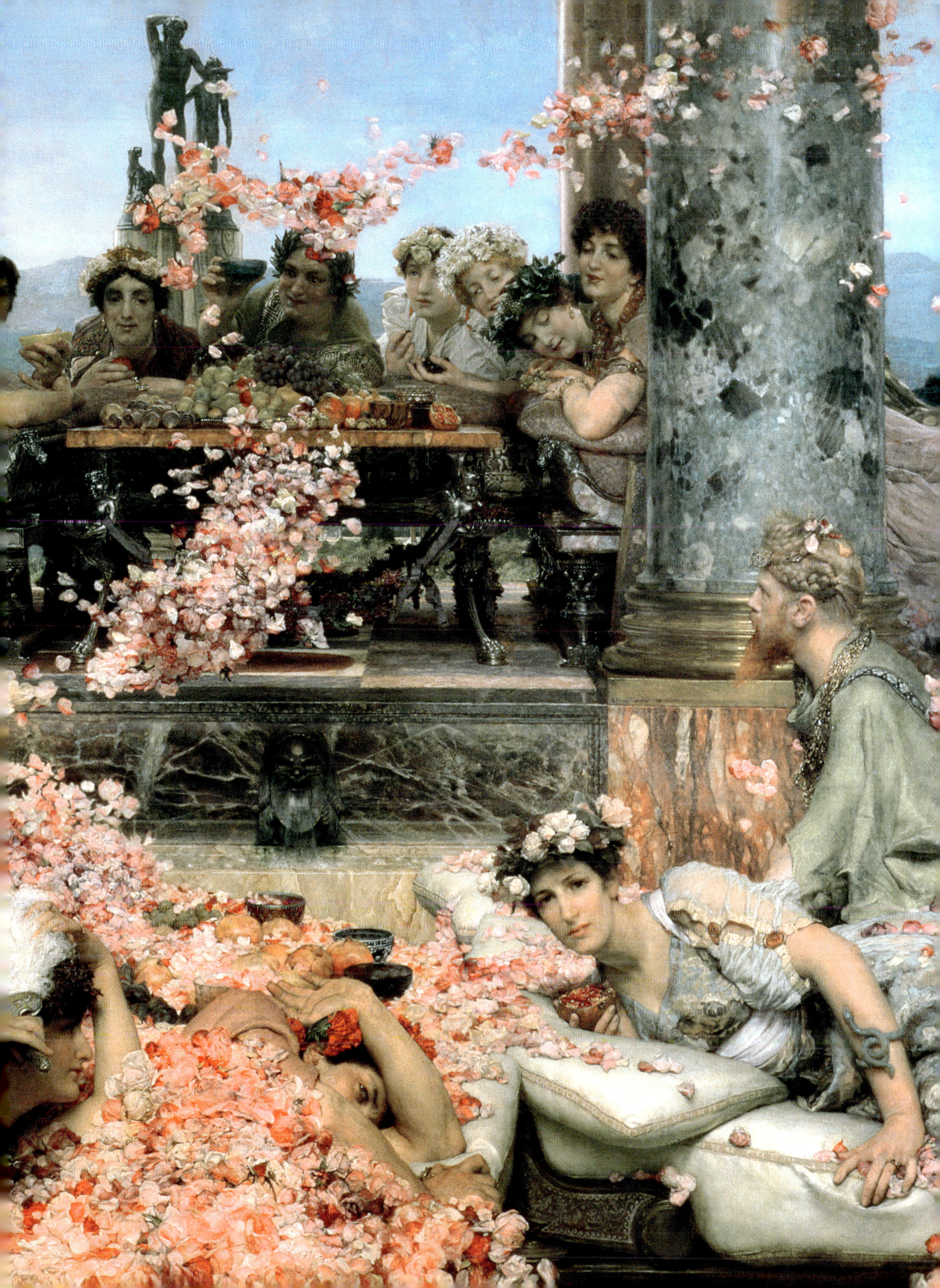

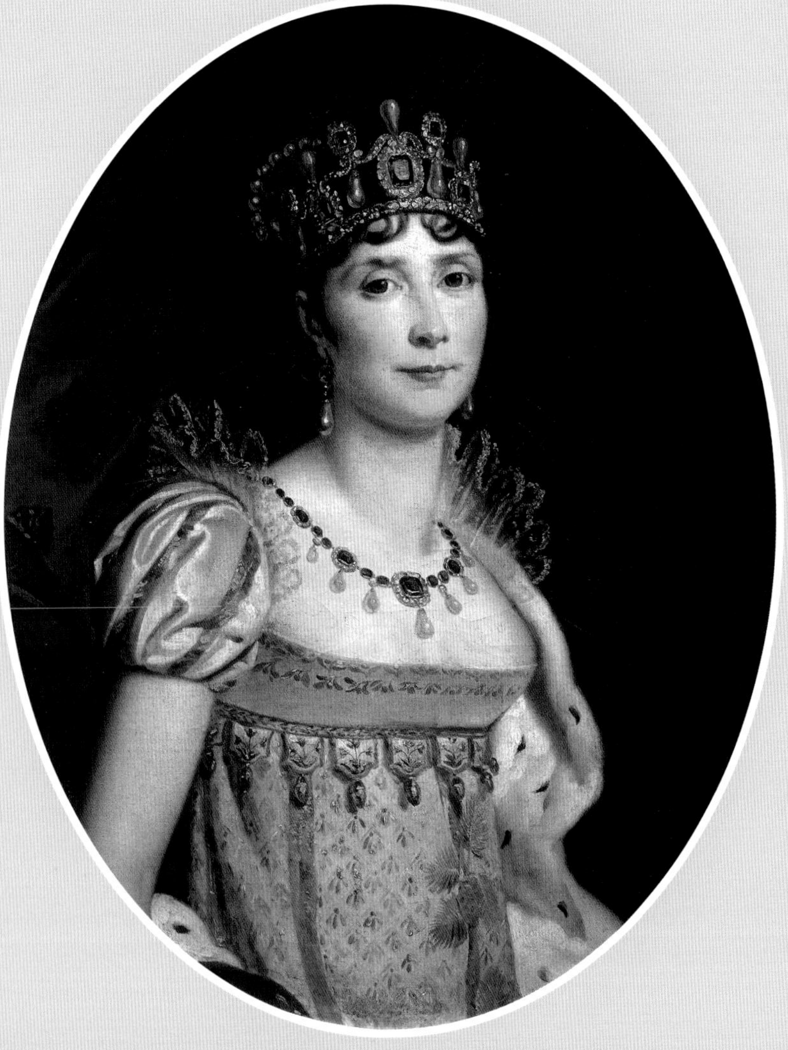

JOSÉPHINE DE BEAUHARNAIS
1763 – 1814

'U houdt zich met plantkunde bezig?
Mijn vrouw ook!'

Napoleon Bonaparte aan Alexander von Humboldt

Joséphine de Beauharnais

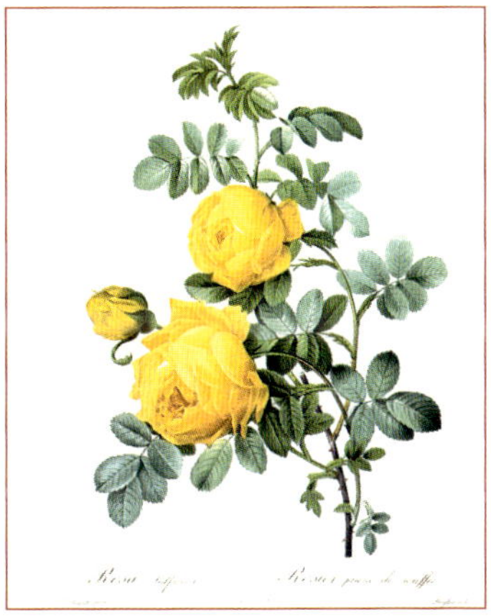

De schilder Pierre Joseph Redouté vereeuwigde van 1817 tot 1825 de rozen van keizerin Joséphine in een verzameling van 170 kleurgravures; hier de Rosa sulfurea.

Wanneer keizerin Joséphine haar dagelijkse ochtendaudiëntie hield, verdrongen juweliers, kleermakers en hoedenmaaksters elkaar in het voorvertrek en konden ze er altijd zeker van zijn dat ze nieuwe opdrachten zouden krijgen. Joséphine had een gat in haar hand en putte onbekommerd niet alleen de beurs van haar echtgenoot Napoleon Bonaparte uit, maar ook de staatskas – wat overigens in zekere zin op hetzelfde neerkwam. Haar paleis puilde uit van de mooie dingen die haar bedrijvige man uit de halve wereld bij elkaar had geroofd: vazen, mozaïeken, beeldhouwwerken en schilderijen.

Al die luxe zou haar weinig roem bij het nageslacht hebben gebracht, als ze haar spilzucht niet ook in een stuk land had geïnvesteerd en een park had gecreëerd waarvan de unieke schoonheid haar de eervolle titel van 'Rozenkeizerin' opleverde. 'La Malmaison' was een imposant zeventiende-eeuws landgoed buiten de muren van Parijs. Toen Joséphine het in 1799 kocht, was ze drie jaar met de Corsicaanse generaal getrouwd.

Hij was tijdens een dansfeest verliefd op haar geworden. Ze werd 'de mooie Indische' genoemd – haar tijdgenoten waren kennelijk niet heel sterk in geografie; Martinique, het eiland waar ze vandaan kwam, ligt in het Caraïbisch gebied. De ragfijne jurken die toen in de mode waren en die meer onthulden dan toedekten, deden haar elfachtige silhouet en exotische tint goed uitkomen. Haar enige schoonheidsfout was haar bedorven gebit; als dochter van een suikerbaron had ze haar kindertijd doorgebracht met het snoepen van melasse – en het commanderen van de huisslaven.

Joséphines verblindende verschijning was op dat moment haar enige kapitaal; al het andere was ze tijdens het schrikbewind van de Jacobijnen kwijtgeraakt. Haar eerste echtgenoot, vicomte Alexandre de Beauharnais, had zijn hoofd op het hakblok van de guillotine moeten leggen; zij zelf was aan dit lot ternauwernood ontkomen. Al hun bezittingen waren geconfisqueerd. Als maîtresse van de invloedrijke politicus Paul de Barras zag ze een onzekere toekomst tegemoet, want hij had al lang genoeg van haar. Napoleon deed Barras het voorstel met de afgedankte minnares te trouwen en kreeg als tegenprestatie het bevel over een heel leger. 36 Uur na de huwelijksvoltrekking verliet Napoleon Parijs om oorlog te gaan voeren in Italië.

Wat eruitzag als een koehandel was het begin van een huwelijk dat beide partijen voordeel zou brengen. Napoleon hield van Joséphine, schreef haar vanaf de slagvelden van Europa hartstochtelijke brie-

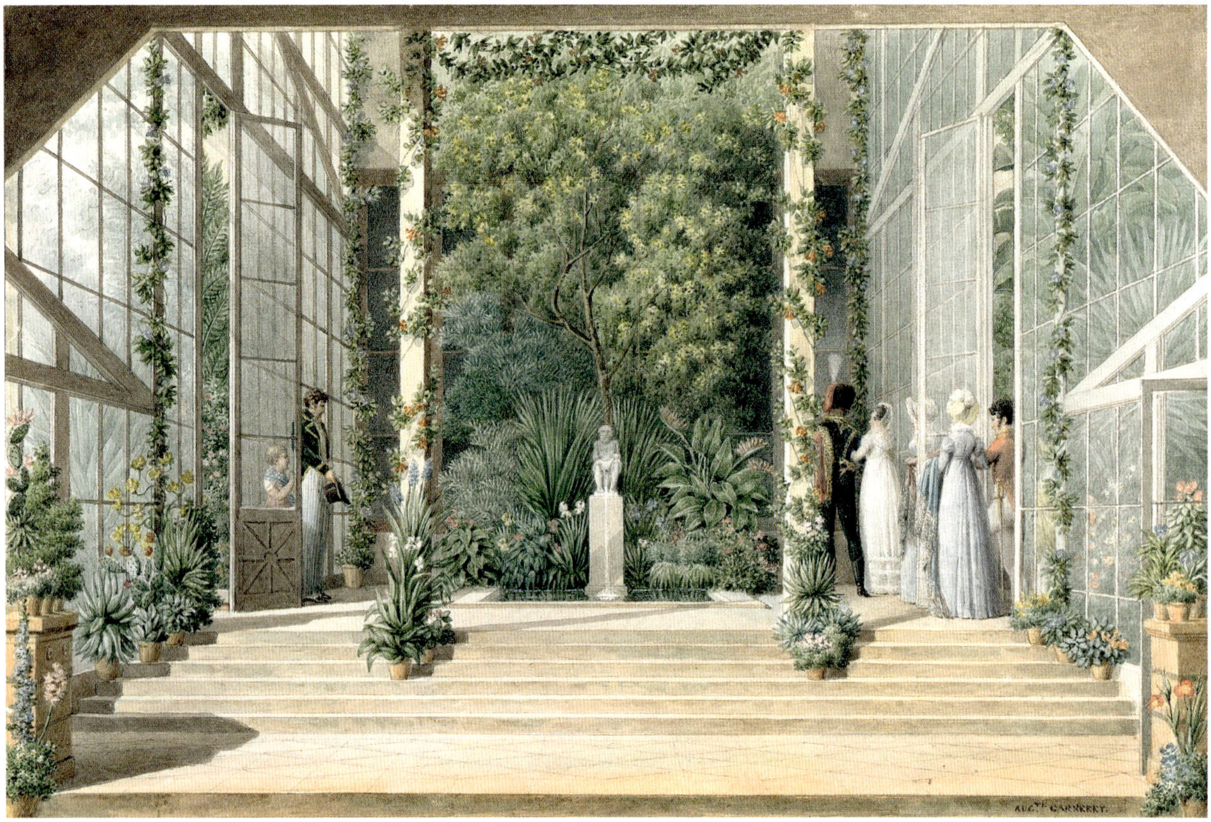

In de wintertuin van Malmaison, *een schilderij van Louis Garneray. In de ontvangsthal van het glazen paleis stond een beeld van een faun. Speciaal om de vermoeide gasten te laten bijkomen van het wandelen was een glazen salon gebouwd, van waaruit men zowel de tuin als de broeikas kon bewonderen.*

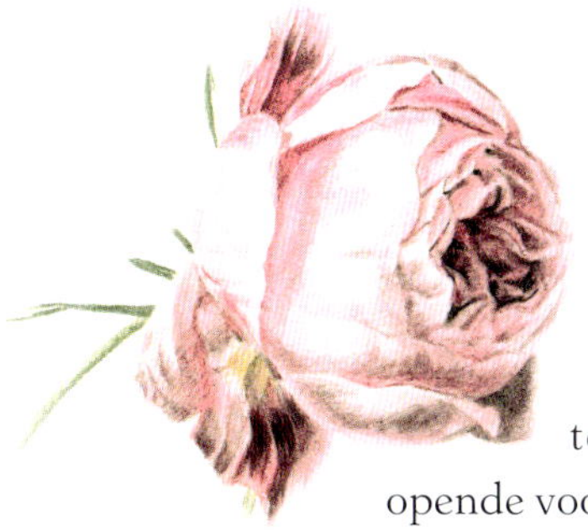

ven – en betaalde haar rekeningen. Joséphine genoot aanzien bij zowel aristocraten als revolutionairen en opende voor haar ambitieuze man heel wat deuren die anders voor de kleine Corsicaanse landedelman gesloten zouden zijn gebleven. In 1804 werden Napoleon en Joséphine keizer en keizerin. Het paar resideerde voortaan in het Palais des Tuileries in Parijs, maar in het weekeinde hadden ze Malmaison helemaal voor zich. Napoleons secretaris Louis Bourienne schreef over deze tijd: "Nergens buiten het slagveld heb ik Napoleon gelukkiger gezien dan in Malmaison."

Het uitgestrekte park, de boomgaarden en stallen beloofden landelijke zomergenoegens en een rijke oogst in de herfst. Een beek, bijna een riviertje, klaterde zelfs bij de grootste hitte en mondde uit in een meer met twee eilandjes. Op de oever hield Napoleon af en toe vergaderingen met zijn kabinet en bracht op die manier aardig wat ministers in verlegenheid. Zo noteerde Talleyrand: "In zijden pantalon en kousen op het gras zitten! Kunt u zich dat voorstellen? Hem maakt het natuurlijk niet uit, hij denkt dat hij nog steeds in een legerkamp zit."

De veeleisende en grillige vrouw des huizes hield intussen toezicht op de vormgeving van het park. Nadat ze in korte tijd verscheidene landschapsarchitecten had versleten, vond ze in Louis-Martin Berthault een toegewijd en competent hovenier. Ze wilde een Engels park, maar dan eentje dat niet alleen de afspiegeling van een geïdealiseerd landschap was, maar ook nog doortrokken van sensualiteit, romantiek en een vleugje extravagantie. Berthault beperkte zich dus niet tot het groeperen van bomen, het creëren van perspectieflijnen en het verdelen van beeldhouwwerken – hij stoffeerde het geheel zeer royaal met kleuren en geuren. Overal stroomde water, aan de oever wiegden gracieuze lelies tegen een achtergrond van donkere rododendronhagen. Op het gazon galoppeerden Afrikaanse gazellen en Peruaanse lama's, struisvogels draafden met verende tred voorbij en in de vogelkooien rondom in de hoogte zongen, riepen en krijsten allerlei exotische vogels.

In dit weelderige decor kon Joséphine haar lievelingsbloem, de roos, in de schijnwerpers zetten. Tot die tijd waren rozen vooral op het platteland gekweekt; in de paleistuinen van de Barok werd alleen een getemde en aangelengde versie van de natuur gepresenteerd. De struikachtige, welig tierende en klimmende roos liet zich niet netjes in de precieze parterres met hun geschoren buxusfiguren en haagjes inpassen. Tijdens de Rococo was de tuin al wel wat speelser en intiemer geworden en hadden rozenpriëlen en -hagen hun intrede gedaan, maar in Joséphines romantische paradijs werd de roos de voornaamste attractie.

In de tijd dat Joséphine Malmaison kocht, bestonden er in Europa naar schatting dertig tot veertig rozensoorten. Bij de eenvoudige vijfbladige Europese wilde roos hadden zich sinds de tijd van de kruistochten andere schoonheden gevoegd: uit het heilige land kwam de Franse roos, *Rosa gallica*, gevolgd door de *Rosa centifolia*, de Provençaalse roos. Perzië was het vaderland van de zoet geurende struikrozen en in Constantinopel groeiden zelfs 'rozen van goud', de in Europa tot op dat moment onbekende gele rozen. Al deze soorten gedijden uitstekend in het Midden-Europese klimaat, maar ze hadden het doorslaggevende nadeel dat ze maar een keer per jaar bloeiden, en dan nog korte tijd.

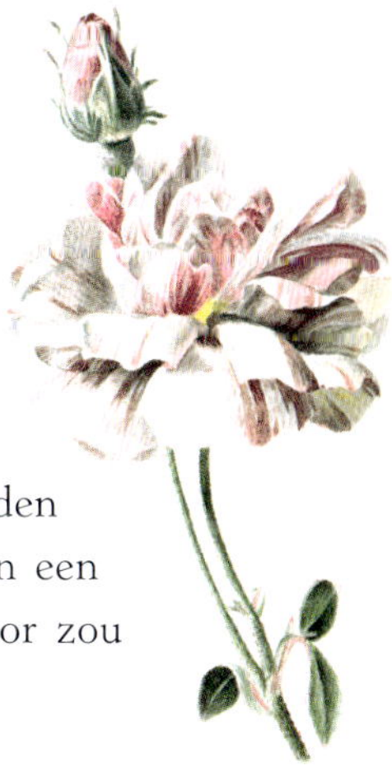

Toen brachten reizigers en kooplieden uit het verre China het nieuws mee van een groot aantal rozen dat het hele jaar door zou

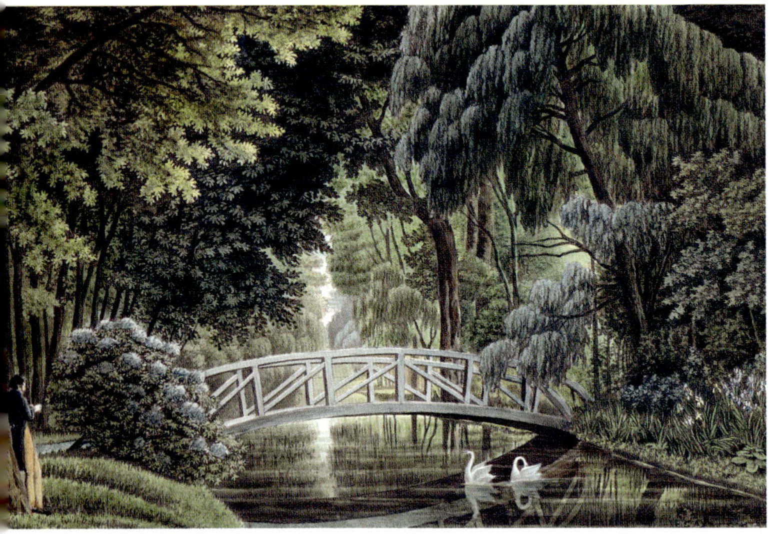

De witte zwanen maakten deel uit van de romantische mise-en-scène van Malmaison, net als de rododendronstruiken en het houten bruggetje. Schilderij van Auguste Simon Garneray.

bloeien. Maar simpelweg uitgraven en meenemen konden ze de bloemen niet, want de keizer van China verlangde een hoge prijs voor zijn botanische schatten. Slechts weinig kooplieden durfden deze investering aan, want de verliezen tijdens de zes maanden durende thuisreis in de zoute zeewind waren enorm. De eerste rozen die heel uit het Verre Oosten naar Europa waren gekomen werden 'les rosiers étalon' genoemd, wat zeer beeldend 'rozendekhengsten' betekent. De eerste werd in 1752 door een Zweed meegenomen. Deze soort is tot op de dag van vandaag in de handel onder de naam 'Old blush'; hij werd de stamplant van de bourbonrozen. Als tweede kwam in 1792 de Chinese roos naar Engeland, die daar zo graag bleek te bloeien dat ze 'semperflorens', 'altijd bloeiend' werd genoemd. Andere 'dekhengsten' werden de stamvaders van de theehybriden. En als bij toverslag kwam het tot een complete explosie van nieuwe gekweekte rozen: de kwetsbare Aziatische rozen met hun kleurenpracht werden gekruist met de taaie oude Europese soorten. Er ontstonden jaarlijks nieuwe soorten met tientallen tegelijk. Joséphine kreeg ze van de destijds beroemde Franse rozenkwekers Vilmorin, Parmentier, Descemet, Ledru Rollin en Thouin. Uiteindelijk bloeiden in het park van Malmaison meer dan 250 soorten, de grootste rozenverzameling van Europa. Naar de eigenares van de tuin werden ook veel soorten genoemd. De roos 'Roxelande' bijvoorbeeld is naar een rivier in de buurt van haar geboorteplaats genoemd. Haar passie voor het verzamelen veroorzaakte een regelrechte concurrentiestrijd, die tot de oprichting van nieuwe rozenkwekerijen in de omgeving van Parijs leidde en Frankrijk tot het voornaamste rozenteeltland maakte.

Maar voor alle andere nieuwigheden op plantengebied bevonden de belangrijke handelaars zich in Engeland, zoals John Kennedy in Hammersmith bij Londen. Zijn vertegenwoordigers spoorden alle nieuwe varianten op die door de machtige handelsmaatschappijen in de uitgestrekte koloniën en op de meest afgelegen handelsposten waren verzameld. Onpraktisch genoeg verkeerde Frankrijk in de jaren waarin Joséphine op plantenjacht was bijna onophoudelijk op voet van oorlog met heel Europa. Napoleons continentale stelsel verbood de in- en uitvoer van handelswaar van en naar Engeland. Maar de keizerin was in deze onrustige tijd waarschijnlijk de enige vrouw in Europa die over de middelen en de macht beschikte om dergelijke hindernissen te overwinnen. Voor Kennedy regelde ze een bijzondere vergunning om zijn kostbare vracht hoogstpersoonlijk naar vijandelijk gebied te brengen. Diplomaten en officieren had-

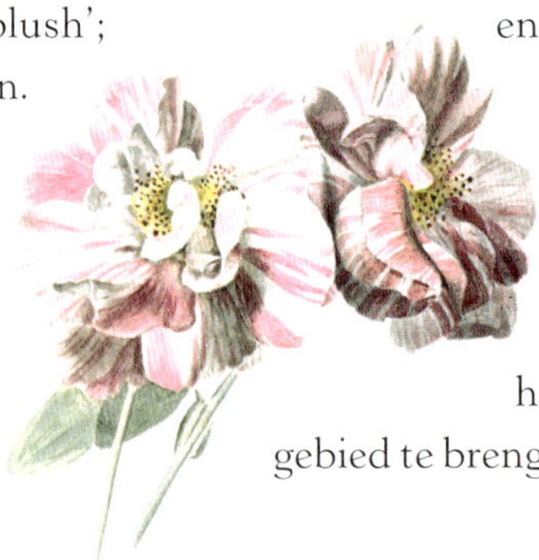

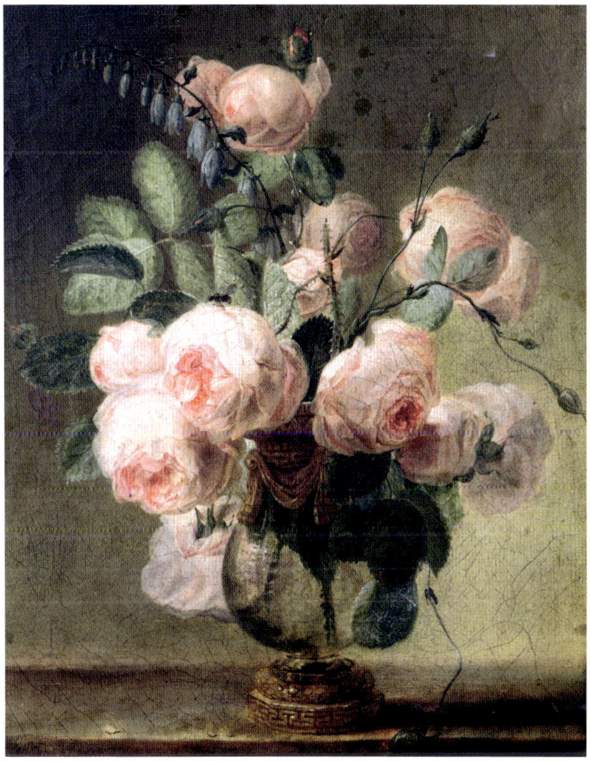

Het vakmanschap van Pierre Joseph Redouté imponeert nog altijd: zijn ruiker rozen in een kristallen vaas maakt een bijna griezelig echte indruk.

den orders om uit alle veroverde gebieden planten op te sturen. Alleen al uit de kassen van slot Schönbrunn bij Wenen kwamen 800 kostbare exotische planten als krijgsbuit naar Malmaison. Zelfs gekaapte schepen werden op stekjes, bloembollen en zaaigoed doorzocht.

Toen Joséphine met het tuinieren begon, was ze een grillige adellijke dame met een vaag verlangen naar weelderige bloemenpracht. Binnen een paar jaar had ze zich zo veel kennis eigen gemaakt dat ze reizende botanici regelrechte verlanglijstjes kon meegeven. Aimé Bonpland bijvoorbeeld, die in 1808 haar hoofdbotanicus werd, had al vóór zijn grote expeditie naar Latijns-Amerika met Alexander von Humboldt zaaigoed naar Parijs gestuurd; uit de Andes bracht hij de 'roos van Montezuma' voor haar mee. Ze correspondeerde met de hoofden van botanische tuinen over de hele wereld en controleerde – vaak tot ergernis van de Parijse hoogleraren plantkunde – bij de verdeling van expeditiebuit iedere post die op de lijsten stond. In de nabijheid van Malmaison ontstond een boomkwekerij waar elke plant, hoe exotisch ook, op zijn levensvatbaarheid in de vrije natuur werd beproefd.

Zoals elke verzamelaar streefde ook Joséphine naar volledigheid, maar een andere, minstens zo sterke drijfveer van haar liefde voor planten moet haar heimwee zijn geweest. Ze had haar Caraïbische thuisland verlaten toen ze vijftien jaar oud was. "Stuurt u mij alle zaden en vruchten van Amerika: aardappels, bananen, sinaasappels, mangoboompjes, kortom alles wat u maar kunt vinden," schreef ze haar moeder in 1802. In Malmaison gaf ze opdracht tot het bouwen van een reusachtige broeikas: 50 meter lang en 19 meter breed. De kas werd met kolenkachels verwarmd en kon tot vijf meter hoge planten herbergen. Hier wilde ze de weelderige Caraïbische vegetatie van haar kindertijd doen herleven met haar bedwelmende geuren, kleurenpracht en vochtige, warme atmosfeer. Trots liet ze haar gasten de jasmijn uit Martinique zien: "Ze herinnert me aan mijn vaderland, mijn kindertijd en mijn sieraden als jong meisje." Meer dan 300 planten uit het Zuidzeegebied, Latijns-Amerika en Zuid-Afrika groeiden hier voor het eerst op Europese bodem: dahlia's en volle pioenrozen, magnolia's en mimosa's. En te midden van haar groene schatten had de grote verkwister zeldzame momenten van zelfinzicht: "Wanneer ik het purper van de cactus bestudeer, voel ik me gelukkiger dan wanneer ik alle pracht en praal bekijk waarmee ik verder omringd ben."

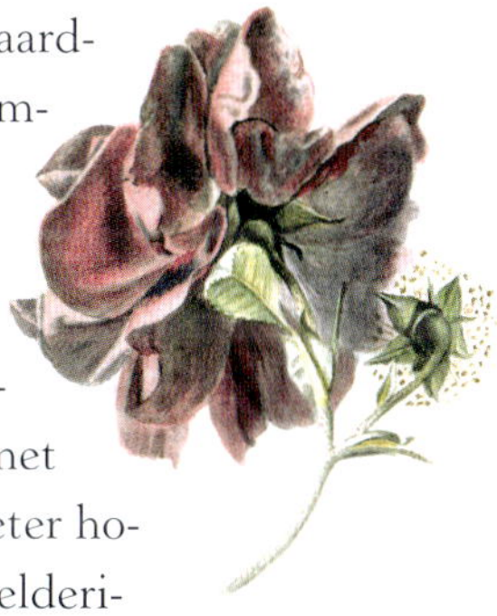

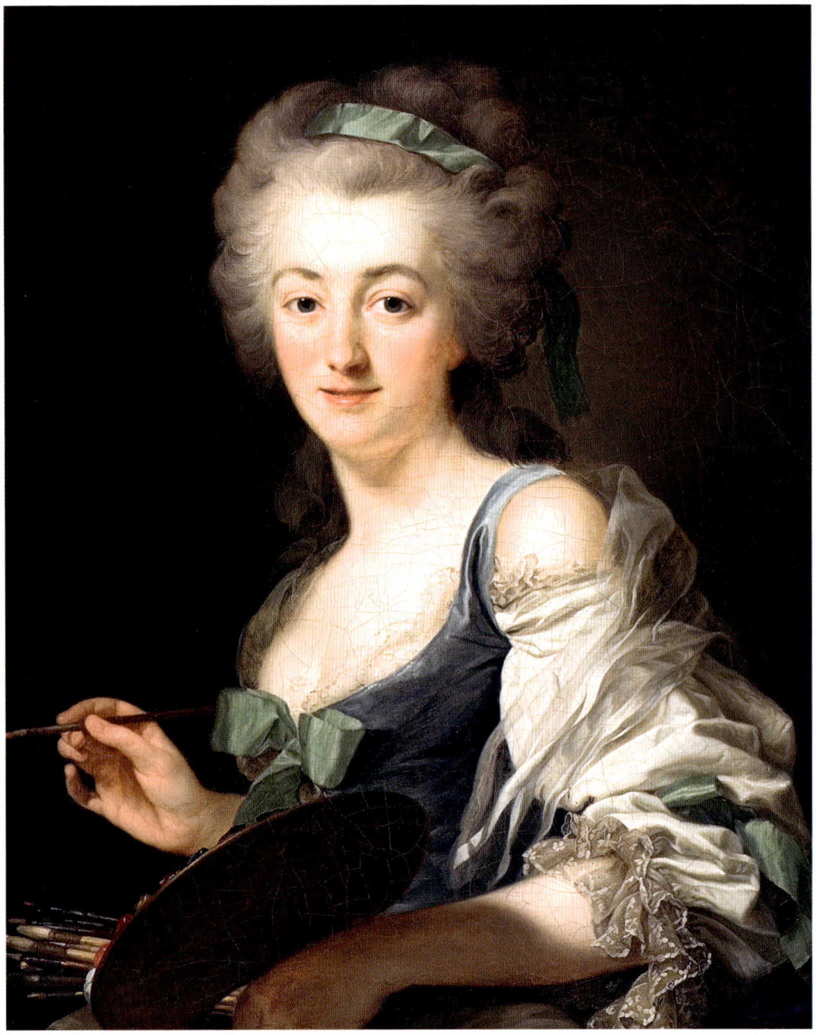

ANNE VALLAYER-COSTER
1744 – 1818

'Ik zou wensen dat alle leden van de Koninklijke Academie op een even hoog niveau werkten als Mademoiselle Vallayer.'

Denis Diderot

Anne Vallayer-Coster

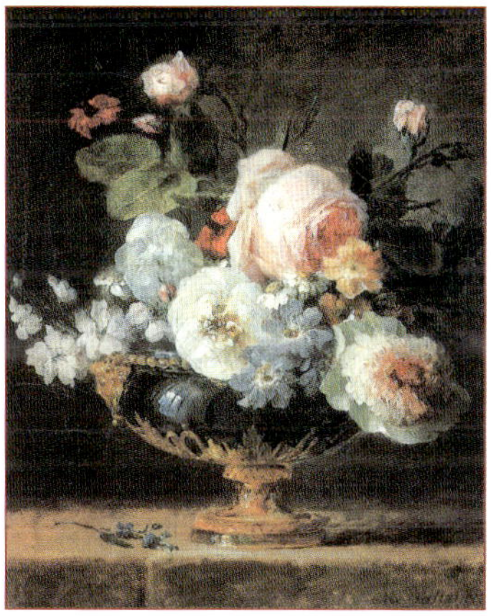

Met dit Boeket in een blauwe porseleinen vaas *van 1782 creëerde Anne Vallayer-Coster een even levendige als fraaie omlijsting voor haar lievelingsbloem, de roos.*

Toen Anne Vallayer zich in 1770 kandidaat stelde voor toelating tot de Koninklijke Academie van Frankrijk, leverde ze als proeve van bekwaamheid haar stilleven *De attributen der muziek* in. Het genrestuk laat een verzameling muziekinstrumenten zien: de viola da gamba met een draagband van blauwe zijde aan de toets leunt tegen de lessenaar, op de voorgrond liggen een viool, een doedelzak van zwaar brokaat en een mat glanzende klaroen. Men zou het schilderij realistisch als een foto kunnen noemen als er niet een zweem van een mysterieuze aanwezigheid was geweest, van extravagantie en zinnelijkheid – de meerwaarde die alleen een schilderij kan hebben. De heren van de Academie konden dit meesterwerk hun respect niet onthouden. Hoewel ze als twistziek en afgunstig bekend stonden, stemden ze in zeldzame harmonie in met de toelating van de jonge kunstenares.

Dit klinkende begin en haar lange, glanzende loopbaan had Anne Vallayer aan de open geest en kunstzinnigheid van haar ouders te danken. Haar vader, koninklijk hofjuwelier en goudsmid, was ondanks zijn aanzienlijke positie altijd op zoek naar artistieke uitdagingen en nieuwe handwerktechnieken. Zo kwam het dat hij samen met zijn opgroeiende dochter in de leer ging bij de koninklijke gobelinmakerij. Anne bleek talent te hebben. Andere vaardigheden leerde ze van haar moeder – een bedreven miniatuurschilder – en van een peettante die haar kennis als botanisch illustrator in de Jardin des Plantes had opgedaan. Toen de dames haar niets meer te leren hadden, vertrouwde haar vader zijn begaafde dochter toe aan de voornaamste Franse stillevenschilder van die tijd, Jean-Baptiste Chardin.

Bij haar debuut in de Parijse salon, de tweejaarlijkse tentoonstelling van de leden van de Academie, sprak zelfs Denis Diderot, de hoogste autoriteit op kunstgebied van zijn tijd, lovende woorden over haar werk. De *Mercure de France* vulde aan: "Ongeacht de nadelen van haar geslacht heeft zij de artistieke weergave van de natuur tot een perfectie ontwikkeld die ons verrast en verrukt."

Wat de recensent ook mag hebben bedoeld met de 'nadelen van haar geslacht': Anne Vallayer toont haar meesterschap al in haar vroege werk. Zoals gebruikelijk in de Franse school schildert ze fruitmanden en jachtstukken, tafelscènes en vanitas-stillevens. Na 1775 ontdekt ze haar eigen stijl, die meer in de richting van de weelderige Nederlandse bloemschilderkunst gaat. Ze schikt haar royale bloementuilen in elke denkbare vaas, als deze maar edel en fraai bewerkt is: uit steen of marmer gesneden bokalen, kristallen vazen vooral, maar ook vazen van porselein of terracotta. De marmeren tafels en stenen banken waar ze op staan zijn behangen met kostbare stoffen, stukken fluweel of damasten tafellakens. Schelpen en bedauwde vruchten verlevendigen en completeren het decor, takjes of een paar bloemblaadjes zijn schijnbaar achteloos neergelegd.

Al zijn haar stukken nog zo veelzijdig, de lievelingsbloem van deze schilder is duidelijk de roos. Die overheerst bijna al haar bloemenstillevens en duikt ook op in haar grafische werk, geheel in de stijl van de botanische illustratie. De in modeaangelegenheden toonaangevende adel had de 'tijd van de galanterie' uitgeroepen en de roos als bloem van liefde en de erotische passie tot centraal symbool verheven. In de Rococo was de roos alomtegenwoordig en werd ze met nooit aflatende vindingrijkheid in beeld gebracht: de rozenguirlande, het favoriete decoratieve element, sierde slijplaktafeltjes en werd een geliefd motief in het houtsnijwerk. Rozenstucwerk prijkte op plafonds en schoorsteenmantels.

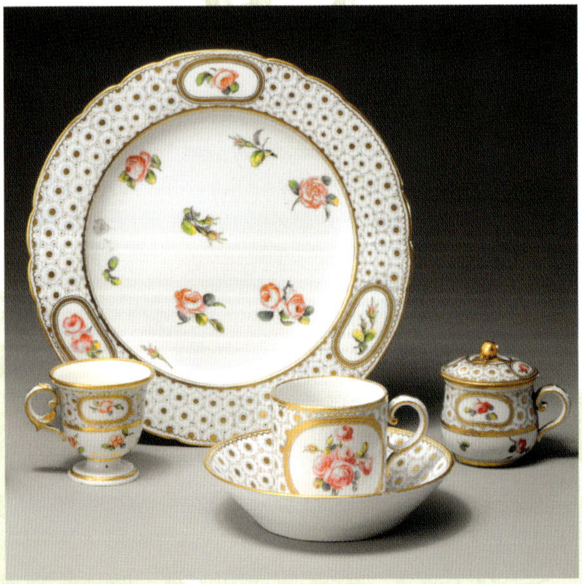

In de tijd van de Rococo was het rozenmotief alomtegenwoordig. Zo ook op deze serviesdelen uit 1781, vervaardigd in de beroemde porseleinmakerij van Sèvres.

Porseleinmakerijen creëerden kostbare tafeldecoraties van rozenblaadjes. Wie niet zo veel geld kon uitgeven, behielp zich met gekleurd suikerglazuur. De rozenschilderijen van Anne Vallayer werden een onderdeel van deze decoraties.

Maar ook de dames tooiden zich op iedere denkbare manier met rozen: jonge meisjes droegen rozenkransen in het haar. 's Morgens werden er verse bloemen op de jurk bevestigd; de trotse torens van pruiken werden door complete bloemschikwerken bekroond. Het geheel had maar één nadeel: in de warmte van de balzalen en boudoirs verwelkten de bloemen in korte tijd. Een adellijke dame uit de Elzas beschreeef in 1789 in haar memoires een slimme uitvinding: kleine platte flesjes werden als bloemenvaasjes in de monsterlijke pruiken verstopt en hielden op die manier de rozen aardig vers. Wie geen zin had in dit ongemak liet de bloemen in een achterkamer om het uur door een modiste verversen. Tussen Allerheiligen en Pasen stegen de rozenprijzen rondom Parijs tot astronomische hoogten; de handel in kunstbloemen floreerde. Een zekere meester Wenzel werd beroemd, omdat hij voor koningin Marie Antoinette een bedrieglijk echte roos had gemaakt waarvan de bloemblaadjes uit de velletjes van eierschillen waren gesneden en vervolgens ingekleurd.

Rozenpatronen, gestileerd of realistisch, waren in kledingstoffen geweven, erop gestikt of geappliqueerd. De uitgelezen stillevens van Mademoiselle Vallayer leverden voorbeelden voor dergelijke stoffen, maar ook voor porselein, behang en gravures. *Bloemenvaas met twee pruimen op een marmeren tafel*

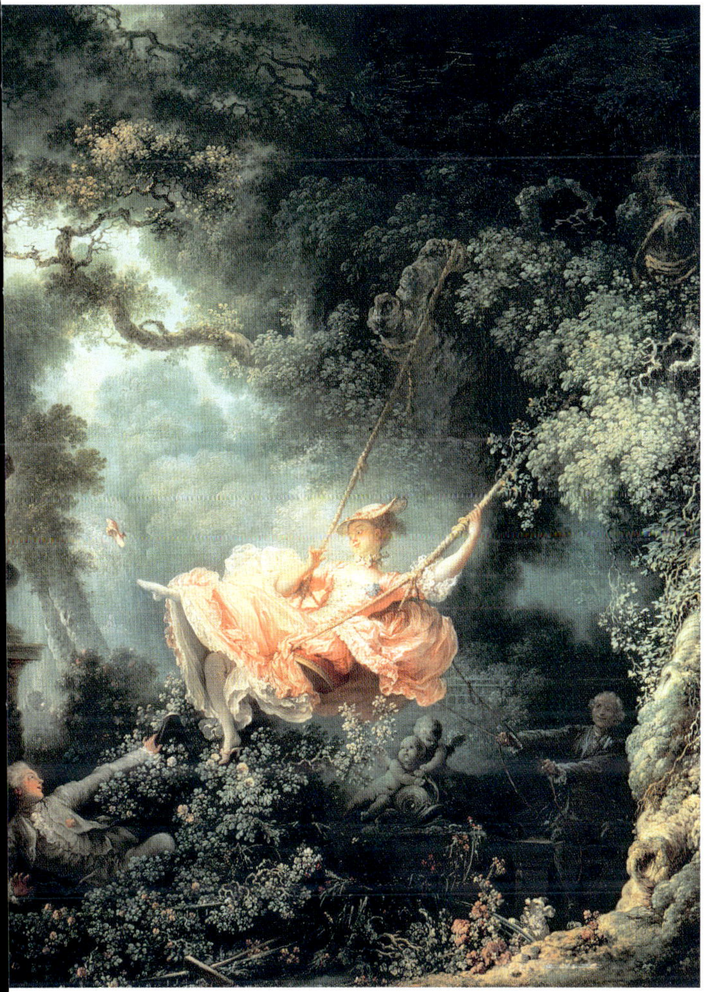

Toonbeeld van de galanterie: in 1767 schilderde Jean-Honoré Fragonard De schommel. *Terwijl de echtgenoot zijn vrouw gedienstig een duwtje geeft, ligt haar minnaar achter de rozenstruik om een blik onder haar rokken te kunnen werpen.*

van 1781 werd bijvoorbeeld voor een gobelinbehang gebruikt en vergrootte Vallayers roem. Overigens was ze financieel intussen al lang niet meer op zulke afgeleide inkomsten aangewezen. De beroemdste verzamelaars van haar tijd verdrongen zich om haar schilderijen te kopen, Abbé Terray en de Prince de Conti, de bankier Beaujon of de Comte de Merle. En ook de koningin had haar opgemerkt. Marie Antoinette liet in het Louvre een atelier voor haar inrichten en benoemde haar tot koninklijk hofschilder. Toen Anne Vallayer in 1781 met de advocaat en reservegeneraal Jean-Pierre Sylvestre Coster trouwde, ondertekende hare majesteit in hoogsteigen persoon het huwelijkscontract.

In 1789 ging de storm van de revolutie over het land; daarna was niets meer zoals voorheen. Zelfs de liefde van de Fransen voor weelderige bloemendecoraties was merkbaar bekoeld. Vooral de roos werd – en zoals we gezien hebben, niet ten onrechte – beschouwd als symbool van het decadente Ancien Régime. De rozenvelden rond Parijs werden omgeploegd om graan en aardappelen te verbouwen. Een paar jaar lang trok Anne Vallayer-Coster zich terug op het platteland, maar vanaf 1795 was ze met haar werken weer in de Salon van de voortaan burgerlijke Academie te zien. Haar carrière eindigde zoals hij was begonnen: met een paukenslag. Kort voor haar dood in 1817 keerden de Bourbons terug op de troon. Als welkomstgeschenk gaf Anne Vallayer-Coster de zojuist gekroonde Lodewijk XVIII een *fleur de lis*, het symbool van het koningshuis, en het grandioze *Stilleven met zeekreeft*. De symboliek van het dier is niet mis te verstaan: te midden van nogal rustiek tafelgerei ligt het krachtige dier in de kleur van koninklijk purper, glanzend gepantserd en onaantastbaar.

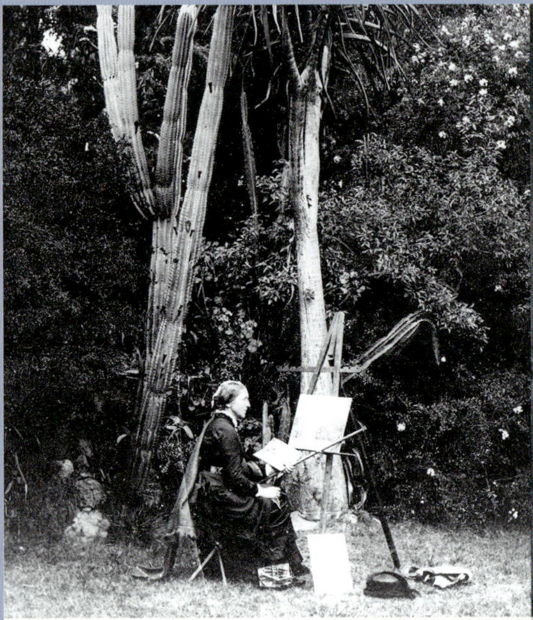

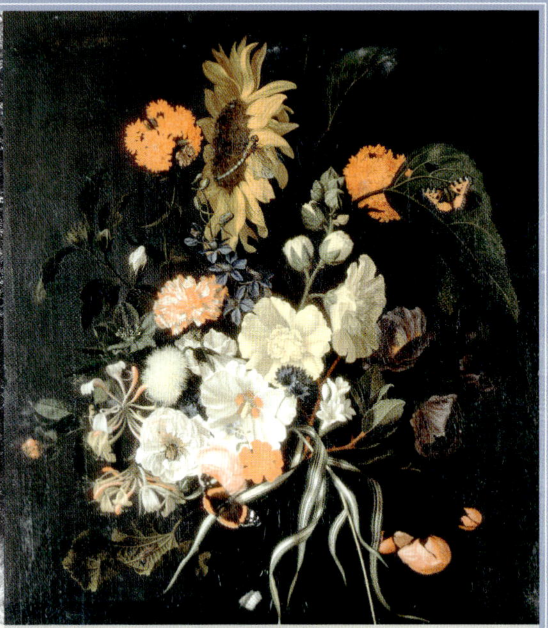

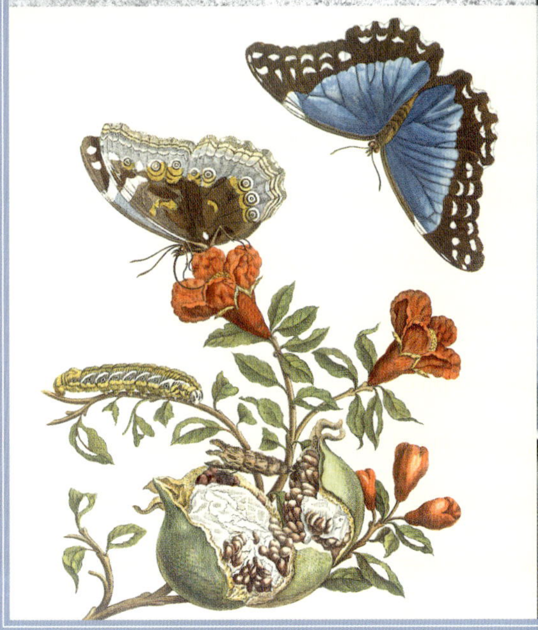

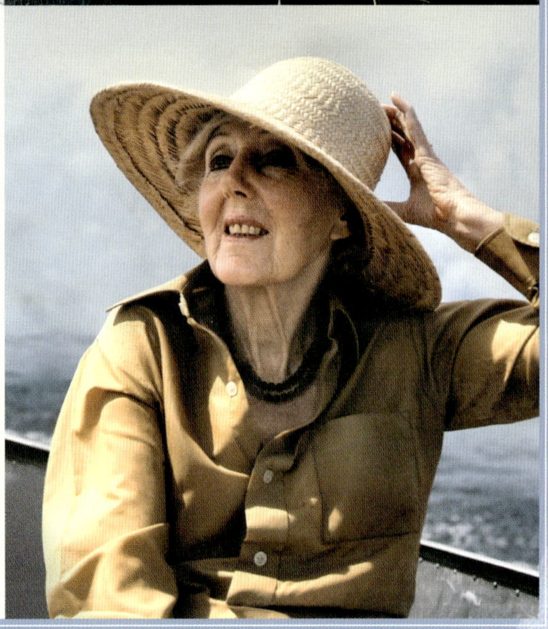

Met palet en penseel tot in de regenwouden van de Amazone

De kunst van de plantenschilderessen

Het schilderen van bloemen gold in het verleden als passend tijdverdrijf voor dames van goeden huize. Men vond dit 'een charmante, onderhoudende en leerzame bezigheid', waarmee 'het schone geslacht' op genoeglijke wijze een paar uur van de dag kon doorbrengen. Maar voor de vrouwen aan wie dit hoofdstuk is gewijd, was het verzamelen en portretteren van planten allesbehalve een vrijblijvende hobby. Zij voelden zich ertoe geroepen en maakten van het bloemschilderen hun beroep: Maria van Oosterwyck bijvoorbeeld behoort tot een kleine groep vrouwelijke kunstenaars die in de zeventiende eeuw met groot succes hun weelderige bloemenstukken aan adellijke opdrachtgevers en welgestelde burgers verkochten. De traditie van het bloemenstilleven gaat terug tot in de klassieke Oudheid. De eerste boeketten en guirlandes treffen we als decoratieve omlijsting aan op de wandschilderingen van Pompeii. Tijdens de Renaissance werd dit genre afbeeldingen opnieuw populair en in de Barok beleefden de bloemenstillevens hun hoogconjunctuur. Al sinds de Middeleeuwen werden kruiden, bloemen en bomen ook met wetenschappelijke doeleinden onder de loep genomen. Maria Sibylla Merian ging niet slechts met een decoratief bloemenboek de geschiedenis in, maar ook en vooral met een baanbrekende prachtband die de insecten- en plantenwereld van de toenmalige Nederlandse kolonie Suriname in kaart brengt. Haar scheepsreis naar Zuid-Amerika in het jaar 1699 was een groot avontuur. Ook Marianne North was ruim anderhalve eeuw later geen inspanning te veel om bepakt met palet en penseel in alle werelddelen haar botanische kennis te vergroten. Zij schiep een onvergelijkelijk oeuvre van meer dan duizend olieverfschilderijen. In de twintigste eeuw concentreerde Margaret Mee zich op het Amazonegebied; tijdens haar talrijke excursies had ze behalve haar tekengerei ook altijd een revolver bij zich. De Noord-Amerikaanse kunstenaar Georgia O'Keeffe ten slotte nam het in tegenstelling tot haar voorgangsters niet zo nauw met de plantkundige precisie. Zij veroorzaakte een revolutie in het genre.

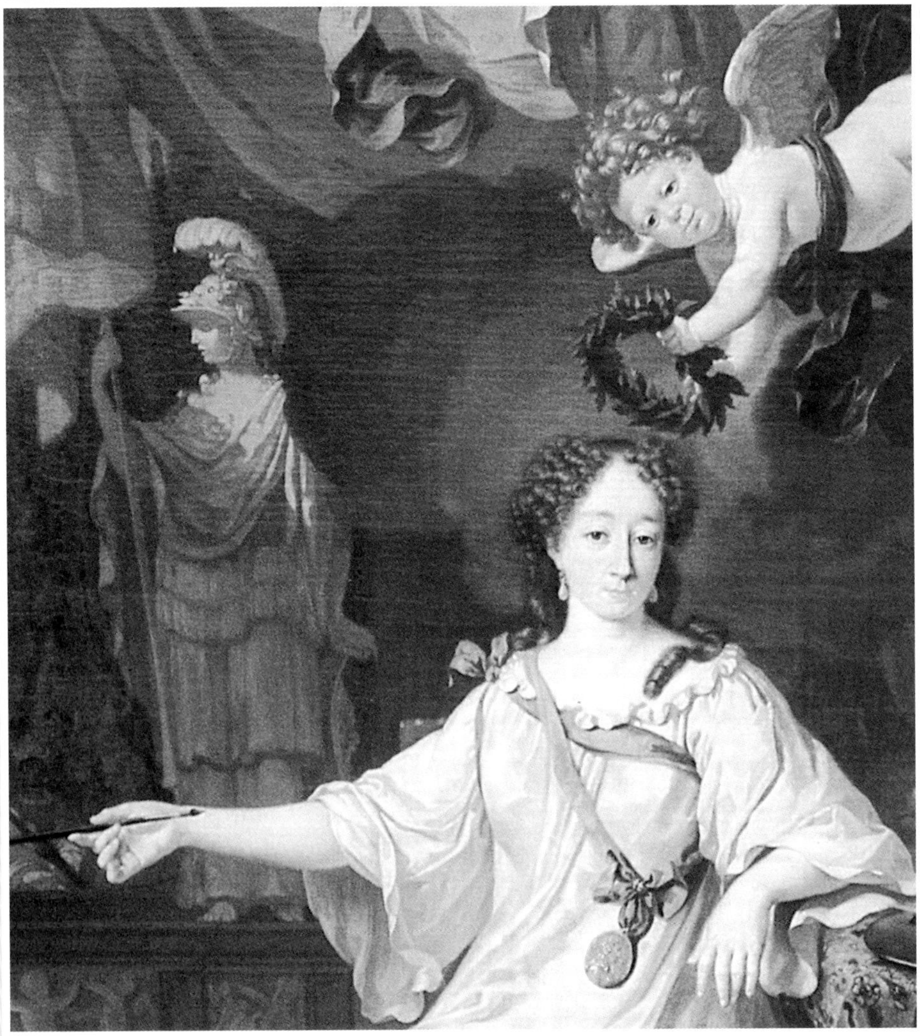

MARIA VAN OOSTERWYCK
1630 – 1693

*''t Vers roosken is ghewilt; maer wertet eens verlept,
Gheen bieken sitter op.'*

Jacob Cats, 1618

Maria van Oosterwyck

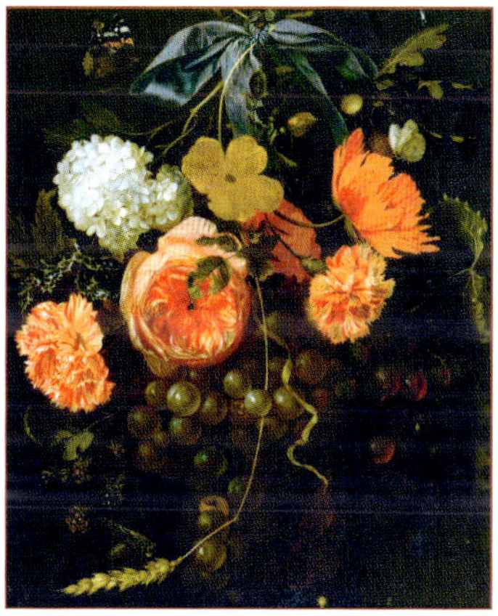

Een herfstachtige bloemenguirlande met een pioenroos, anjers, korenaar, druiven en bramen, bijeengehouden door een blauw lint.

Op de Nederlandse kunstmarkt van de zeventiende eeuw waren bloemenstillevens felbegeerde objecten. Welgestelde ambachtslieden, burgers en edelen verzamelden hartstochtelijk schilderijen, waarmee ze alle woonvertrekken vol hingen. De kleurrijke stukken met bloemen werden vooral in het koude jaargetijde gekocht als surrogaat voor echte boeketten. Portretten, mythologische thema's en historische afbeeldingen dienden ter decoratie en om de maatschappelijke status van de opdrachtgever te benadrukken. De grote vraag naar olieverfschilderijen had op het gebied van de stillevens tot een enorme specialisatie geleid. Zo maakt men onderscheid tussen ontbijt-, keuken-, vissen- en jachtstillevens, stukken met muziekinstrumenten, wapens en boeken. Ambrosius Bosschaert en Pieter Brueghel de Jongere schilderden aan het eind van de zestiende eeuw de eerste botanische bloemenstukken.

Deze afbeeldingen hadden meestal een religieuze betekenis. De rijke boeketten moesten in de Barok worden opgevat als symbolen van vergankelijkheid. In de Bijbel wordt de vluchtigheid van het leven al met een bloem vergeleken: "Alle vlees is gras, en al zijn schoonheid als een bloem des velds. Het gras verdort, de bloem valt af," aldus Jesaja 40, 6–7. De schrijvers en tekenaars van de plantenboeken die de toenemende botanische kennis van die tijd aanschouwelijk moesten maken, waren vertrouwd met de bijbelse symboliek van de bloem. Zo schreef Emmanuel Sweert in het voorwoord tot de lezer van zijn *Florilegium* van 1612 dat hij het boek had gepubliceerd om de almacht Gods te verheerlijken, 'die ons een zo nutteloos schepsel als de bloem tot ons genoegen heeft gegeven ... om ons eraan te herinneren dat het leven van de mens niets anders is dan een veldbloem, die snel verwelkt'.

Maria van Oosterwyck was een meesteres op het gebied van de bloemschilderkunst. Ze behoorde tot een kleine groep vrouwen zoals Rachel Ruysch, Clara Peeters en Margareta de Heer, die als professionele schilders zeer succesvol waren op de kunstmarkt. Over haar levensloop is maar heel weinig bekend: deze dochter van een predikant had haar vak geleerd bij de beroemde stillevenschilder Jan Davidsz de Heem in Antwerpen, waar hij van 1636 tot 1658 een atelier had. Een aantal jaren later was ze werkzaam in Delft, maar het grootste deel van haar tijd bracht ze in Amsterdam en Den Haag door. Van Oosterwyck was al tijdens haar leven in heel Europa beroemd. Onder haar opdrachtgevers bevonden zich niet alleen welvarende Amsterdamse bur-

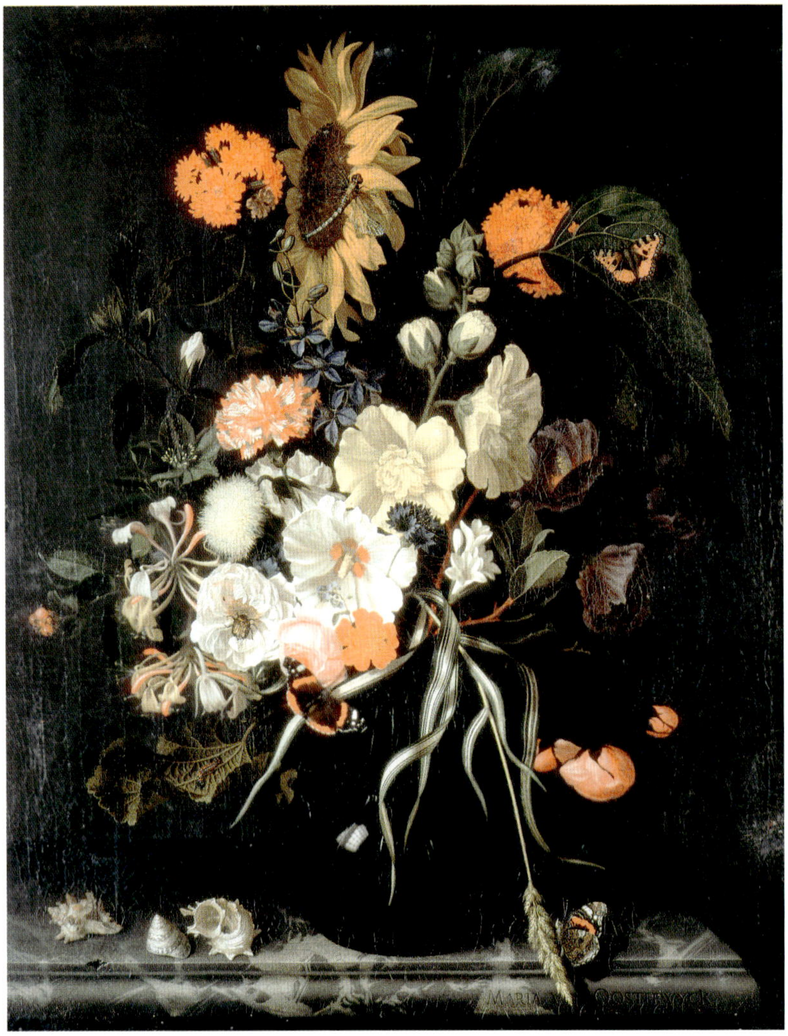

Van Oosterwycks stillevens zijn nooit overladen. Naast dit boeket met zonnebloem liggen zeeschelpen als symbolen van vergankelijkheid.

gers, maar ook gekroonde hoofden en edelen zoals de keurvorst van Saksen, de Duitse keizer Leopold I, koning Jan Sobieski van Polen en Lodewijk XIV. Het hoge aanzien dat zij als bloemenschilder genoot, blijkt ook uit het portret dat Michiel van Musscher in 1690 van haar maakte. Daarop is de kunstenares omgeven door allerlei attributen die haar grote reputatie onderstrepen. Een van boven neerdalende *putto* staat op het punt de elegant geklede schilderes met een lauwerkrans te kronen; aan een satijnen sjerp hangt een medaillon met het portret van een van haar opdrachtgevers.

Maria van Oosterwycks bloemenstukken maken nooit een overdadige indruk. Vaardig voegde ze rozen, pioenen, tulpen, lelietjes-van-dalen en zonnebloemen samen tot elegante ruikers. Vanzelfsprekend gaat het, net als bij praktisch alle barokke bloemenstillevens, om pure fantasiecomposities, want de afgebeelde planten bloeien in verschillende seizoenen – in werkelijkheid waren ze nooit samen in een vaas te zien.

Sinds de Renaissance groeide de wetenschappelijke belangstelling voor de natuur. Kunstenaars tekenden dan ook niet alleen naar de natuur, ze haalden er ook herbaria en plantkundige publicaties bij. Veel van de afgebeelde bloemen waren rariteiten die door onderzoekers en kooplieden uit Zuid-Amerika en India naar Europa waren meegenomen. De stillevenschilders van de Barok beeldden echter bijzonder vaak tulpen af, want de tulp was in de zeventiende eeuw dé modebloem. Rond 1560 had de Vlaamse diplomaat Orgier de Busbecq, die voor de Habsburgse koning Ferdinand I door het Osmaanse rijk reisde, tulpenbollen en zaden uit Constantinopel meegebracht naar het Weense hof. De uit de Nederlanden afkomstige geleerde Carolus Clusius bouwde op basis van dit materiaal in de keizerlijke tuinen een unieke tulpencollectie op, die hij in 1594 meenam naar Leiden. Binnen de kortst mogelijke tijd waren de Nederlanders in de greep van de tulpenkoorts. Iedereen die het zich kon veroorloven wilde deze bloemen bezitten, ongeacht hoe duur ze waren. En de prijzen namen dan ook astronomische proporties aan: één enkele bol van de roodgevlamde 'Semper Augustus' bracht tot duizend gulden op – de waarde van een statig huis. Tulpenbollen werden speculatieobjecten waar men zelfs met schepen voor betaalde. De tulpenmanie bracht menigeen aan de bedelstaf. In 1637 maakte de regering van Holland een einde aan deze waanzin door de prijzen van de felbegeerde plantjes wettelijk vast te leggen.

Barokke bloemenstillevens laten gelaagde interpretaties toe. Elke afzonderlijke plant had een bepaalde religieuze betekenis. Rozen, lelies, irissen, akelei, lelietjes-van-dalen en viooltjes stonden voor reinheid en de onbevlekte ontvangenis van de Moeder Gods; ze symboliseerden deemoed en bescheidenheid. De decoratieve granaatappel verwees naar het hemelse paradijs. Vaak verwijzen slakken, vliegende herten en vliegen naar de vergankelijkheid van de bloemenpracht en in overdrachtelijke zin naar die van de aardse schoonheid.

Tot de gangbare artistieke praktijk behoorde ook het gebruik van vanitasmotieven in combinatie met boeketten. Op een stilleven dat in 1663 wordt gedateerd en dat zich nu in het Kunsthistorisch Museum van Wenen bevindt, presenteert Van Oosterwyck de toeschouwer naast een prachtige bos bloemen een breed scala aan voorwerpen die naar de eindigheid van het leven verwijzen. De doodskop spreekt voor zich; de zandloper geeft het verstrijken van de tijd aan; de fluit herinnert aan de vluchtigheid van de klanken en een geldbuidel verwijst ernaar dat aardse rijkdom niet blijvend is. Op een briefje dat uit een van de boeken op de voorgrond steekt, valt te lezen: "Wij leven om te sterven; wij sterven om te leven." Het gecompliceerde, moralistische beeldprogramma verraadt de herkomst van de kunstenaar uit een predikantengezin. Omdat het protestantse geloof de traditionele afbeelding van religieuze thema's verbood, werden vermaningen tot het leiden van een deugdzaam leven verpakt in beelden van alledaagse voorwerpen.

Toen Maria van Oosterwyck het hoogtepunt van haar carrière bereikte, was ook voor de in Europa nog niet lang bekende tulp een duidelijke betekenis uitgekristalliseerd: zij waarschuwde de toeschouwer voor lichtzinnigheid – en voor wilde speculatie.

In de zeventiende eeuw was Holland in de greep van de tulpenkoorts. Tulpentekeningen uit Verzameling van bloemen naar de natuur getekend *(1630).*

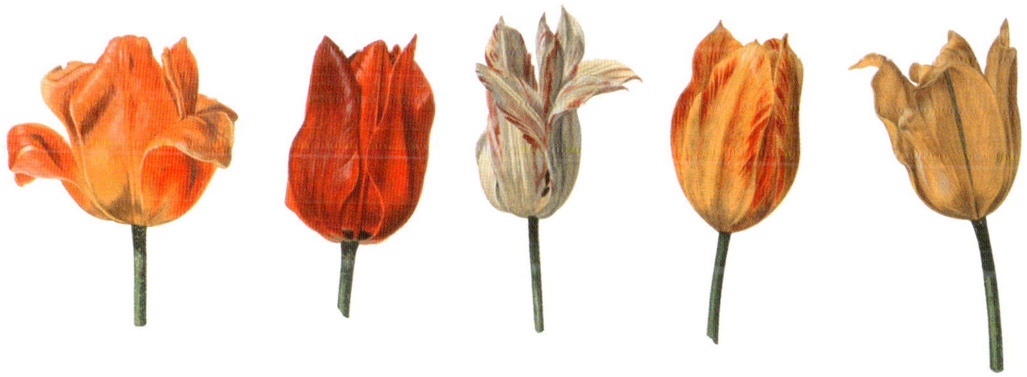

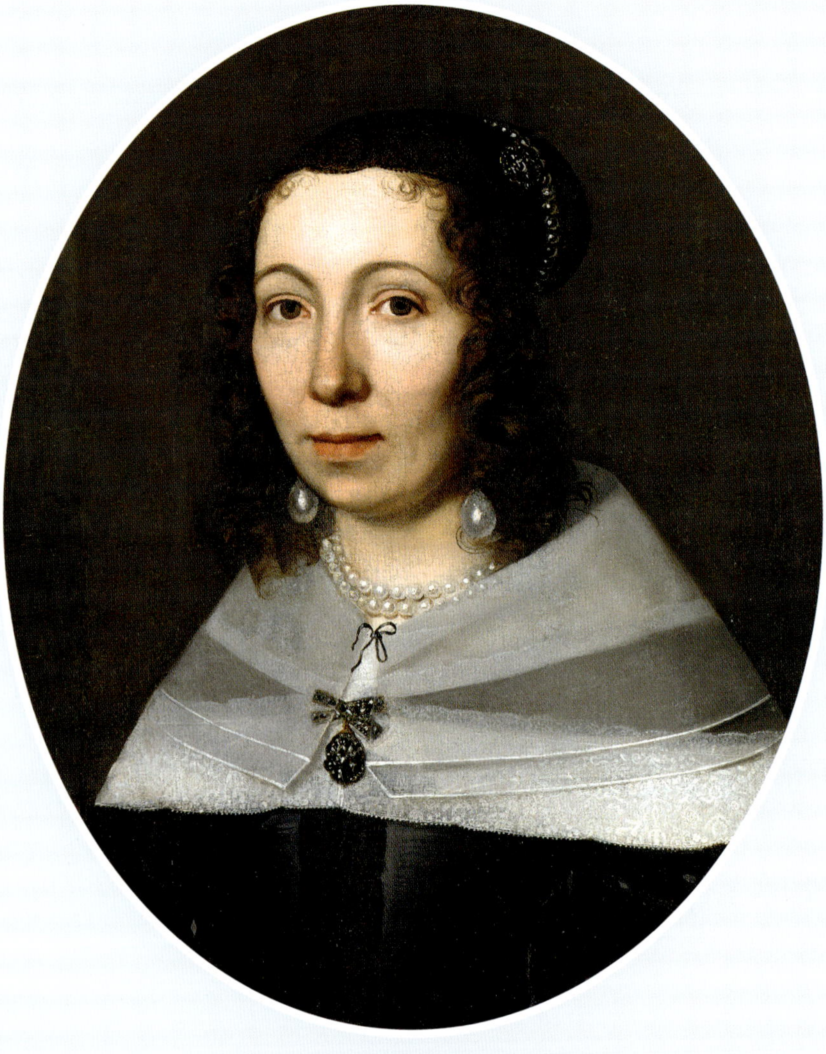

MARIA SIBYLLA MERIAN
1647 – 1717

'Het mensenleven is een bloem gelijk.'

Maria Sibylla Merian

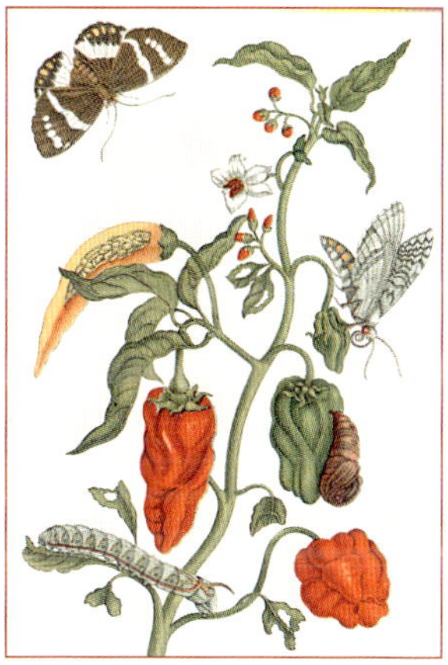

Afbeelding van een paprikaplant en metamorfose van een nachtvlinder, gekleurde gravure uit Metamorphosis Insectorum Surinamensium *(1705).*

Veel romanschrijvers hebben het leven van Maria Sibylla Merian als inspiratiebron gebruikt. Ze was een succesvol bloemenschilder, uitgever, ondernemer en onderzoeksreiziger – en dat in een tijd waarin vrouwen maar zeer beperkt de ruimte werd gegeven om zich beroepsmatig te ontplooien. Al tijdens haar leven waardeerde men haar in kringen van botanici en entomologen om haar scherpzinnige, gedetailleerde afbeeldingen van insecten en bloemen. Ook postuum werkte haar reputatie door: de Zweedse bioloog Carl von Linné baseerde zich op haar afbeeldingen en in enkele gevallen mogelijk ook op door haar persoonlijk geprepareerde insecten. Ze werd beroemd met een boek over vlinders en hun waardplanten in de Nederlandse kolonie Suriname in Zuid-Amerika – en met haar rupsenboeken, die tot de eerste wetenschappelijke publicaties over de ontwikkeling van 'zomervogeltjes' behoorden, zoals zij dagvlinders noemde. Tot het midden van de zeventiende eeuw geloofde men dat deze diertjes uit modder en vergaand organisch materiaal ontstaan.

De grondslagen van haar loopbaan waren al gelegd toen ze geboren werd: de op 2 april 1647 in Frankfurt am Main geboren kunstenares was de dochter van de beroemde graveur en uitgever van topografische werken Matthäus Merian de Oudere. Toen deze drie jaar na de geboorte van het kind was gestorven, trouwde zijn weduwe met de schilder Jacob Marrel. Die had het vak bij de uitmuntende stillevenschilders Georg Flegel en Jan Davidsz de Heem geleerd. Het is zeer waarschijnlijk dat Marrel zijn stiefdochter Maria Sibylla Merian als kind al in zijn werkplaats de eerste beginselen van de omgang met kleuren bijbracht en dat ze later van hem haar opleiding kreeg. Ze leerde tekenen, pigmenten maken, graveren en drukken. Doorslaggevend voor haar interesse in planten en insecten waren waarschijnlijk de wetenschappelijke publicaties van de uitgeverij van haar vader, die werd voortgezet door de twee halfbroers Matthäus de Jongere en Caspar.

Reeds haar eerste werk, het *Neue Blumenbuch*, is een lust voor het oog en wordt tot op de dag van vandaag als grote facsimile en in pocketformaat gereproduceerd. De schetsen voor de gravures ontstonden in Neurenberg. In 1670 was Merian met haar man, de architectuurschilder Anton Graff, en hun tweejarige dochtertje Johanna Helena naar een huis aan de Milchmarkt verhuisd. We weten van de Duitse kunstenaarsbiograaf Joachim von Sandrart dat Maria Sibylla zich op 28-jarige leeftijd al beslist niet beperkte tot een bestaan als huisvrouw en moeder. Ze

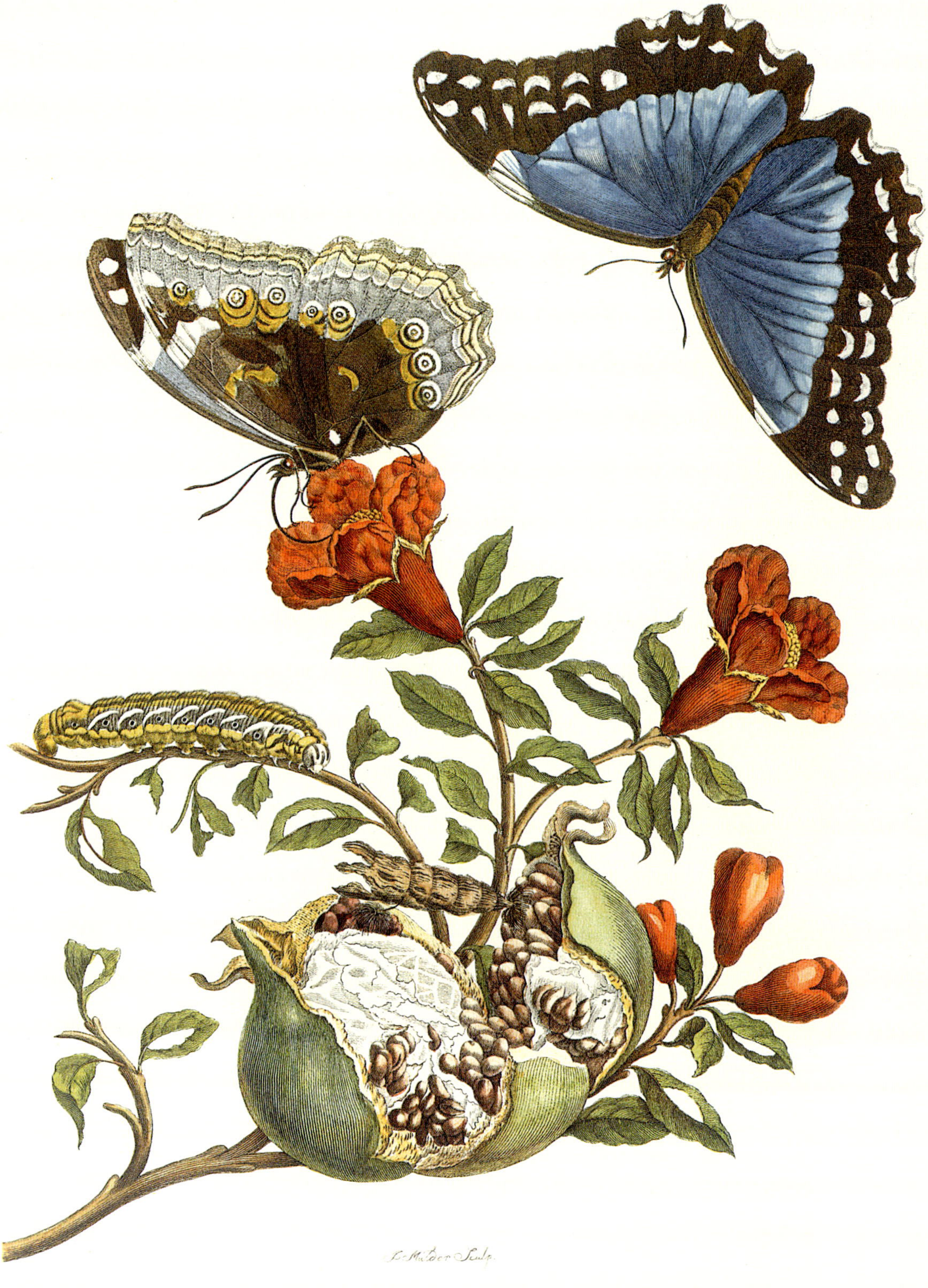
L. Mulder Sculp.

Links: Merians passie waren vlinders zoals de Blauwe Morpho, hier met zijn waardplant de granaatappel in Metamorphosis Insectorum Surinamensium *(1705).*
Rechts: Merian sloot zich in 1686 bij de labadistengemeente op slot Waltha in Friesland aan. Kaart toegeschreven aan Johann Andreas Graff.

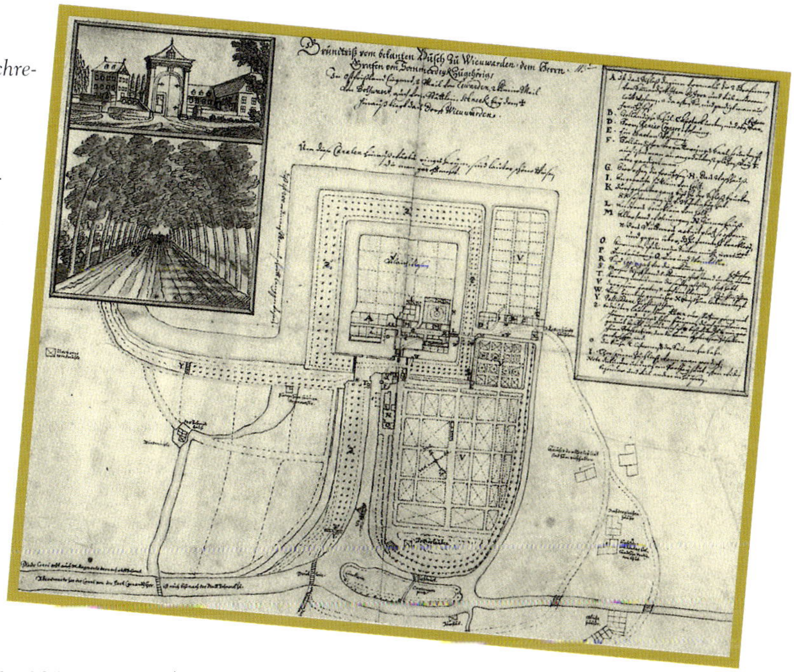

wijdde zich intensief aan de gouache- en zijdeschilderkunst. Met licht- en wasechte kleuren beschilderde ze zijden tafelgoed met bloemen, kruiden, vogels en insecten. Haar werk vond gretig aftrek in adellijke kringen. Ze gaf de dames van Neurenberg tekenles, handelde in verf en andere schildersbenodigdheden en bevoorraadde daarmee ook haar 'Compagnie van Jongedames', waartoe de kunstenaarsdochters Magdalena Fürst en Dorothea Auer en de patriciërsdochter Clara Regina Imhoff behoorden. Merian en haar leerlingen waren zo begaafd en succesvol dat ze al snel hun eerste opdrachten konden aannemen: voor een veldheer die ook tijdens zijn militaire expedities in zijn mobiele onderkomen omringd wilde zijn door bloemen en vogels beschilderden ze een complete tent. Maar er waren grenzen aan de carrièremogelijkheden van een vrouwelijke schilder: in Neurenberg werden vrouwen categorisch buiten de olieverfschilderkunst gehouden. De uitvoering van bloemenstukken op perkament en stof was hun alleen toegestaan met aquarel- en dekverven – het was zelfs bij wet geregeld.

Merians *Neues Blumenbuch* ontstond als een verzameling van motieven en voorbeelden voor de meisjes en dames uit de hogere klassen die zich met borduurwerk bezighielden. Het werd tussen 1675 en 1680 in drie afleveringen van elk twaalf platen in eigen beheer uitgegeven door haar echtgenoot Anton Graff. Het boek bevat afbeeldingen van de tuinbloemen van die tijd: narcissen, driekleurige viooltjes, anemonen, lelies, rozen en – natuurlijk – tulpen. Ook kapperstruik, brem en passiebloemen, die maar heel zelden op zeventiende-eeuwse stillevens voorkomen, beeldt Merian hier af. Ze tekende de bloemen niet alleen naar de natuur, zoals men zou vermoeden, maar liet zich ook door botanische publicaties inspireren. Bij de uitgeverij van haar vader was al in 1641 het plantenhandboek *Florilegium Novum* verschenen, waarin een groot aantal planten met hun wetenschappelijke namen voorkwam en suggesties voor tuinbeplanting werden gedaan. Maria Sibylla Merian daarentegen vervaardigde artistiek-decoratieve bloemenportretten. Haar grote voorbeeld was de Franse hofschilder Nicolas Robert, die in hoog aanzien stond vanwege zijn natuurgetrouwe afbeeldingen van bloemen en dieren. Uit zijn platenatlas *Variae ac multiformes florum species* nam Merian maar liefst zeven motieven over. Dat mag nu verbazing wekken, maar in de Barok was het een normale gang van zaken; ook het *Neue Blumenbuch* was bedoeld als voorbeeld om te kopiëren. Merian deed haar best om de bloemenportretten zo afwisselend mogelijk vorm te geven. Ze breidde haar composities uit met allerlei spinnen, vlinders en rupsen. Die vormen echter niet alleen een decoratieve omlijsting, ze verwijzen ook naar de eigenlijke grote passie van de kunstenaar, waarvan ze haar levenswerk maakte: het onderzoek naar

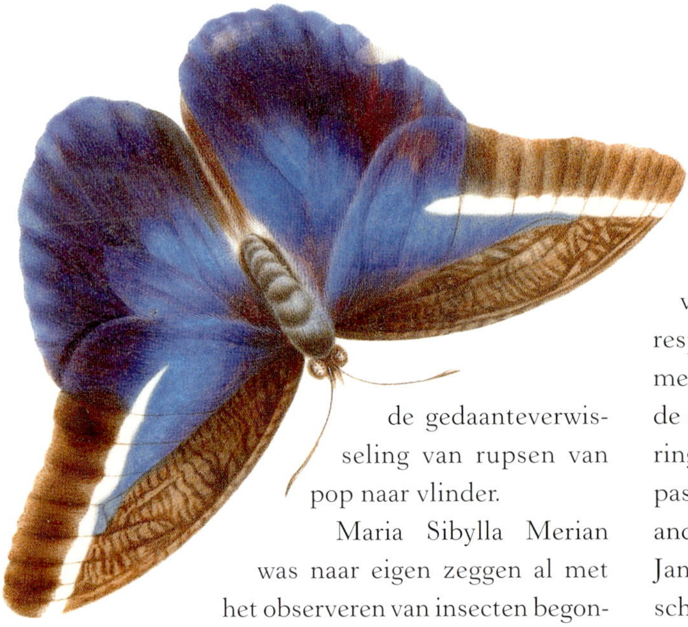

de gedaanteverwisseling van rupsen van pop naar vlinder.

Maria Sibylla Merian was naar eigen zeggen al met het observeren van insecten begonnen toen ze dertien jaar oud was. Haar belangstelling was aanvankelijk gewekt door de zijderups, die vooral in de warmere streken van Duitsland werd gekweekt, zoals in de omgeving van Würzburg, Stuttgart en Mainz. Al snel breidde ze haar studie uit naar andere soorten rupsen. De uitgeversdochter ging vanaf het begin zeer accuraat te werk: ze doorkruiste tuinen en velden, verzamelde de insecten en kwam er door precieze observaties achter met welke planten ze zich voedden, want rupsen zijn vaak aan een bepaalde plant gebonden. Vervolgens haalde ze de desbetreffende planten in huis en hield de rupsen in doosjes om de verschillende stadia van hun ontwikkeling op kleine velletjes perkament vast te leggen. Soms duurde het dagen, soms weken of maanden voordat er een vlinder tevoorschijn kwam. Maria Sibylla Merian verdiepte zich vol overgave in haar observaties, die zich uitstekend lieten combineren met haar rol als echtgenote en moeder. In Neurenberg had ze zelfs een eigen tuin in de buurt van de Kaiserburg die ze voor haar onderzoek gebruikte. In 1679 publiceerde ze onder de titel *Der Raupen wunderbare Verwandlung und sonderbare Blumennahrung* ('De wonderlijke metamorfose en het bijzondere bloemenvoedsel van rupsen') haar eerste rupsenboek; er zouden er nog twee volgen. Merian heeft hier in vijftig gravures de gedaanteverwisselingen van verscheidene vlindersoorten weergegeven. In tegenstelling tot andere publicaties van die tijd zijn in haar boek de dieren met hun respectieve waardplanten afgebeeld. Er komen bomen en struiken voor, waaronder veel vruchtdragende soorten, tuinkruiden en wilde planten; haar ervaring met het schilderen van bloemen kwam goed van pas. Maria Sibylla Merian onderscheidde zich van andere insectenschilders zoals Margareta de Heer of Jan van Kessel, doordat ze zich door serieuze wetenschappelijke belangstelling liet leiden en zodoende een grote bijdrage aan de kennis van de natuur leverde.

In de jaren daarna veranderde er veel in haar privéleven. Haar huwelijk schijnt niet gelukkig te zijn geweest, want na de dood van haar stiefvader Jacob Marrel keerde Maria Sibylla Merian met haar twee kinderen in 1681 (haar tweede dochter, Dorothea Maria, was toen net drie jaar oud) terug naar haar moeder in Frankfurt am Main. Daar voltrok zich een verandering van godsdienstige gezindte: de protestant Merian voelde zich aangetrokken tot de leer van de Fransman Jean de Labadie, die ascese en bezitloosheid had gepredikt. Om naar deze idealen te kunnen leven verhuisde ze met haar moeder en twee dochters naar Friesland en sloot zich daar bij de labadistencommune op het landgoed Waltha in Wieuwerd aan. Daar nam ze niet alleen bewust afstand van alle materiële waarden, maar ook van haar echtgenoot. Ze mocht haar wetenschappelijke onderzoek voortzetten. Hier kreeg ze voor het eerst tropische insecten en planten onder ogen, die door labadistische zendelingen uit Suriname waren meegebracht. Haar belangstelling voor de Zuid-Amerikaanse flora en insectenwe-

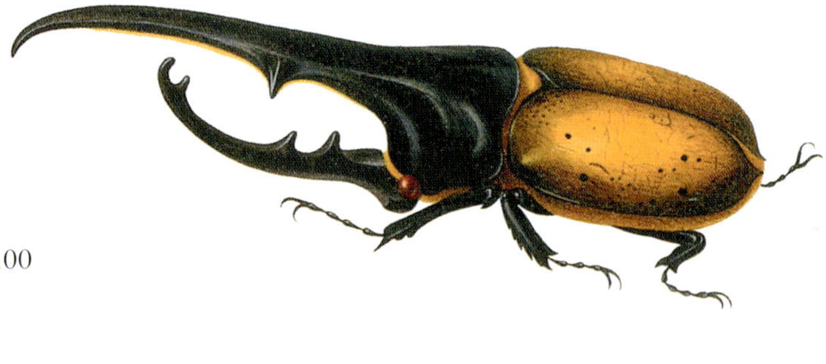

reld was gewekt – al snel was ze niet meer te houden. Eerst verhuisde Merian naar Amsterdam, destijds bekend om zijn hoge wetenschappelijke niveau en het vrijste politieke klimaat van Europa. In 1699 was het zo ver: samen met haar jongste dochter Dorothea ging Maria Sibylla Merian aan boord van een schip dat hen naar Suriname zou brengen. Om de kostbare reis te financieren had ze haar collectie afbeeldingen van vruchten, planten en insecten verkocht en zelfs afscheid genomen van haar verzameling geprepareerde insecten.

Suriname was een tropisch paradijs. De kolonie exporteerde vooral suikerriet, dat verbouwd werd door Afrikaanse en Indiaanse slaven. "De mensen lachen me uit, omdat ik in dit land iets anders zoek dan suiker," was Merians commentaar op de verbazing waarmee haar missie algemeen begroet werd. De twee dappere Europeanen verbleven twee jaar in de hoofdstad Paramaribo. Van daaruit ondernamen ze excursies om planten, rupsen en andere dieren te verzamelen. Hun slaven, die ze – in schril contrast met de plantagebezitters – met respect behandelden, moesten de weg door het regenwoud, dat het grootste deel van het land bedekte, moeizaam hakkend voor hen vrij maken. De inspanningen van Merian en haar dochter wierpen vruchten af: toen ze uiteindelijk in 1701 naar Amsterdam terugkeerden, bestond hun bagage uit opgerolde tekeningen op perkament, in brandewijn bewaarde vlinders, flessen met krokodillen en slangen, hagedisseneieren, bloembollen en knollen en vele ronde spanen doosjes vol gedroogde insecten die voor de verkoop bestemd waren. Er was maar één ding waar ze spijt van

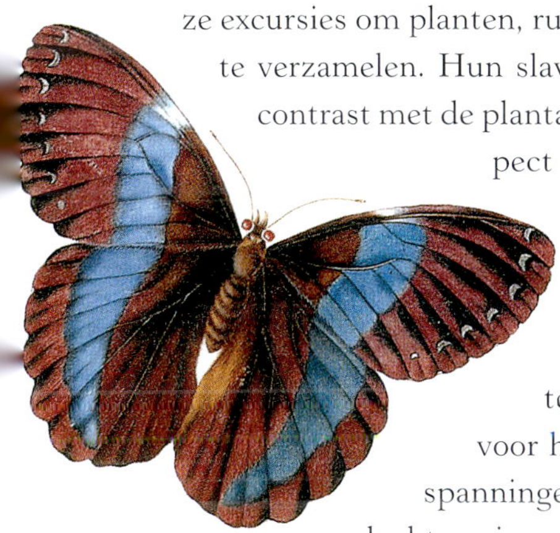

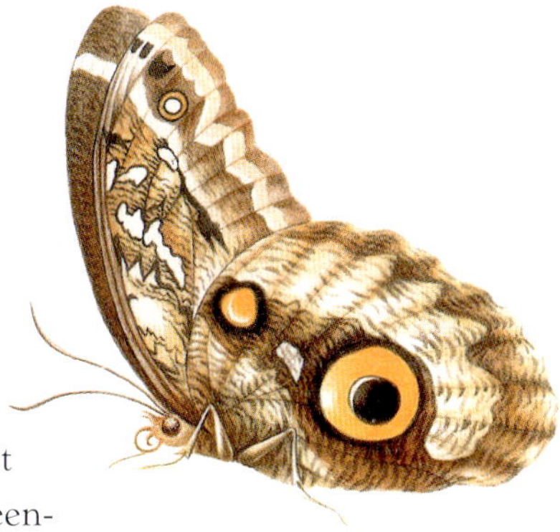

had: in het voorwoord van haar boek over Suriname klaagt ze dat ze geen gelegenheid had gevonden om alle voorgenomen observaties van de insecten uit te voeren – het klimaat van het land was er eenvoudigweg te heet voor. De wetenschappelijke wereld was niettemin enthousiast. Men verwelkomde de foliant met zestig gravures als 'het eerste en eigenaardigste werk dat ooit in Amerika geschilderd is'. Net als in de rupsenboeken beeldde Merian ook hier de insecten af met hun waardplanten, die ze de schitterendste kleuren gaf. De meeste planten, zoals maniok, guave, bataat, ossehart (custardappel), wonderboom of papaja, waren in Europa nog onbekend. In haar begeleidende teksten maakt de kunstenares gebruik van de kennis van de slaven en vertelt ze de lezer over de bereiding van de planten als voedsel, hun geneeskrachtige werking of de winning van kleurstoffen.

Natuurlijk kwam er ook kritiek. Sommige onderzoekers misten de systematiek in de rangschikking van de planten en dieren en merkten vinnig op dat het Maria Sibylla Merian blijkbaar alleen om 'het ontstaan, de voortplanting en de gedaanteverwisseling van schepselen' ging. Het deed geen afbreuk aan haar roem. Kort voor haar dood in het jaar 1717 kocht tsaar Peter de Grote op zijn reis door de Nederlanden haar tekeningen en aquarellen, die tegenwoordig niet alleen in Sint-Petersburg, maar in musea, archieven en bibliotheken op de hele wereld te vinden zijn.

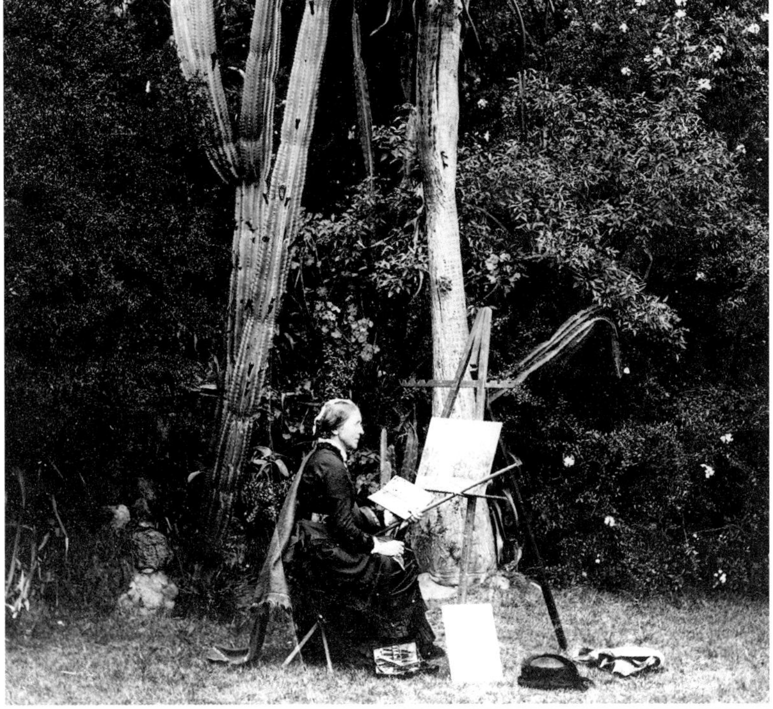

MARIANNE NORTH
1830–1890

'Ik ben een wilde vogel, ik heb mijn vrijheid nodig.'

Marianne North

In de jaren 1880 schilderde Marianne North in New South Wales in het zuiden van Australië de waratahbloem (Telopea speciosissima).

Op een gegeven moment wist ze gewoon niet meer waar ze de schilderijen moest laten. Dus schreef Marianne North in 1879 een brief aan de directeur van de grootste botanische tuin van het land, Sir Joseph Hooker, met de vraag of hij akkoord zou gaan met de schenking van haar oeuvre. Zij zelf zou op het terrein van Kew Gardens, tien kilometer ten zuidwesten van Londen, een passend gebouw voor haar schilderijen laten optrekken. De enige voorwaarde: een ruimte die ze tijdens haar verblijven in Engeland als atelier zou kunnen gebruiken. Hooker nam haar aanbod aan en North gaf de opdracht aan een architect met wie ze bevriend was, James Ferguson. In 1882 werd het museum geopend. Nog altijd zijn bezoekers verbijsterd als ze het eenvoudig ogende gebouwtje in koloniale stijl met veranda betreden. Meer dan 830 kleurrijke olieverfschilderijen van exotische planten, wilde dieren en insecten hangen dicht op elkaar van de vloer tot het plafond. Het is nauwelijks te geloven dat dat allemaal door één kunstenaar is gemaakt.

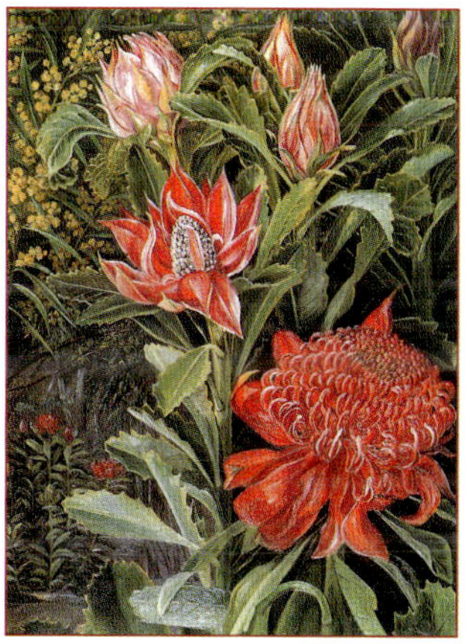

Marianne North schilderde bloemen als een bezetene. Dertien jaar lang reisde ze over de hele wereld, baande zich een weg door het oerwoud, sliep in eenvoudige herbergen en bond de strijd aan met stormen en insectenzwermen om planten in hun natuurlijke leefomgeving te kunnen schilderen. Intussen had ze als rijke erfgename van zeer goeden huize ook een leven in luxe kunnen leiden. Haar vader was jarenlang lid van het Britse parlement; reizen hoorde in de familie gewoon bij de loop van het jaar. De winter werd doorgebracht in Hastings, het voorjaar in Londen en in de zomer vertrok het gezin naar het platteland. Toen hun dochter zeventien was, pakten de Norths hun spullen voor een tweejarige reis door heel Europa. Ze brachten acht maanden in Heidelberg door, daarna volgden Dresden en Wenen. In deze periode wijdde Marianne zich geheel aan de muziek, maar doordat haar stem het begaf kon ze er niet haar beroep van maken. In plaats daarvan concentreerde ze zich op haar tweede liefde, de schilderkunst.

De eerste beginselen leerde ze van de Nederlandse kunstenares Magdalena van Fowinkel en van de favoriete bloemenschilder van koningin Victoria, Valentine Bartholomew. Net als haar vader had ze veel belangstelling voor tuininrichting en plantkunde. Ze gingen vaak naar de tuinen van de Horticultural Society of naar Kew Gardens. De toenmalige directeur, Sir William Hooker, was een huisvriend van de Norths en gaf Marianne op een dag een weelderig bloeiende tak van een *Amherstia nobilis* uit Birma. Het maakte haar verlangen de tropen te zien nog groter.

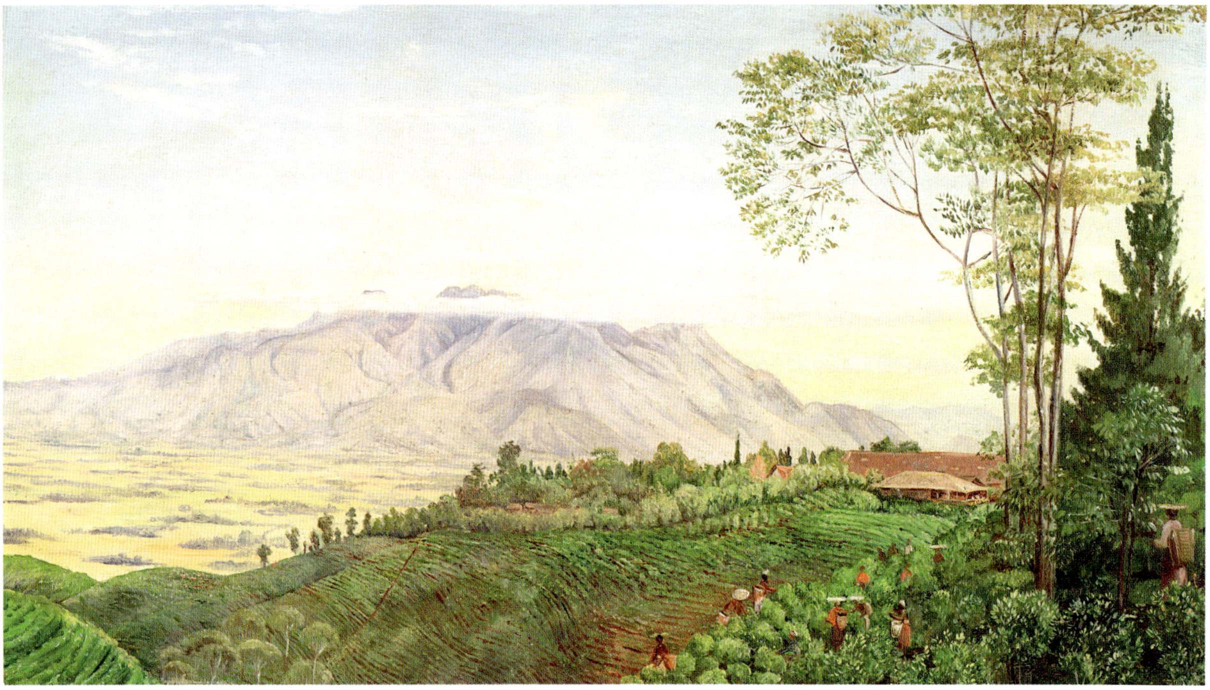

Het landschap van Java fascineerde North bijzonder: de wouden, de meren met lotusbloemen, de rijstvelden, de architectuur en de vulkanen. Theeoogst op de plantage van de heer Hoelle in Garoet, Java *(ca. 1875).*

Maar na de dood van haar moeder in 1855 trok ze veel met haar vader op. De gelegenheid om naar Amerika te gaan kwam pas veel later; ze was veertig toen ze in 1870 met haar excentrieke vriendin Mrs. Skinner en talloze koffers aan boord van het schip ging. In Boston aangekomen zag ze zich in de tuin van het daar gehuurde huis omgeven door scharlakenrode lobelia's, witte orchideeën, magnolia's en varens. Maar die hielden haar niet lang vast: haar volgende doel waren de dichte bossen van Canada. Via Ottawa, Kingston en Toronto ging de reis verder tot aan de Niagara-waterval. Hier nam ze afscheid van haar vriendin, die ze in toenemende mate op de zenuwen werkte, maar ze vond al snel nieuw gezelschap – de toeristengids en zijn vrouw brachten haar koffie wanneer ze urenlang op de rotsen zat om de razende watermassa in olieverf vast te leggen.

Met Kerstmis 1871 arriveerde Marianne North op Jamaica, waar ze een villa huurde op het terrein van een botanische tuin. Ze richtte twee kamers voor zichzelf in en sloeg een voorraad levensmiddelen in, onder andere een reusachtige bananentros die ze als een kroonluchter aan het plafond hing. Nu kon ze aan haar werk beginnen en de prachtige planten uit de tropen, die ze voor die tijd alleen maar uit broeikassen kende, in hun natuurlijke leefomgeving portretteren. Buiten wachtten haar welig tierende bananen, palmen, brood- en mahoniebomen, bromelia's, allamanda's, begonia's, passiebloemen en gigantische klimplanten. "Ik was zo opgewonden dat ik niet wist wat ik eerst moest schilderen," schreef ze in haar dagboek.

In haar autobiografische notities, die ze later publiceerde onder de titel *Recollections of a Happy Life*, vertelt ze alles over haar dagelijkse leven als wereldreiziger en bloemenschilder. Ze was blijkbaar niet bang voor exotische dieren, integendeel: met volle teugen nam ze de nieuwe ervaringen in zich op. Toen ze een kreeft in haar slaapkamer aantrof, stopte ze hem direct in de pan voor het avondeten. Ze vertelt dolenthousiast over de diners bij de gouverneur van Jamaica, waar ze werd getrakteerd op gemberpudding, tomatentoast, stoofpot met mango, kokosnotencrème en geroosterd schildpaddenvlees.

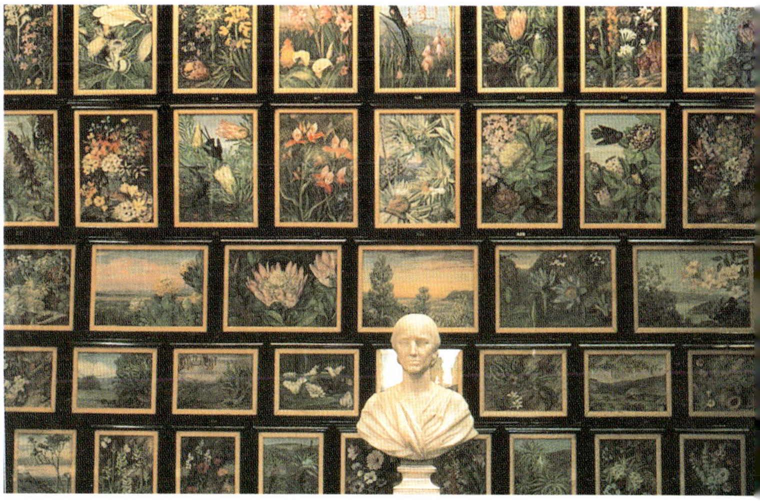

Op het terrein van de botanische tuinen van Kew opende North in 1882 haar eigen kleine museum, waarin 830 werken van haar te zien zijn. Hier een wand vol schilderijen met een borstbeeld van de kunstenaar.

Na vijf maanden op het tropische eiland keerde ze terug naar Londen en vermaakte ze haar uitgebreide kennissenkring met anekdotes over haar reizen. Maar al in september 1872 pakte ze haar koffers weer om naar Brazilië te vertrekken. In de botanische tuin van Rio de Janeiro legde ze een palmenlaan op het doek vast en werd de Oostenrijkse directeur van de tuin boos op iedere voorbijganger die het waagde voor de plant te gaan staan die zij net aan het schilderen was. Een van haar zwaarste reizen was de expeditie naar het Corcovadogebergte. Het regende onophoudelijk en de grond was zo doorweekt geraakt dat de muilezels tot hun schouders in de modder zakten. Marianne North maakte zich er niet druk over, zij troostte zich met de weelderige vegetatie die ze langs de weg aantrof: oranje bloeiende kassiebomen, koraalstruiken, bougainvilles en agaven. In november 1875 kwam de wereldreizigster in Japan aan en dompelde zich onder in de vreemde cultuur. Net als alle toeristen kocht ze souvenirs; alleen al aan de wonderschone theepotten had ze al haar geld kunnen spenderen, moest ze bekennen. Drie jaar later reisde ze door India, met niet aflatende ijver en dadendrang: ze schilderde twaalf uur per dag, waarbij ze slechts gestoord werd door complete legers mieren – die bleken haar olieverven bijzonder lekker te vinden.

Alleen of eenzaam was de schilder ook in het buitenland nooit. Aanbevelingsbrieven van haar kennissen openden alle deuren voor haar, zowel die van ambassadeurs en gouverneurs als die van geëmigreerde Engelse intellectuelen. In Australië, waar ze op aanraden van Charles Darwin heen was gegaan, bracht ze haar tijd door met de bloemenschilderes Ellis Rowan. Na de opening van het museum in Kew in 1882 stond alleen Afrika nog op haar botanische agenda. Negen maanden zwierf ze met palet en penseel door het zuidelijk deel van het continent. Toen werd haar reuma echter zo veel erger dat ze zich gedwongen zag een tijd pauze te nemen in Engeland. Haar laatste expeditie voerde naar Chili, waar ze absoluut een olieverfschilderij wilde maken van de auracaria of apenstaartboom. Men raadde haar af naar de stekelige boom op zoek te gaan – ze zou door Indianen ontvoerd kunnen worden of opgegeten door een poema. Onder begeleiding van een heer uit Ierland ging Marianne North niettemin op pad door de bossen en vond ze de begeerde boom. Het werd de laatste plant die ze portretteerde. Daarna voelde ze zich te zwak om door te gaan met haar reizen. Maar niet voor ambitieuze toekomstplannen: op haar landgoed in Alderley wilde ze de mooiste tuin van Engeland aanleggen.

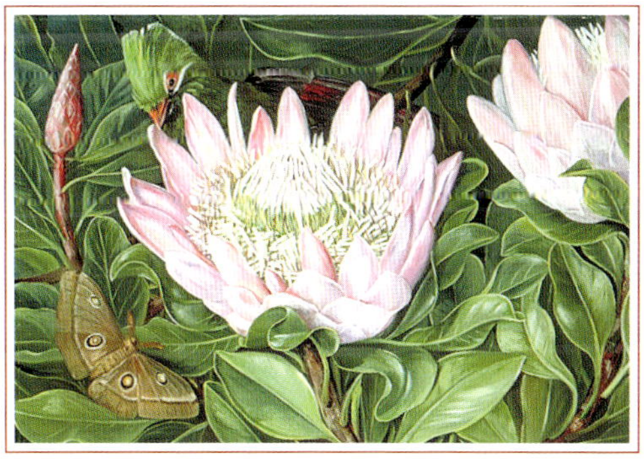

De koningsprotea, Protea cynaroides, *door North rond 1882 in Zuid-Afrika geschilderd.*
Volgende bladzijden: schilderij uit Zuid-Afrika, Uitzicht op dr. Atherstones tuin, Grahamstown, *rond 1882.*

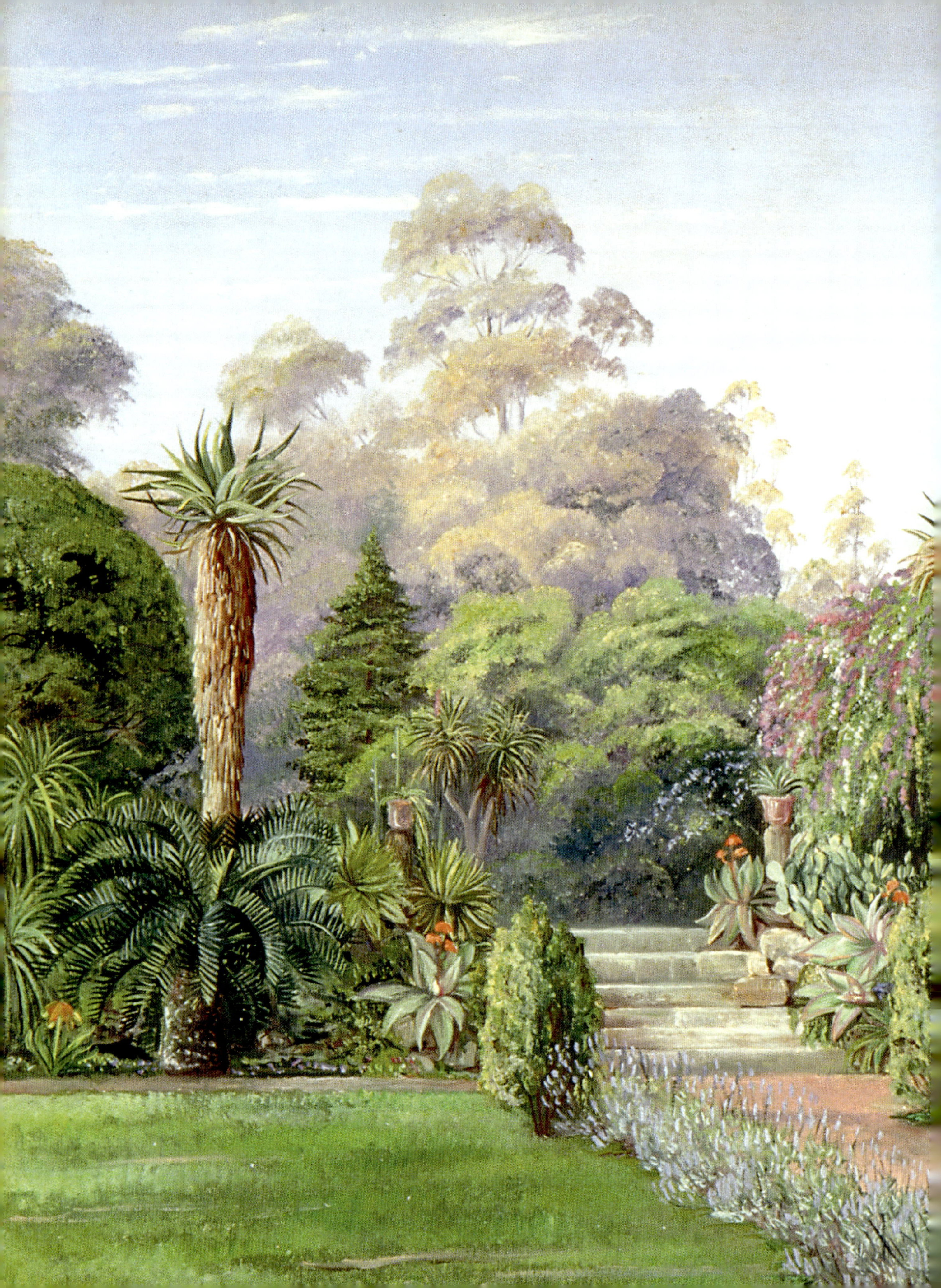

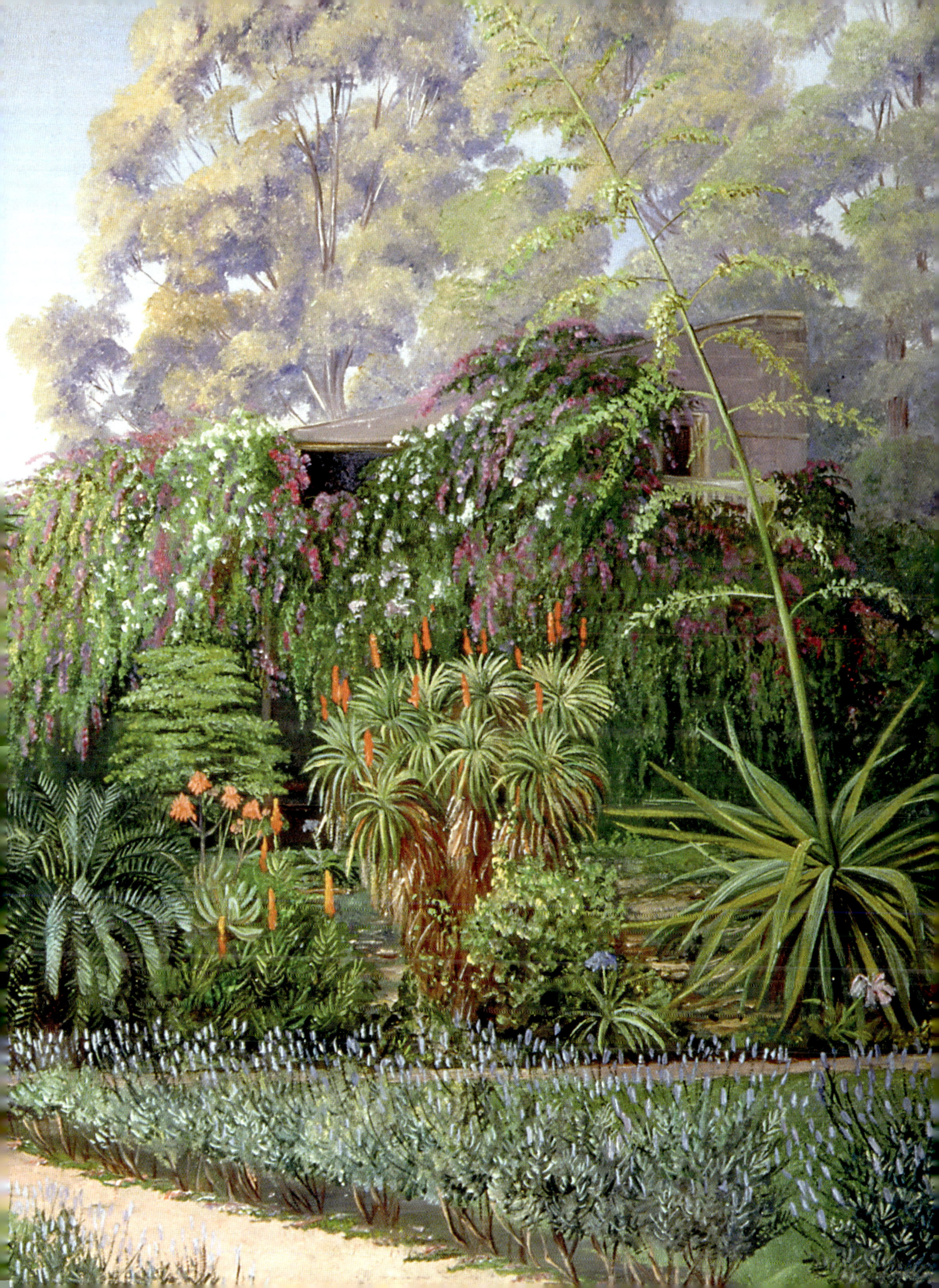

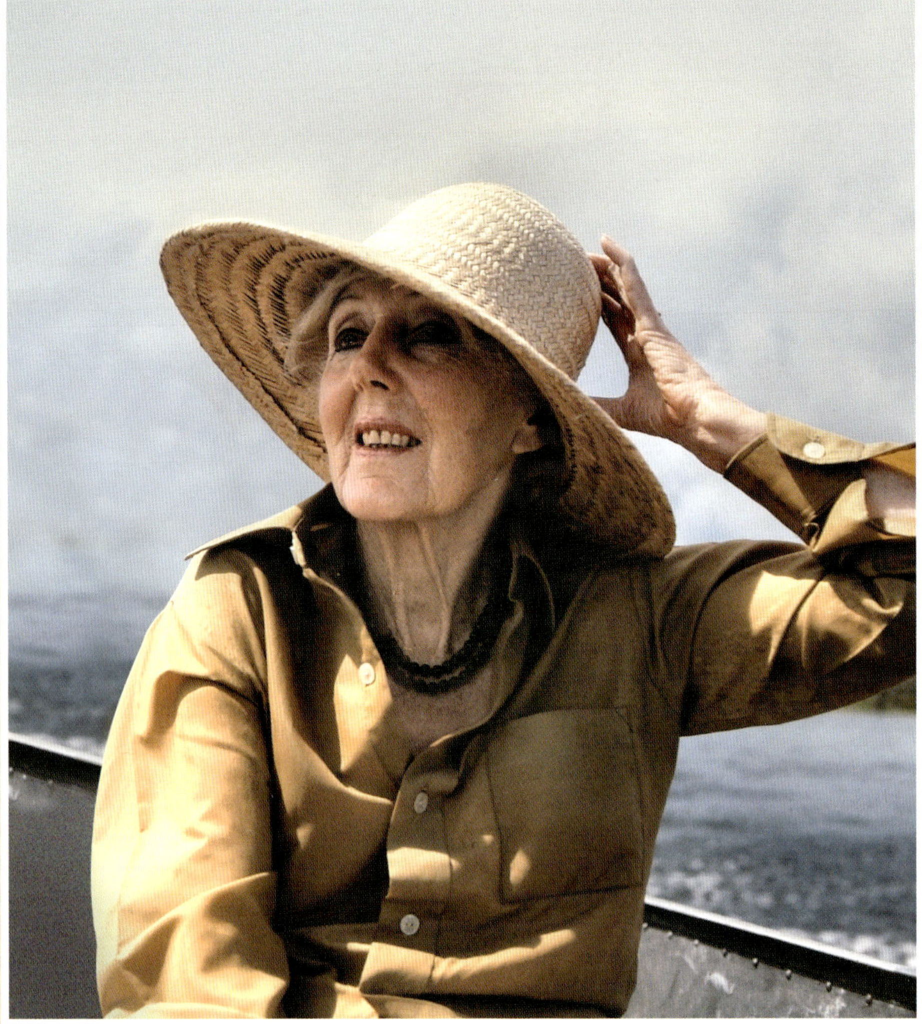

MARGARET MEE
1909 – 1988

'De Amazone zat me in het bloed.'

Margaret Mee

Margaret Mee, links te zien tijdens een tocht over de Rio Negro in het Braziliaanse Amazonegebied in 1988, tekende subtiel en met botanische precisie – hieronder Heliconia adeleana *uit 1981.*

Toen haar werk in 1968 voor het eerst in Londen in het openbaar werd gepresenteerd, toonde de Britse kunstcriticus Wilfried Blunt zich onder de indruk. Mees gecoloreerde tekeningen konden zich meten met de werken van vroegere meesters als Ehret en Redouté, was zijn oordeel. Dat was een buitengewoon compliment – deze twee behoorden in de achttiende eeuw tot de beste plantenschilders ter wereld. Georg Dionysius Ehret (1708–1770) had de tuinplanten van artsen en apothekers in Duitsland in beeld gebracht en met Carl von Linné samengewerkt; Pierre-Joseph Redouté (1759–1840) was door de Franse koningin Marie Antoinette tot hofschilder benoemd en hoog geprezen om zijn monografie *Les roses*. Margaret Mees stijl van tekenen is net zo subtiel decoratief als die van haar voorgangers en getuigt tegelijkertijd van wetenschappelijke precisie. Meer dan dertig jaar lang legde ze vooral de planten van het Amazonegebied op papier vast en documenteerde ze met het penseel vele soorten die intussen uitgestorven zijn.

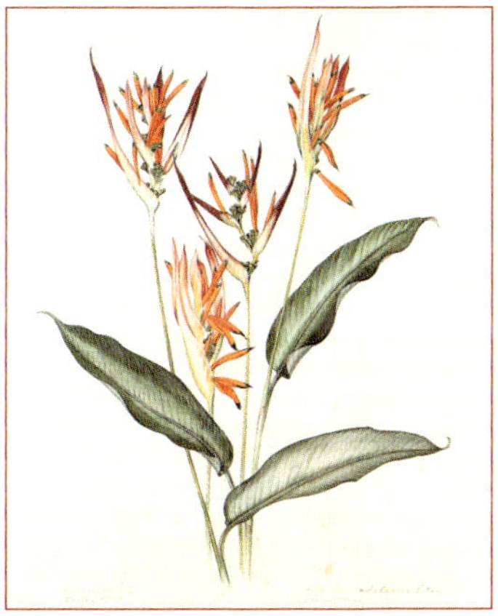

Het was aan het toeval te danken dat de in 1909 in Engeland geboren Mee in Brazilië terechtkwam. In 1952 reisde ze met haar man naar São Paolo om haar zieke zus Catherine te verzorgen. Margaret en Greville Mee pasten zich snel aan de nieuwe omgeving aan en besloten in Zuid-Amerika te blijven. Zij had vanaf 1947 een klassieke kunstopleiding genoten aan de Camberwell School of Art en ging nu kunstonderwijs aan de British School geven. Hij werkte in de snelgroeiende stad met veel succes in opdracht als schilder. Om aan het lawaai en de hitte van São Paolo te ontsnappen maakte het stel in de weekeinden lange wandelingen. Op een dag ontdekte Margaret langs de kant van de weg een ricinusplant die ze, zoals ze later zei, zo mooi vond dat ze hem direct moest tekenen. Vanaf dat moment werd botanische studie haar grote passie. In het begin was ze nog besluiteloos, temeer daar elke landkaart de talrijke zijrivieren van de Amazone andere namen gaf: Waar moest ze heen reizen om te gaan schilderen? Welke van de vele soorten moest ze als eerste portretteren?

In januari 1956 vertrokken Margaret Mee en haar collega Rita op hun eerste ontdekkingsreis. De twee leraressen hadden maar een bescheiden budget tot hun beschikking. Met een propellervliegtuigje en zeer lichte bepakking vlogen ze naar Belém. Daarna moest er worden geïmproviseerd. De directeur en de curatoren van het Goeldi-museum aldaar hielpen de vrouwen verder. Ze adviseerden

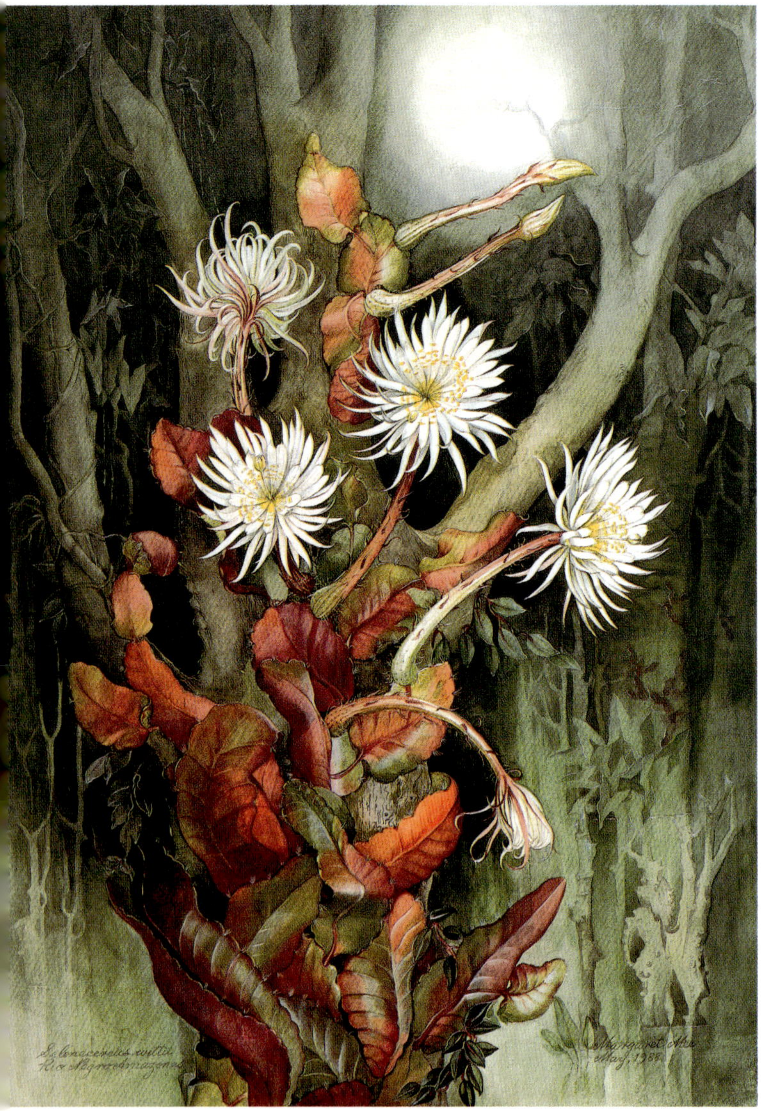

Op haar laatste expeditie in 1988 maakte Margaret Mee een portret van de Strophocactus (Selenicereus) wittii. *Een bijzondere eigenschap van deze plant uit het Amazonegebied: ze bloeit alleen 's nachts.*

hun een tocht over de rivier de Gurupi te maken en regelden onderdak in het Indianendorp Murutucum. In de dagboeken waarin Margaret Mee later over haar expedities vertelde – ze verschenen in 1988 onder de titel *In Search of Flowers of the Amazon Forest* – schildert ze minutieus haar belevenissen, die zich laten lezen als een avonturenroman. Ze reisde in overvolle bussen en oude houten bootjes, sliep in hutten van palmbladeren die geen bescherming tegen spinnen en slangen boden, woonde bij kannibalen, raakte met haar kano in tropische stormen verzeild en stond oog in oog met poema's. De eerste paar nachten kon ze niet slapen in haar hangmat, doordat ze naar de kreten en gorgelende geluiden van het regenwoud lag te luisteren. Zonder morren nam ze alle ongemakken en risico's op de koop toe om in het woud fascinerende planten als de rozewitte *Gustavia augusta* en prachtige orchideeën als de *Epidendrum fragrans* met zijn bedwelmende geur te kunnen tekenen.

Het waren niet de insecten of de Indianen die voor Margaret Mee levensgevaarlijk waren. De grootste dreiging ging uit van de *garimpeiros*, de goudzoekers. Op een dag, toen ze in het Indianendorp Curi Curi aan de Rio Negro verbleef om planten te verzamelen en te schilderen, zochten de mannen haar op en vroegen dreigend of ze alcohol bij zich had. "Nee, alleen maar wijn om te koken," antwoordde ze, ging naar haar tent en laadde de revolver die ze altijd in haar bagage had. Toen een van de mannen haar achterna kwam, duwde ze de loop van het wapen in zijn buik. Op dat moment schoot een van de Indianen haar te hulp en de goudzoekers maakten zich uit de voeten.

De onverschrokkenheid zat haar altijd al in het bloed: nadat ze in Londen de School of Art, Science and Commerce had bezocht, was ze in 1932 op haar vierentwintigste naar Duitsland gegaan om zich ter plaatse te vergewissen van de angstaanjagende opkomst van de nationaal-socialisten, waarover in haar vriendenkring zo vaak werd gesproken in die tijd. Doordat ze veel communistische en Joodse vrienden had, kreeg ze in Berlijn al snel problemen met de politie. Na het afbranden van het Rijksdaggebouw in februari 1933 moest ze mede toezien hoe de Joden werden afgevoerd. In het midden van de jaren dertig keerde ze terug naar Engeland en zette zich daar op sociaal-politiek gebied in door te strij-

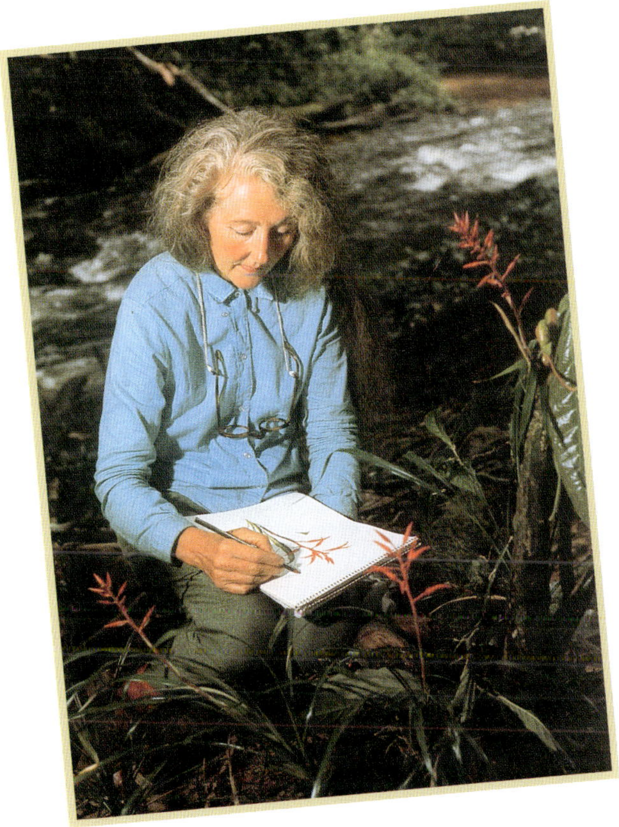

Margaret Mee bij het tekenen van de Pitcairnia, *die tot de familie der bromelia's behoort. Foto genomen op 1600 m hoogte op de Cerro da Neblina (Nevelberg) in Venezuela, aan de grens met Brazilië.*
Onder: een nachtaap.

den voor verlenging van de schooltijd en het terugdringen van de werkloosheid. Toen men haar een baan bij de Labourpartij aanbood, bedankte ze echter. Tijdens de Tweede Wereldoorlog werkte ze om haar land te helpen als technisch tekenaar in de De Havilland-vliegtuigfabriek in Hatfield bij Londen.

Vanuit het perspectief van nu zijn ook haar botanische prachtboeken als *Flowers of the Brazilian Forest* en *Flowers of the Amazon* niet alleen maar decoratief, maar ook van politieke betekenis er staan veel planten in die door de voortschrijdende ontbossing intussen al lang uitgestorven zijn. Als de woudreuzen worden geveld, wordt de voedingsstoffenkringloop van het kwetsbare ecosysteem onderbroken, raakt de bodem onvruchtbaar en wordt de grond al snel weggespoeld door de harde tropenregens. Mee observeerde op haar Amazone-expedities – het waren er vijftien in totaal – de vernietiging van de paradijzen van het oerwoud.

Haar laatste ontdekkingsreis maakte ze in mei 1988. Deze keer had ze zich ten doel gesteld de *Strophocactus wittii* te schilderen, een cactussoort die alleen 's nachts bloeit en daardoor moeilijk te vinden is. Sinds 1965 had de onderzoeksreiziger maar een paar exemplaren gezien en nooit één in volle bloei. 23 Jaar later, kort voor haar dood, was het grote moment gekomen: Margaret Mee, intussen bijna tachtig jaar oud, zat in de schommelende boeg van haar kano, schilderspullen onder handbereik, toen er een schok door haar heen ging: "Ik kon letterlijk zien hoe de bloemen zich openden," schreef ze geestdriftig. De bloemen verspreidden een heerlijke geur en de volle maan scheen over het landschap.

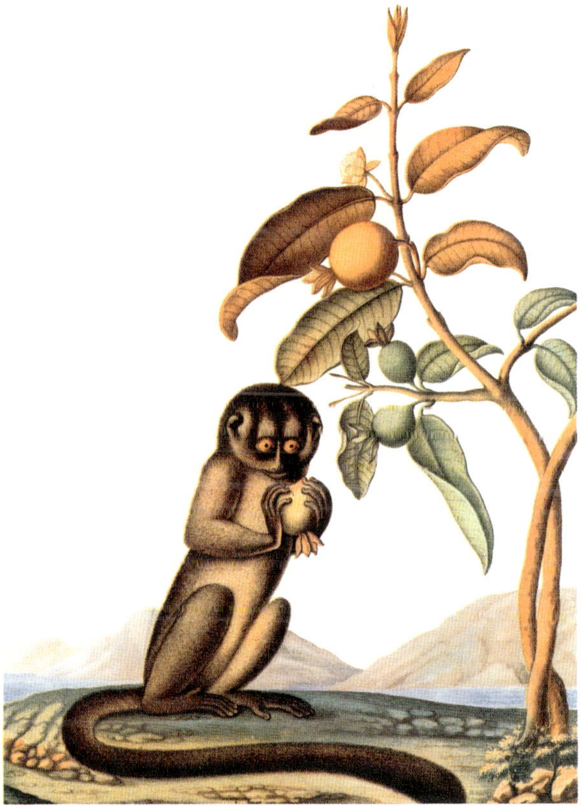

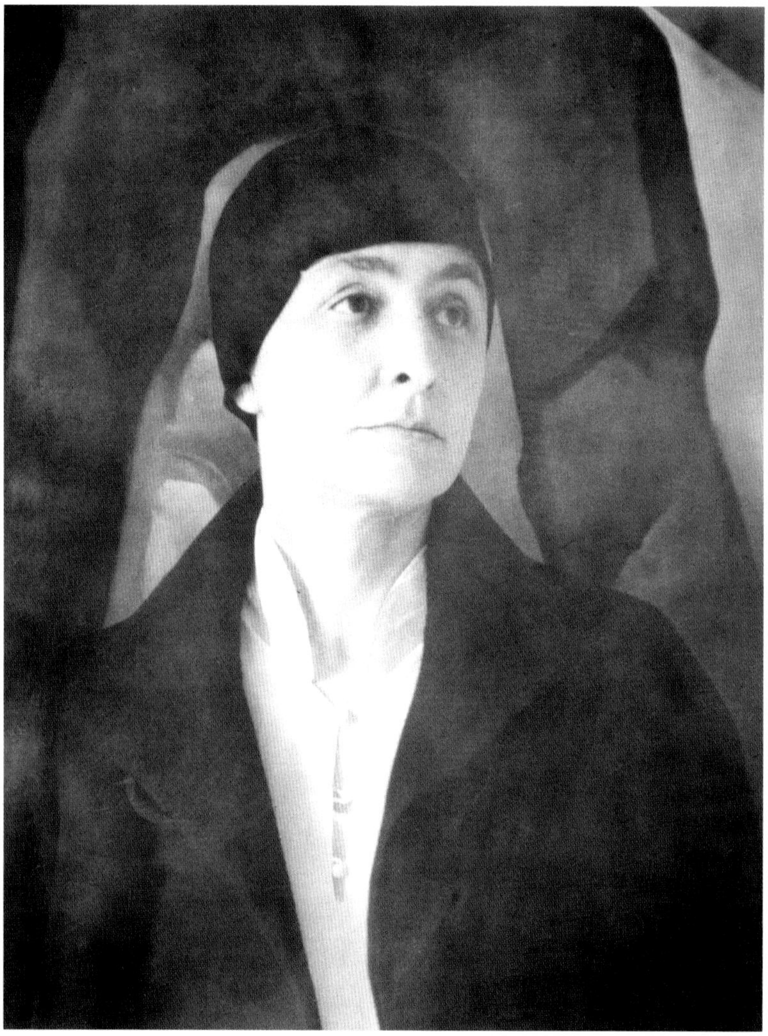

GEORGIA O'KEEFFE
1887 – 1986

'Ik zal zelfs de gehaaste New Yorkers zo ver krijgen dat ze de tijd nemen om te onderkennen wat ik in bloemen zie.'

Georgia O'Keeffe

Georgia O'Keeffe, links op een foto uit 1930, schilderde deze gele en rode tulpen in 1925.

Die wil je toch niet tentoonstellen?" liet de beroemde Amerikaanse fotograaf en kunsthandelaar Alfred Stieglitz zich ontvallen toen hij in 1924 voor het eerst de bloemenschilderijen van Georgia O'Keeffe onder ogen kreeg. Een jaar later exposeerde hij ze toch in zijn Gallery 291 in New York. De critici waren enthousiast. O'Keeffe had het traditionele genre van het bloemenstilleven een nieuwe interpretatie gegeven en naar de moderne tijd gebracht. Zij schilderde de planten niet met wetenschappelijke nauwkeurigheid in hun natuurlijke omgeving; roos, wikke, papaver en calla verschijnen op haar doeken eerder in vereenvoudigde vorm en enorm vergroot. Ze vullen het hele beeldveld. Met haar kleurrijke bloemenschilderijen wilde O'Keeffe iets levends en fragiels tegenover de uit steen en beton opgetrokken hectische metropool New York stellen. Ze merkte een keer op dat iedereen allerlei associaties heeft bij het zien van een bloem, maar dat intussen niemand de tijd neemt om echt goed te kijken, doordat bloemen zo klein zijn. Maar 'kijken kost tijd, net als vriendschap'.

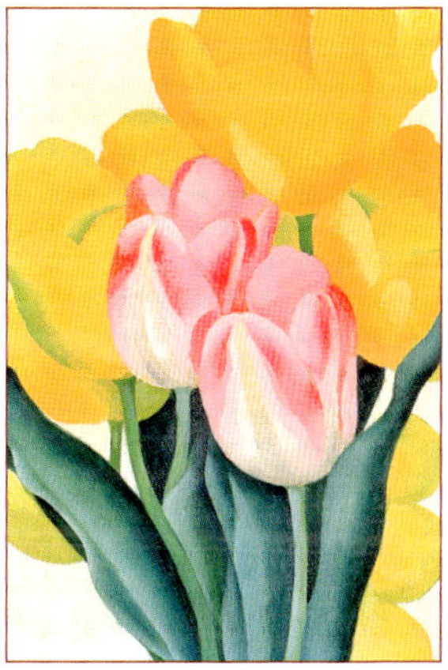

Toen haar bloemenschilderijen tot stand kwamen, was zij al lang geen onbekende meer. Ze had in Chicago en New York schilderkunst gestudeerd en een paar jaar als graficus en kunstlerares gewerkt. In Texas had ze al in 1916 een serie abstracte aquarellen gemaakt, die haar studiegenote Anita Pollitzer kort daarop aan Alfred Stieglitz liet zien. Stieglitz – die niet alleen een gerenommeerd fotograaf was, maar ook in zijn galerie de avant-garde van de Europese en Amerikaanse kunst tentoonstelde – was dadelijk enthousiast over het werk. Toen hij de kunstenares korte tijd later leerde kennen, werd hij verliefd op haar en scheidde hij van zijn eerste vrouw om met haar samen te kunnen wonen. Ze werden het droompaar van de New Yorkse kunst*scene*. Hij stimuleerde haar talent, zij was zijn model: vooral in het begin van hun huwelijk, dat in 1917 werd gesloten, maakte Stieglitz veel erotische foto's van zijn vrouw, die hij ook in exposities presenteerde. In de loop der tijd werden het meer dan driehonderd foto's.

Dankzij Gallery 291 leerde O'Keeffe de Amerikaanse avant-garde van die tijd kennen, onder wie schilders als Charles Demuth en Arthur Dove. Maar artistiek stond ze dichter bij de fotografen Paul Strand en Edward Steichen, die soortgelijke motieven kozen om abstracte beelden te creëren. Hun inspiratiebron was over het algemeen de natuur. Dat gold ook voor Georgia O'Keeffe, wier verbondenheid met de natuur in haar jeugd was gevormd: tot haar veertiende had ze op een melkveehouderij in Wis-

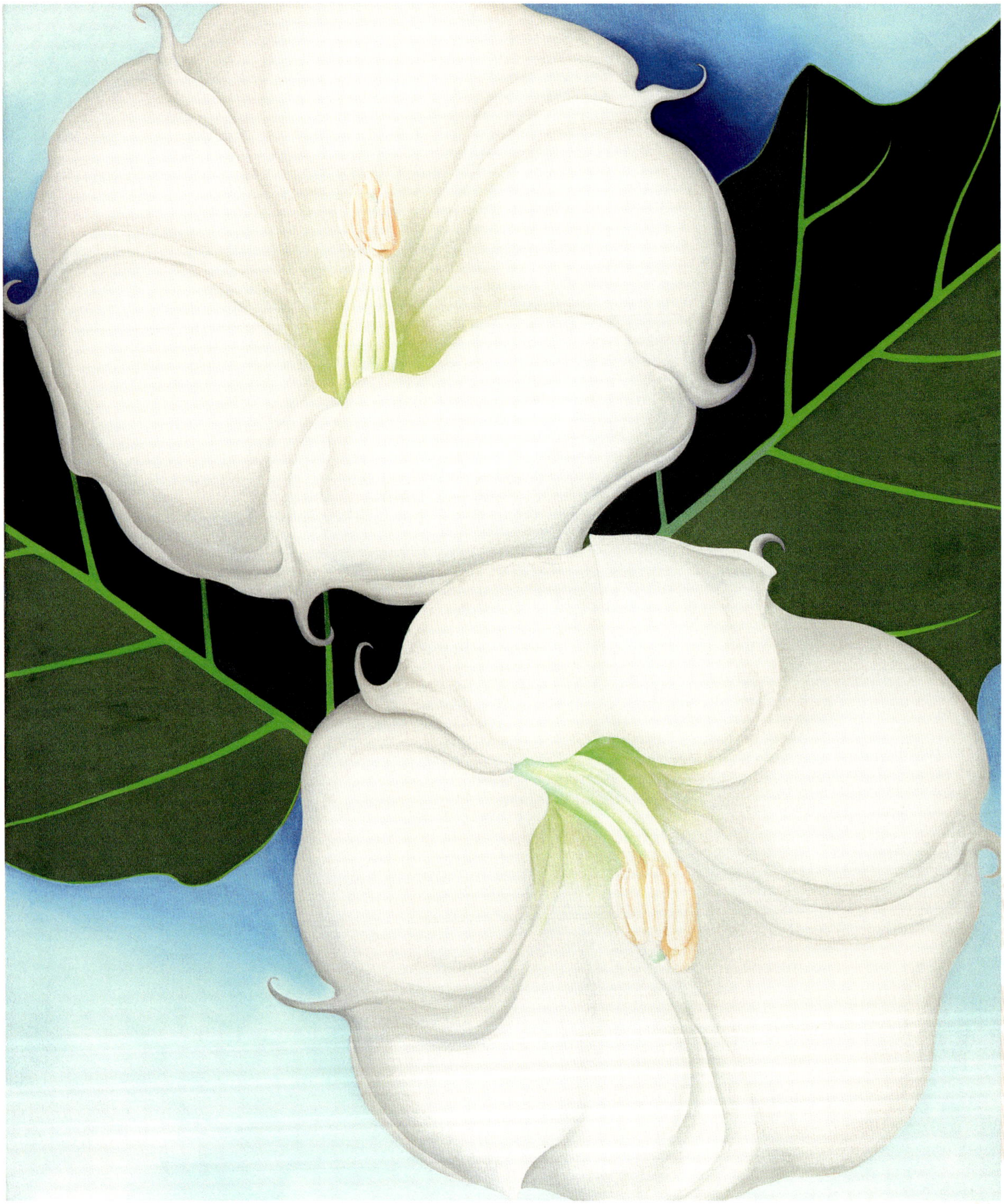

De sterk vereenvoudigde bloemen vullen het doek op groot formaat geheel. Twee doornappels met groene bladeren en blauwe lucht.

consin gewoond, omgeven door bossen en weiden. Al in de eerste schooljaren stonden het determineren van planten en botanisch tekenen op het lesprogramma.

Op het verblijf van de familie Stieglitz aan Lake Georgia, waar ze een aantal maanden per jaar doorbracht, schilderde ze de bomen in de omgeving: ceders, pijnbomen, kastanjes, berken en walnootbomen. Ook schikte ze stillevens met vruchten uit de tuin. Georgia O'Keeffe introduceerde boombladeren als onderwerp in de kunstgeschiedenis; ze beeldde ze individueel of in groepjes af. Ze was gefascineerd door hun onregelmatig gevormde omtrek en maakte een hele serie, waarvoor ze een palet van warme aardtinten koos.

Vaak was de drukte rond Alfred Stieglitz haar te veel, die altijd omgeven was door een snaterende schare bewonderaars. "Ik zou liever door de bossen, weiden en wilde rozen gaan en madeliefjes, varens en wilde aardbeien plukken," bekende ze in een brief aan haar vriend William Einstein.

Aan het eind van de jaren twintig begon O'Keeffe zich steeds meer te emanciperen en ondernam ze reizen om nieuwe ideeën op te doen. In 1929 bracht ze de zomermaanden met een vriend in New Mexico door, waar ze haar paradijs op aarde vond. Ze verkende het onherbergzame rotsenlandschap in de omgeving van Taos en ontdekte in de woestijn bijzonder gevormde stenen, schelpen en, in haar woorden, 'prachtige beenderen', die ze mee naar huis nam. De koeien- en paardenschedels werden erkende lievelingsmotieven: "Ik heb deze dingen gebruikt om uit te drukken wat de weidsheid en wonderlijkheid van de wereld waarin ik leef voor mij betekenen." Tussen 1929 en 1949 pendelde Georgia O'Keeffe tussen Manhattan en New Mexico. In de stad deed ze werk in opdracht; zo ontstonden bijvoorbeeld een groot schilderij van doornappels voor de cosmeticakoningin Elizabeth Arden en een wandschildering voor Radio City Hall. In New Mexico schilderde ze de eenvoudige Pueblo-architectuur en landschappen. De woestijn beantwoordde aan haar behoefte om zich terug te trekken; de geologische formaties beïnvloedden haar schilderstijl, die hierdoor nog eenvoudiger werd.

In 1946, het jaar dat haar echtgenoot overleed, bracht het Museum of Modern Art in New York een overzichtstentoonstelling van haar werken. Het was überhaupt het eerste retrospectief dat het museum aan een vrouw wijdde. Drie jaar later vestigde ze zich definitief in New Mexico; ze bezat er intussen twee huizen, waarvan ze de architectuur op het doek vastlegde. In contrast daarmee maakte ze ook, geïnspireerd door talrijke vliegreizen rond de wereld in de jaren vijftig, schilderijen van wolken op groot formaat.

Haar laatste levensjaren bracht ze in haar huis in Abiquiu door. Omdat haar gezichtsvermogen in het begin van de jaren zeventig sterk achteruitging, huurde ze een assistent in, de kunstenaar Juan Hamilton, die haar hielp bij de praktische dingen in de huishouding en die haar op haar vergevorderde leeftijd nog leerde pottenbakken. Ondanks haar slechte zicht was ze nog elke dag creatief bezig en verzekerde ze elke keer weer dat ze honderd wilde worden; een doel dat ze maar net niet haalde. Verder droeg ze zorg voor de nalatenschap van Alfred Stieglitz. Ze wilde een serie foto's uit zijn werk aan het Metropolitan Museum of Art schenken. Toen de directeur van de grafische collectie voorstelde alle passepartouts op één grootte af te snijden, zodat de foto's in de kartonnen dozen van het museum pasten, was Georgia O'Keeffe daar vierkant op tegen. De opmerking dat men met de werken van Rembrandt hetzelfde zou doen, was niet aan haar besteed. "Dat kan wel zijn," antwoordde ze, "maar mevrouw Rembrandt leeft dan ook niet meer."

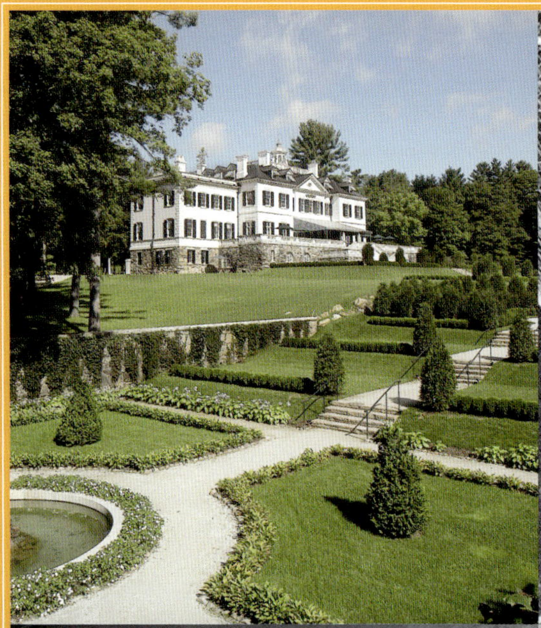
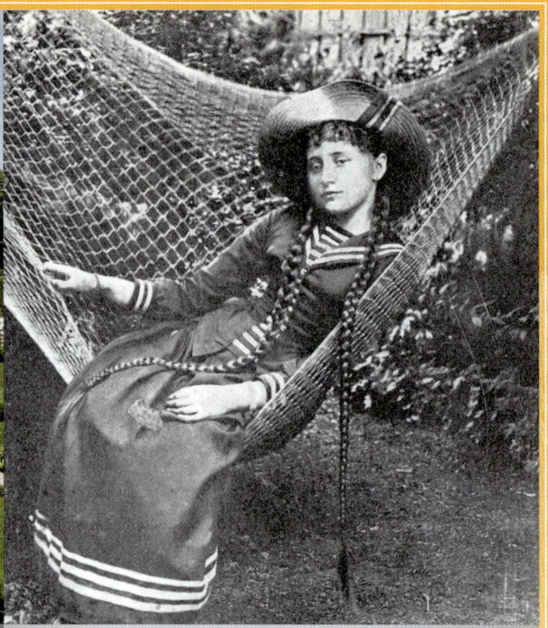
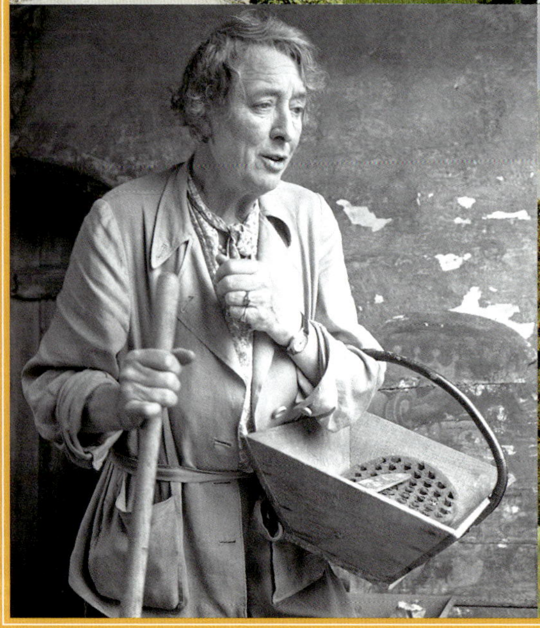
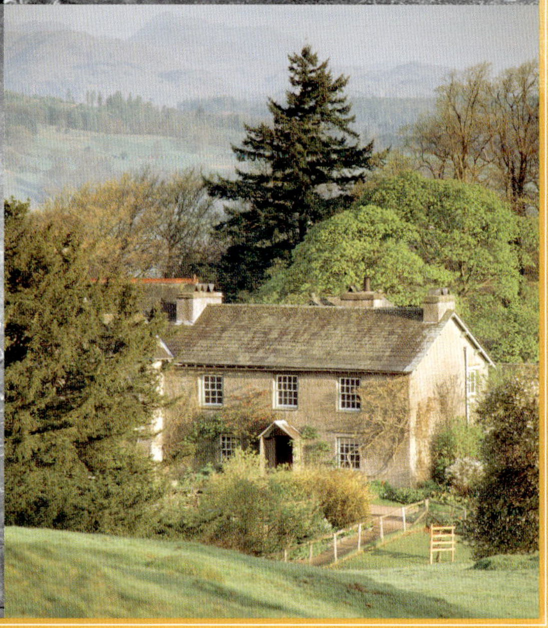

Als ik een stuk land bezat ...

Schrijfsters en hun liefde voor de natuur

"Als ik een stuk land bezat, zou ik een mooi klein bos van lijsterbessen planten." Deze verzuchting van de Duitse schrijfster Else Lasker-Schüler doet denken aan het geliefde cliché van de gevoelige dichteres die zit te schrijven in haar bloeiende tuin, of toch op zijn minst aan een tafel met zelf geplukte bloemen. Maar tussen schrijven en tuinieren bestaat een wezenlijk dieper verband: de zelf ontworpen, aangelegde en verzorgde tuin is een metafoor voor het literaire werk. Ook romans, toneelstukken en dichtbundels ontspruiten aan de verbeelding, hebben een ontwerp nodig en gedetailleerde kennis van de (menselijke) natuur. Het zijn pogingen deze natuur te begrijpen, te ordenen en een vorm te geven. De tijd die in een roman verstrijkt en waarin de personages zich ontwikkelen, valt te vergelijken met het verstrijken van de jaargetijden. Zowel in de literatuur als in een tuin bewonderen we een weloverwogen en kunstige opzet en genieten we toch nergens zo van als van een onverwachte wending of een ongekunsteld detail. Een tuin en een kunstwerk zijn allebei een opzichzelfstaande, betere wereld, waarin de mens zich even uit het moeizame bestaan van alledag kan terugtrekken.

Van deze samenhang zijn veel schrijfsters en schrijvers zich bewust geweest. Al vanaf de hof van Eden in het Oude Testament is de tuin op ontelbare manieren tot voorwerp van proza en poëzie of tot literair motief geworden en bovendien natuurlijk tot een heel tastbare plaats van creatieve arbeid of van verlangen.

In dit hoofdstuk wordt het fenomeen van de tuinierende schrijfster of de schrijvende tuinierster geïllustreerd. Voor de één wordt haar tuin het object van pathetische bezwering van de natuur of van literarie non-fictie, voor de ander is de tuin de achtergrond van herinneringen aan haar kindertijd. Soms, zoals bij Edith Wharton, is hij niet meer dan de beloning en compensatie voor de moeite van het schrijven; soms, zoals bij Vita Sackville-West, de panacee tegen iedere vorm van droefheid, want: "Tuinieren is een ten diepste hoopvolle, optimistische bezigheid."

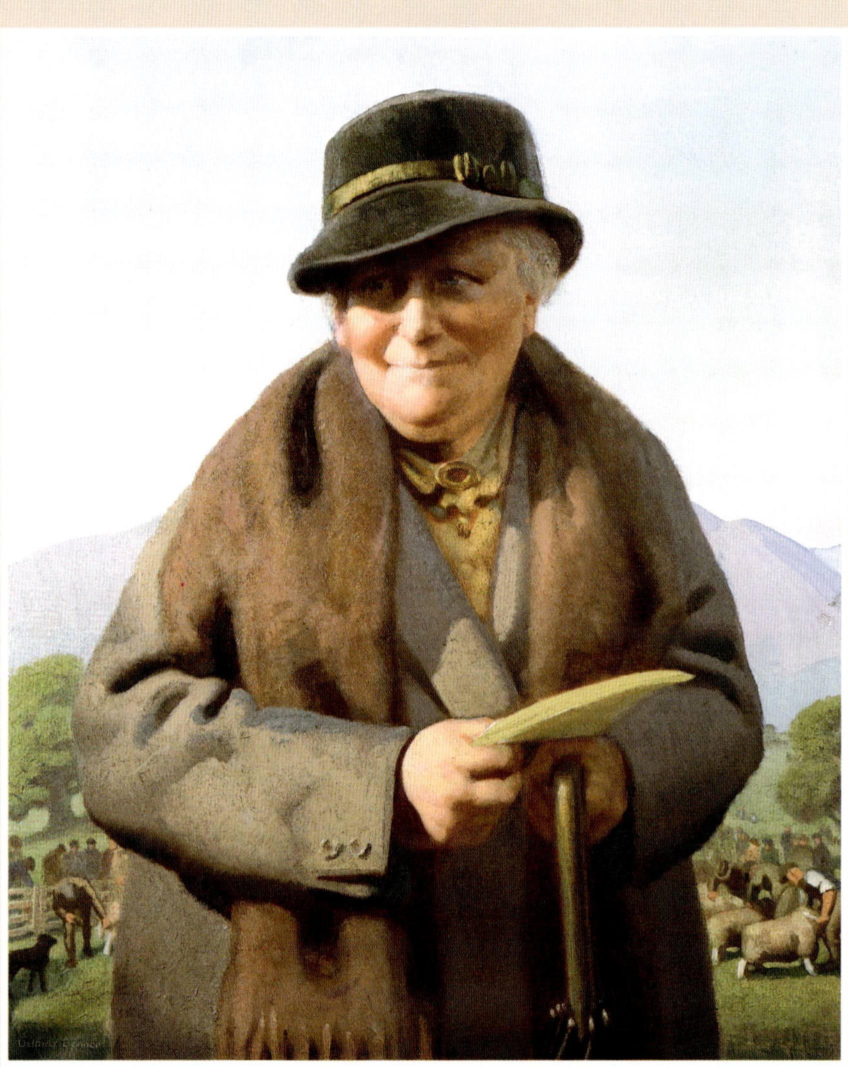

BEATRIX POTTER
1866 – 1943

*'Ik was dolgelukkig dat ik
het land in Tilberthwaite kon kopen
en heb het aan de National Trust vermaakt.'*

Beatrix Potter

Als Beatrix Potter en William Heelis op 17 Oktober 1913 trouwen, is de bruid 47 jaar oud en de bruidegom 42; voor beiden is het hun eerste huwelijk. Er wordt in Kensington een eenvoudige plechtigheid gehouden en het roddelcircuit weet later te melden dat het wonderlijke paar de weg van het gezamenlijke leven is ingeslagen met een wit stierkalfje achter in de auto.

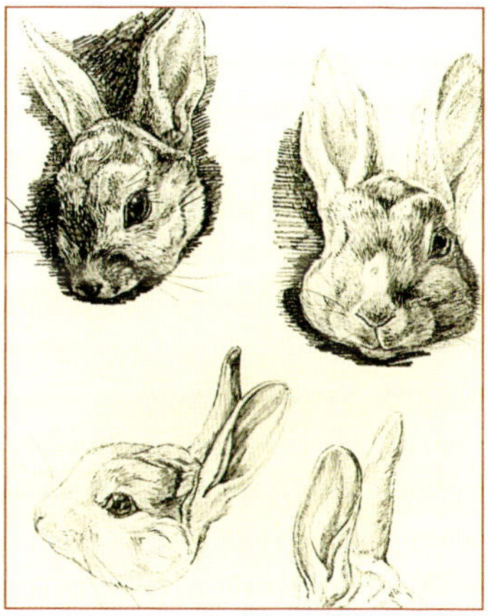

Het geliefde huisdier van Beatrix Potter, het konijn Benjamin Bouncer, werd het favoriete model voor haar kinderboekillustraties.

Beatrix Potter behoort tot de weinige schrijfsters die zich serieus aan het landleven hebben gewijd. Ze fokte schapen, hield varkens en koeien. Maar niet alleen dat: ze werd in de loop van de tijd grootgrondbezitter en kocht de ene boerderij na de andere, *cottage* na *cottage*. Misschien had deze passie voor het bezit van land te maken met het verzet van haar familie tegen haar droom van een leven op het platteland.

Geld was het probleem niet. Haar ouders, Rupert en Helen Potter, waren uitgesproken welgesteld. Haar vader was jurist, maar oefende zijn beroep niet uit – hij gaf de voorkeur aan nietsdoen en leefde van het vermogen van zijn voorouders. Terwijl haar moeder haar tijd op feestjes doorbracht, werd de kleine Beatrix aan de hoede van gouvernantes en privéleraressen toevertrouwd. Het eenzame meisje had als speelkameraadjes alleen haar huisdieren: Beatrix had een hond en verschillende konijnen, zelf gevangen kikkers en salamanders, soms ook een egel of een schildpad. Ze speelde niet alleen met ze, maar tekende ze ook vooral steeds weer, met blijvende toewijding.

Ieder jaar in juli werd de hele menagerie in mandjes en doosjes verpakt om met het gezin naar het vakantieverblijf te vertrekken; een paar keer naar het Schotse hoogland, in de jaren daarna naar het Lake District. Als Beatrix niet bezig was haar konijnen aan de lijn uit te laten, was ze met haar aquarelkist en tekenblok onderweg op de bergweiden en in de beekdalen. Bloemen en vlinders, rupsen en kevers – niets was haar te onbeduidend om het voorwerp van haar opmerkzaamheid te zijn.

Het ziekelijke kind dat in elfen en geesten geloofde, groeide uit tot een levenslustige, zelfbewuste jonge vrouw die er met haar rijtuigje met één paard een temperamentvolle rijstijl op na hield. Haar dagboekaantekeningen uit deze jaren geven blijk van een gave voor gedistantieerde, precieze observatie en verraden de blik van de kunstenaar. Hoewel haar ouders hun dochter verre hadden gehouden van iedere noemenswaardige vorm van opleiding, lieten haar tekentalent en tomeloze behoefte tot onderzoeken zich niet onderdrukken. Een oom, Sir

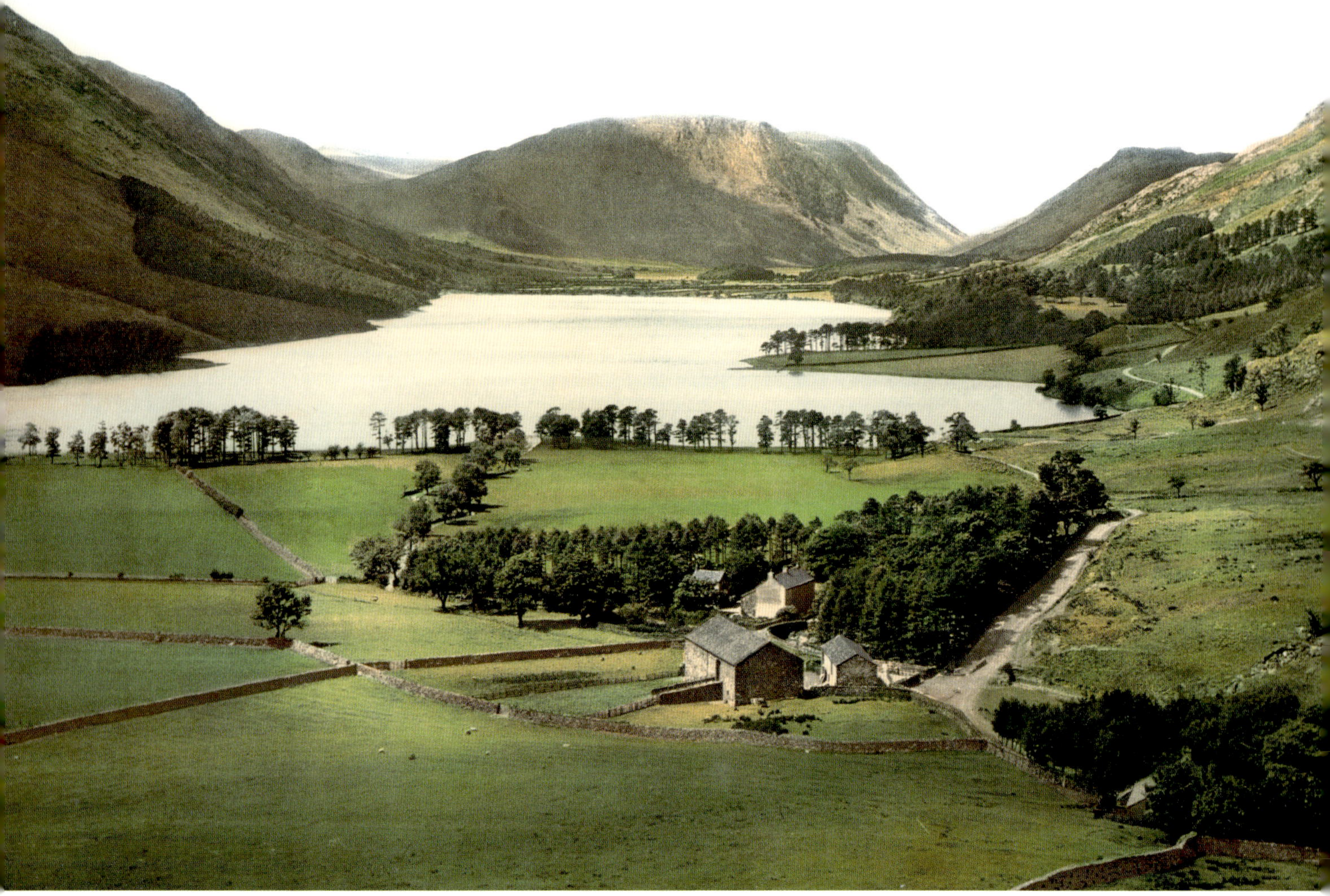

In 1895 richtte een vriend van de Potters, de predikant Hardwicke Rawnsley, de National Trust op om het oorspronkelijke landschap en de cultuur van het Lake District te helpen behouden. Hier het dorp Buttermere aan het meer Crummock Water bij Keswick, ca. 1900.

Henry Enfield Roscoe, probeerde tevergeefs zijn leergierige nicht als student bij de Royal Botanic Gardens in Kew aan te melden; vrouwen werden daar toen nog niet toegelaten. Bovendien was Beatrix veel meer dan een begaafd amateur. Ze vervaardigde realistische en precieze botanische tekeningen en aquarellen, waarvan ze hoopte dat ze eens wetenschappelijke boeken over flora en fauna zouden sieren. Een studie naar het ontkiemen van sporen moest in 1897 door haar oom aan de Linnean Society of London worden gepresenteerd, omdat zij als vrouw niet voor dit verheven gezelschap mocht spreken. Pas in 1997 maakte de Society – rijkelijk laat, maar Brits correct – postuum haar excuses aan Miss Potter.

Beroemd zou ze worden met haar tekeningen en verhaaltjes voor kinderen. In 1890 stuurt ze de uitgevers Hildesheimer en Faulkner plaatjes van konijnen in mensenkleren; haar eigen konijn Benjamin Bouncer had er model voor gestaan. Toen de uitgeverij ze accepteerde als afbeelding op ansichtkaarten, trakteerde ze Benjamin op hennepzaadjes – de volgende dag was het zwaar gedrogeerde konijn nog niet als model te gebruiken. Maar het honorarium van zes pond was haar eerste stap naar onafhankelijkheid.

In het Victoriaanse Engeland werden de meisjes over het algemeen vroeg aan de man gebracht. Eentje trof altijd het lot ongetrouwd te moeten blijven om voor haar ouders te zorgen. Helen en Rupert Potter hadden hun enige dochter al jong duidelijk gemaakt dat ze van haar de vervulling van deze kinderplicht verwachtten. Ze had geen andere keus. Vrijheid en zelfbeschikking zouden tegen de wil van haar ouders in niet mogelijk zijn geweest voor een vrouw die geen beroep en dus geen eigen middelen had. Dus bestierde zij het omvangrijke huishouden van haar ouders, bekommerde zich om hen toen ze in de loop der jaren ouderdomskwalen kregen en hoopte op een onafhankelijk leven, wat in haar dromen per definitie een leven op het platteland was.

Intussen schilderde ze, aangemoedigd door haar eerste succes, nog meer afbeeldingen voor ansichtkaarten: muizen en cavia's, egels en kikvorsen, de kameraden uit haar kindertijd. Maar haar doorbraak kwam pas met *Het verhaal van Pieter Konijn* (1902). Ze had het verhaaltje oorspronkelijk voor het zieke zoontje van haar vroegere privélerares bedacht; de 8000 exemplaren van de eerste oplage waren in korte tijd uitverkocht. Dat was het begin van de weergaloze zegetocht van Beatrix Potters kinderboeken op klein formaat – van de verhalen van Biggetje Goedhart en Jozefien Kwebbeleend, van Ronald Rat en Minetje Miezemuis.

In 1905 had ze genoeg geld verdiend om eindelijk haar eigen huis te kunnen kopen. Haar keuze viel op een oude boerderij, Hill Top Farm in Near Sawrey aan de Schotse grens. Niet ver daarvandaan had ze met haar ouders jarenlang de zomervakantie doorgebracht. Voor Beatrix Potter was het Lake District de plaats van het verlangen naar haar kindertijd en jeugd, een wildromantische omgeving en bovendien ver genoeg van Londen verwijderd om eindelijk aan de invloedssfeer van haar familie te kunnen ontkomen. Maar dit bleek ijdele hoop: haar moeder stond nog altijd op haar aanwezigheid in het ouderlijk huis en alleen met haar toestemming kon Beatrix, intussen eind dertig, op de trein stappen voor de vierhonderd kilometer lange reis naar Near Sawrey.

Ook bij de werkzaamheden aan haar nieuwe thuis – ze had de plannen voor de verbouwing en vergroting van de boerderij zelf ontworpen – toonde men haar in eerste instantie weinig respect, ondanks haar status en vermogen. "Ik had ruzie met de loodgieter," schreef ze aan een vriendin. "Hij heeft tot zover eigenlijk goed werk geleverd, maar als hij geen aanwijzingen van een vrouw wil aanne-

Beatrix Potter met haar schaapherder en een prijs winnend Herdwickschaap. Let op de hoed en de stoere houding van de trotse eigenares.

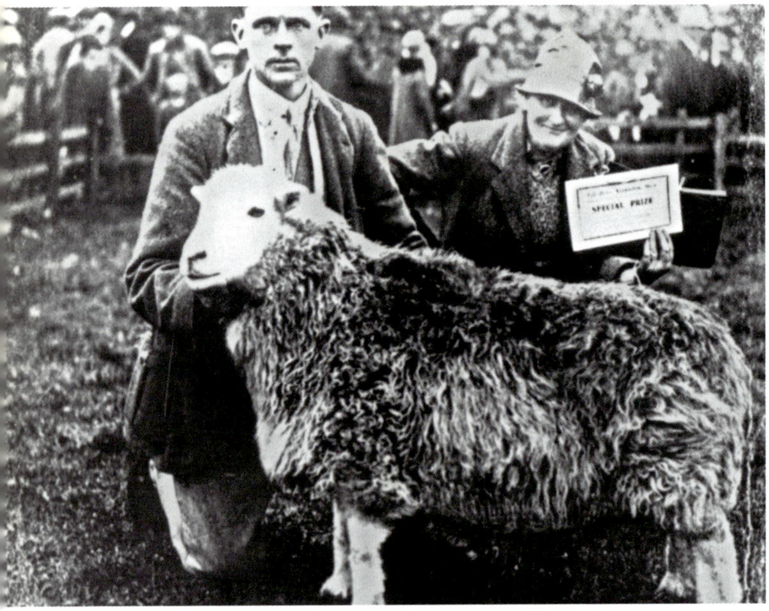

men, dan kan ik niet anders dan hem eruit zetten en een ander huren."

Bij de boerderij hoorden ongeveer 18 hectare land, varkens en koeien en een hof vol pluimvee. Voor dit alles werd gezorgd door beheerder John Cannon en zijn vrouw. De financiële aangelegenheden werden intussen geregeld door William Heelis van advocatenkantoor W. H. Heelis & Sons, met wie ze steeds vertrouwder raakte. Hij kwam uit de omgeving, was een bekwaam jurist en een heer van stand – en een schuchtere vrijgezel. Toen hij haar om haar hand vroeg, zei ze ja. Dat deed ze niet in de laatste plaats om een eind te maken aan haar ongehuwde staat, en uit een 'beklemmend gevoel van eenzaamheid,' bekende ze in een brief. Wat eruitzag als een verstandshuwelijk, bleek een gouden greep te zijn. Op de verlovingsfoto ziet het stel er bijna jeugdig uit, als het ware omstraald door een stille zachtmoedigheid: hij slank, jongensachtig en lang, zij eerder mollig, met een ronde kin en lichte ogen. Als echtgenote kon ze zich eindelijk definitief in het Lake District vestigen. Het was een late, maar gelukkige terugkeer naar de streek die ze als haar eigenlijke thuis ervoer.

Beatrix Potter heette nu Mrs. William Heelis en had voortaan het leven van een naar het platteland gevluchte intellectuele dame kunnen leiden door zich tussen de wandelingen en theekransjes door met het toezicht over het personeel bezig te houden – en met een hobby die passend was voor een dame, want ze bleef haar kinderverhalen schrijven en tekenen. Maar zij had andere plannen.

Al in de jaren dat ze tussen Londen en het Lake District pendelde, was ze begonnen met het compleet opnieuw inrichten van de tuin van Hill Top Farm – tot die tijd niet meer dan een ommuurd moestuintje. Ze liet de oude oprit verleggen om ruimte te winnen. Aanvankelijk was ze ontsteld: "Overal hopen aarde en nieuwe schuttingen. De werkzaamheden hebben ongetwijfeld veel verbetering gebracht, maar het ziet er allemaal zo vreselijk uit." Maar toen begon de nieuwe tuin vorm te krijgen. Hij omvatte nu vier delen: een wei, bloemperken, een boomgaard met appel-, pruimen- en perenbomen en de oude moestuin. De indeling was aangepast aan het natuurlijke profiel van het terrein en vooral ook aan de weersomstandigheden. Die laatste vormden een uitdaging voor de tuinier: vanuit de bergen in de omgeving zet de vorst vroeg in en van de nabij gelegen Ierse Zee komen natte, koude stormwinden.

De vrouw des huizes heeft nog nooit zelf getuinierd, maar haar grote botanische kennis komt nu goed van pas. Uit de zomers van haar kindertijd weet ze nog precies welke

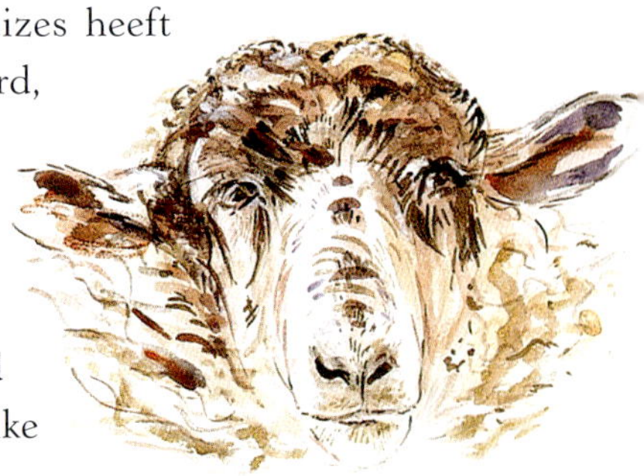

planten het goed doen in het Lake District. Ze plant seringen, rododendrons, rode fuchsia's en zelfs een paar rozenstruiken. En ze vindt zichzelf niet te goed om gebruik te maken van de hulpvaardigheid van haar buren. Uit bijna iedere tuin in het dorp heeft ze planten gekregen, schrijft ze op zeker moment enthousiast. "Aan de weg naar het veer woont een steenhouwer die de prachtigste floxen heeft staan, die zouden het goed doen tussen de laurier." In haar bloembedden staan bloemen en groenten schijnbaar wild door elkaar. Alleen wie het ooit geprobeerd heeft, weet hoeveel omzichtige planning er nodig is om een volheid aan kleuren en afwisselende structuren tevoorschijn te toveren.

De veelheid aan vormen en kleuren werd begrensd en gestructureerd door muren en paden van leisteen die Potter uit de nabijgelegen steengroeve van Tilberthwaite betrok. De pergola's en latwerken werden ter plaatse van rustiek eikenhout gemaakt, alles volgens de inzichten van Gertrude Jekyll, die net een paar jaar eerder de *cottage*-tuin tot kunstvorm had verheven. Plotseling was het *en vogue* oude huizen te restaureren en met landelijk meubilair in te richten. Lokaal ambachtswerk, plaatselijke bouwmaterialen en oude handwerktechnieken werden in ere hersteld.

Zodoende was het ook geen toeval dat Mrs. Heelis zich ging wijden aan het fokken van uitstervende dierenrassen. Het zogenoemde Herdwickschaap graast alleen op de hoge weidegronden van het Lake District; het is een compact dier met korte poten en het geeft heel grove wol. Ze bouwde een grote kudde op en al na een paar jaar wonnen haar dieren alle prijzen in de omgeving. Zij zelf werd voorzitter van de bond van veetelers.

Beatrix Potter was een weerbare *lady*, die niet alleen strijd leverde om haar eigen aandeel in de dorpsmestvaalt, maar zich ook steeds meer in de lokale po-

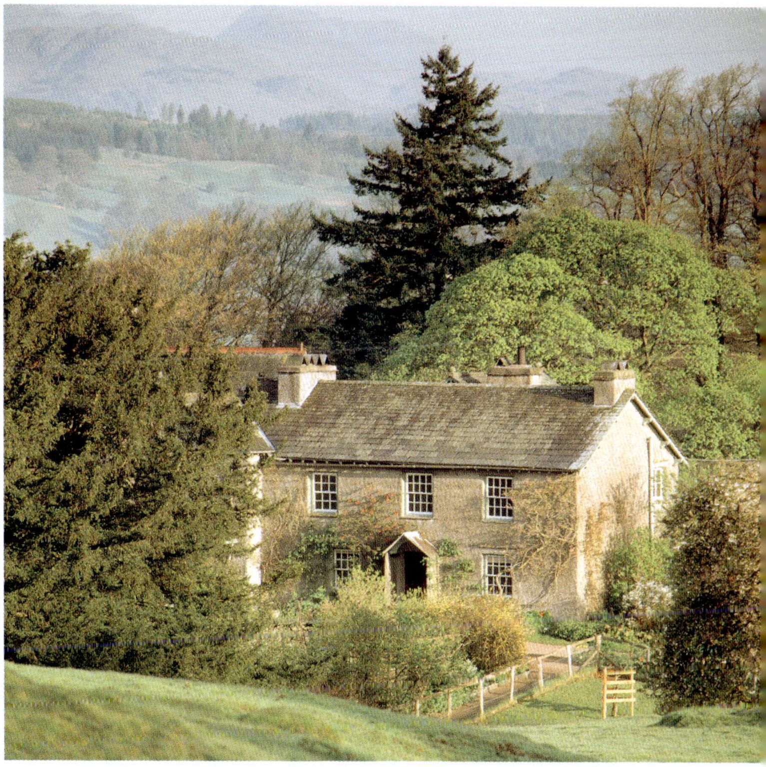

Het woonhuis van Hill Top Farm is een schoolvoorbeeld van de eenvoudige boerenhuizen van het Lake District. Beatrix Potter was niet alleen tuinier en schapenkweker, maar verzamelde ook voor de streek typerende meubels.

litiek mengde. Het praktisch ongerepte landschap van het Lake District werd namelijk interessant voor investeerders en speculanten. Potter startte burgerinitiatieven tegen de bouw van fabrieken en hotels en steunde de National Trust. Die was in 1895 opgericht met het doel land op te kopen in de naam van de regering om het van roofbouw en versnippering te vrijwaren. De beroemde schrijfster was intussen rijk genoeg om grote stukken land systematisch op te kunnen kopen; uiteindelijk bezat ze bijna 2000 hectare in het hart van het Lake District en bovendien ruim vijfentwintig boerderijen. Ze liet alles aan de National Trust na. Uit het verlangen naar een privé-idylle was de strijd om het behoud van een bedreigd landschap voortgekomen.

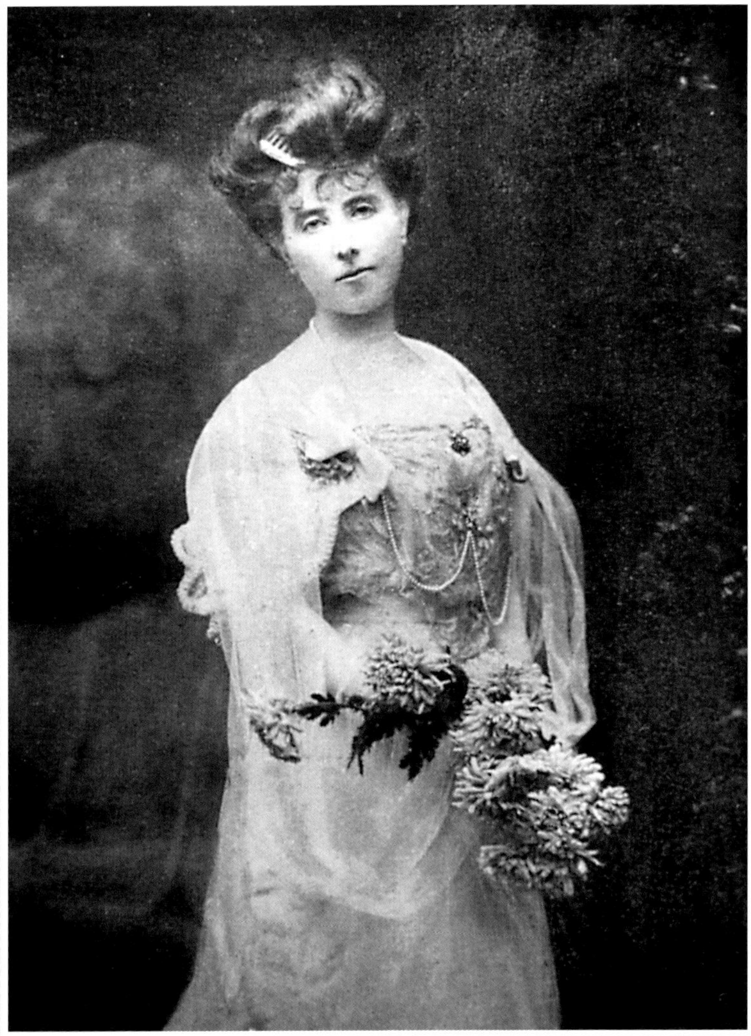

ELIZABETH VON ARNIM
1866 – 1941

'Is een sobere levenswijze en
hooggespannen denken niet beter dan andersom?'

Elizabeth von Arnim

Had Henning graaf von Arnim vermoed dat hij ooit als 'de nijdas' de literatuurgeschiedenis in zou gaan, dan had hij zijn Engelse echtgenote Mary Annette van haar literaire ambities afgehouden. Maar in de mening dat het boekje *Elizabeth en haar Duitse tuin* niet meer dan een gril van zijn vrouw was, vroeg hij haar alleen de naam van zijn familie niet op de kaft te laten verschijnen. Zodoende verscheen het in 1898 in Engeland onder het pseudoniem 'Elizabeth' – en werden er in het eerste jaar direct elf oplagen van verkocht. Overweldigd door het succes zou Mary Annette gravin von Arnim zich voortaan Elizabeth von Arnim noemen.

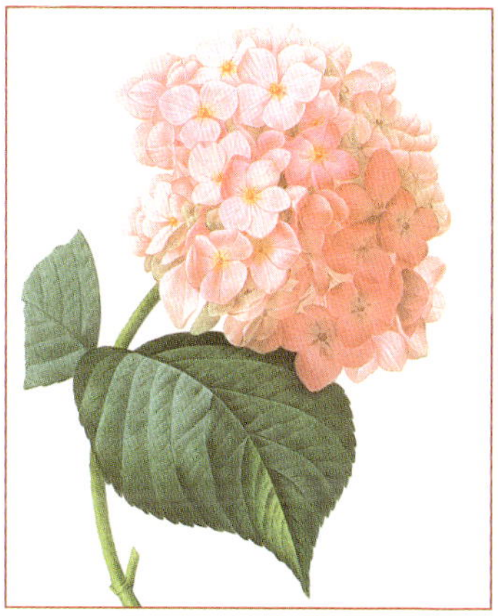

Elizabeth en haar Duitse tuin is een loflied op de geneugten van het landleven, poëtisch en schijnbaar naïef, maar vol humor en zelfspot; een sensatie in vergelijking met de nu eens pathetische, dan weer trouwhartige toon van de literatuur in de tijd van keizer Wilhelm II. "Ik ben altijd gelukkig; in de buitenlucht bedoel ik dan, want binnen zijn de dienstbodes en de meubels. In de afgelopen winter waren er zelfs dagen dat ik ondanks mijn leeftijd en mijn kinderen in de open lucht heb gedanst – uiteraard alleen maar achter de struiken, want ik weet hoe het hoort." Wanneer ze dat schrijft, is Elizabeth von Arnim net dertig jaar oud, een belezen en intellectueel onafhankelijke vrouw. De redersdochter is in Australië geboren en in Engeland opgegroeid. In 1889 maakt ze kennis met haar toekomstige echtgenoot, Henning August graaf von Arnim-Schlagenthin. Deze Pruisische landjonker voldoet aan alle vooroordelen die over zijn soort de ronde doen: hij is de eigenaar van uitgestrekte, maar arme landerijen en combineert rechtlijnigheid met een lage opleiding en gebrek aan humor. Een slechtere partner had de levenslustige en onconventionele Britse nauwelijks kunnen vinden.

Dat wordt haar snel en pijnlijk duidelijk. De kersverse gravin Von Arnim moet in het hectische Berlijn van het eind van de negentiende eeuw een groot huishouden voeren. In drie jaar tijd zet ze drie dochters op de wereld. Dan gaat de jonge vrouw in staking. Ze zegt dat ze al zwanger wordt als Henning maar niest waar ze bij is en weigert hem de vurig begeerde stamhouder te baren. Vanaf dat moment is er ruzie in huis.

In maart 1896 vertrekken de Von Arnims naar hun bezit Nassenheide, niet ver van Stettin gelegen in het eenzame land langs de Oder. En ditmaal wordt de jonge vrouw toch nog verliefd op een Pruisisch of liever gezegd Pommers cliché: zand en heide en naaldbossen tot aan de horizon. Ze weet het direct

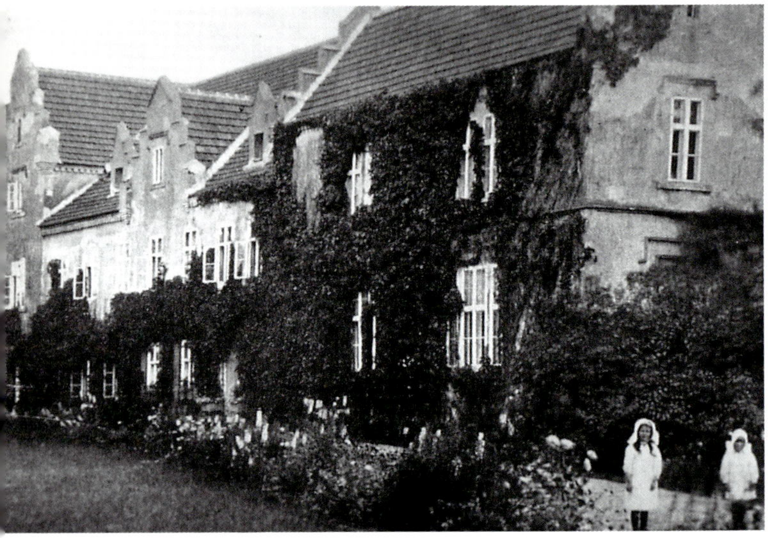

Op deze foto, gemaakt rond 1900, staan twee van de dochters Von Arnim in de tuin van Nassenheide. Daarachter, romantisch overwoekerd, het landhuis.
Onder: Nassenheide op een gravure uit de vroege negentiende eeuw.

– hier wil ze blijven en leven als een Engelse *lady* op het platteland, overdag met rozenschaar en zonnehoed in de tuin en 's avonds met een boek voor de kachel. Haar echtgenoot is niet erg enthousiast, maar het vervallen landgoed met zijn 3200 hectare akkerland heeft stevige leiding nodig, dus hij stemt in. Het landhuis staat al 25 jaar leeg en na het comfortabele stadspaleisje is hier elektriciteit noch stromend water, alleen maar walmende turfkachels. Ook het park rondom het huis is verwilderd – maar wat heet wildernis! Knoestige eiken en een berkenbos, een bereisde voorganger heeft tamme kastanjes en tulpenbomen meegebracht en een wal van seringen aangeplant van anderhalve kilometer lengte. Elizabeth is verrukt.

Achter de romantische wildgroei ziet ze de tuin van haar dromen: waar nu nog paardebloem en veldkers bloeien, zal zich een strak gazon annex tennisbaan uitstrekken. Voor het bloembed aan de voorkant van het huis heeft ze weelderige pracht en een zee van rozen in gedachten – een problematisch visioen in de Pommerse zandwoestenij. En dus gebeurt het onvermijdelijke: de eerste twee jaar worden gekenmerkt door tegenslagen. Voor de gele rozen is het te droog, een kudde koeien eet de anjers en de lelies op, alleen de azalea's en de wikke doen het goed.

Onverdroten laat de vrouw des huizes zich uit Engeland tuinadviesboeken sturen en dirigeert ze een handvol hulptroepen. Haar enige hovenier is bijna doof en verkeert op de rand van de waanzin. Aanwijzingen die hem niet aanstaan, hoort hij eenvoudig niet en als de jonge gravin hem durft te vragen niet meer in strakke rijen te planten maar de riddersporen in groepen te zetten, trekt hij zijn revolver en moet hij naar een rustoord worden gebracht – althans, zo vertelt zij het in *Elizabeth en haar Duitse tuin*, het boek waarin ze verslag doet van de eerste maanden op Nassenheide.

Achteraf valt niet meer uit te maken wat er werkelijk is gebeurd en wat er aan de levendige fantasie en de vertelkunst van de gravin is ontsproten. Maar één ding schildert ze geloofwaardig: hoe ze opleeft na de verloren jaren in de stad, hoe de natuur haar leven de zin geeft die ze in haar vreugdeloze huwe-

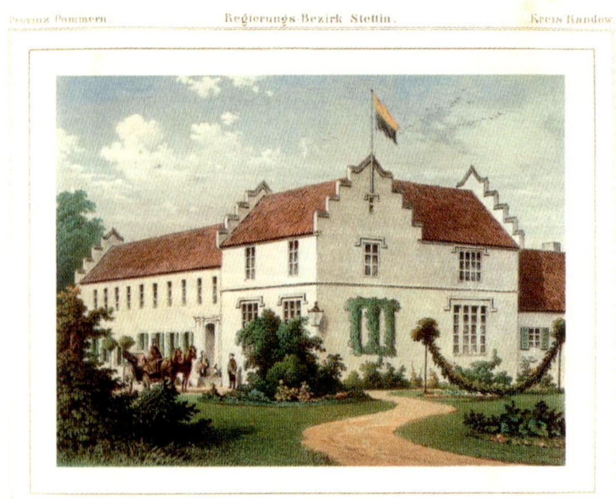

lijk niet vindt. "Ik weet helemaal niet hoe ik de liefde en de schoonheid en het gevoel van verbondenheid moet beschrijven die ik voel zodra ik in mijn tuin kom, die voor mij bijna zo iets als God geworden is."

Het boek over haar tuin in Nassenheide is geen roman en ook geen tuinadviesboek; niettemin – of juist daardoor – is het een doorslaand succes. Behalve de dromerige landschapsbeschrijvingen heeft ook de analytische en soms meedogenloze blik achter de façade van het burgerlijk fatsoen daaraan bijgedragen. Op een bijna anarchistische manier beschrijft de tuinierende schrijfster de beproevingen van het vrouwenleven van haar tijd, het eeuwige meubels afstoffen, de brave conversaties en de talloze zwangerschappen. Ze levert sarcastisch commentaar op de 'heilzame gewoonte' ongehoorzame vrouwen te slaan en vrouwen op één lijn te stellen met kinderen en zwakzinnigen. Zonder de figuren te zwaar aan te zetten vertelt ze over echtparen, dominees, gouvernantes en roddelzuchtige provincialen. Daarbij worden de vrouwen niet ontzien. Die zouden zelf schuld hebben aan hun onmondigheid, met hun holle schoonmaakbehoefte en hun intellectuele gemakzucht.

Zoals te verwachten was komt er een einde aan de idylle in Pommeren. Het huwelijk loopt stuk. Elizabeth vertrekt naar Engeland, waar ze nog een keer een ongelukkig huwelijk sluit en zich opnieuw laat scheiden. Jarenlang ontvangt zij haar hoogstaande intellectuele kring in een Zwitsers chalet. Later zal ze, met een dertig jaar jongere minnaar aan haar zijde, de tragische rol spelen van een ouder wordende cocotte die zich zorgen maakt om haar verdwijnende vrouwelijke charmes. Ze voelt zich alleen en heeft last van depressies. Een verhuizing naar de Côte d'Azur brengt nog eenmaal verlichting. Maar als de oorlog het land overspoelt, vlucht ze naar Noord-Amerika. Eenzaam trekt ze van hotel naar hotel en sterft in de zomer van 1941 in Charleston, South Carolina.

Elizabeth von Arnim liet een oeuvre van 21 romans achter. Eerst was het schrijven haar mogelijkheid om aan het huishouden en haar gezin te ontsnappen, daarna economische noodzaak, wraak op ex-echtgenoten en -minnaars, therapie tegen verlies en eenzaamheid. Aan het eind moest ze toegeven dat ze 'de nijdas' niet genoeg had gewaardeerd – nooit was ze meer zo gelukkig geweest als in haar tuin in Pommeren.

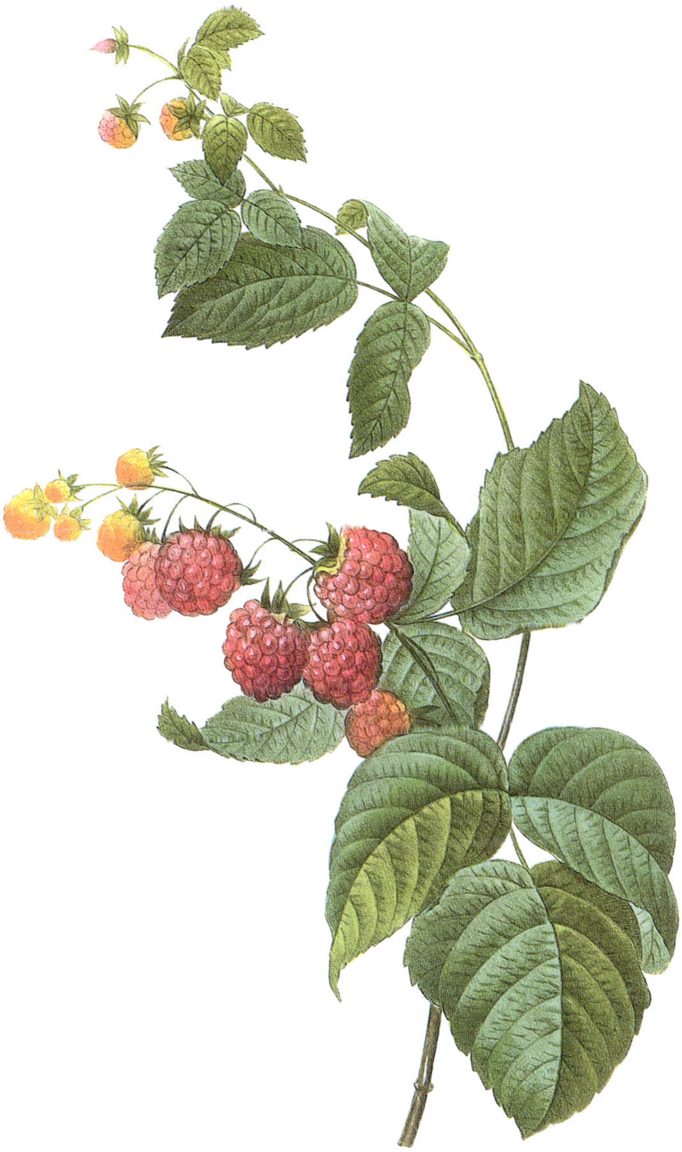

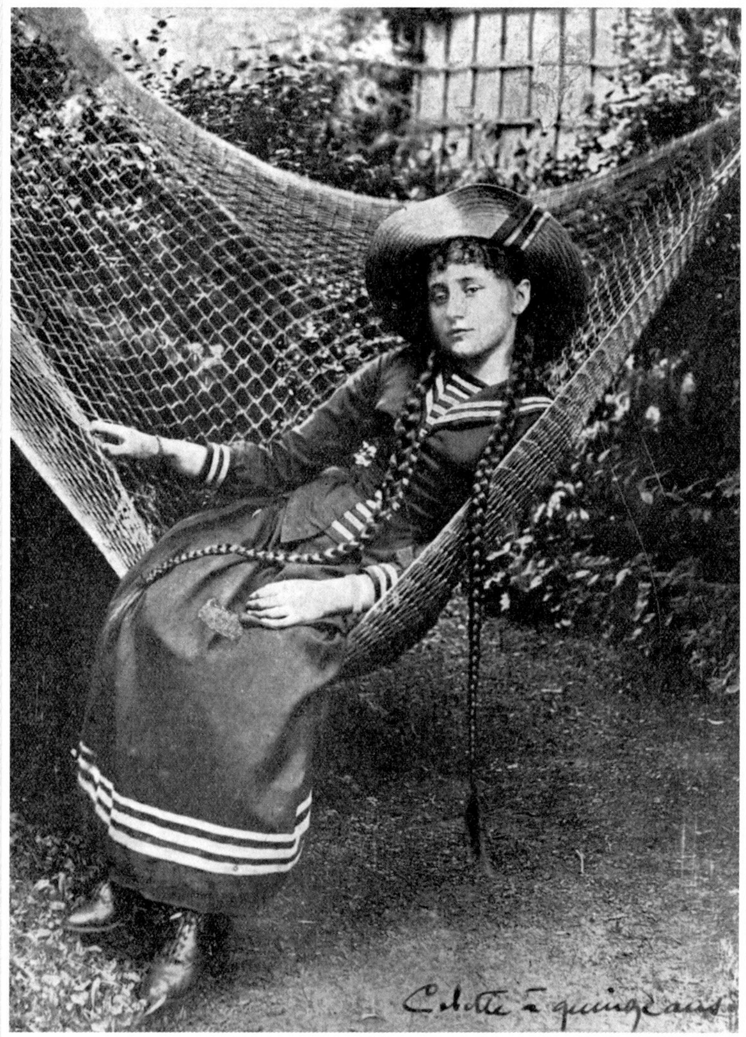

SIDONIE-GABRIELLE COLETTE
1873 – 1954

'Op mijn twaalfde was ik de koningin van de wereld!
Sterk, met twee vlechten die om me heen floten
als zwepen, met rode, opengekraste handen...'

Sidonie-Gabrielle Colette

Kort voor het einde van haar leven, de beroemde Franse schrijfster Colette is dan al door artritis aan haar bed gekluisterd, doet de Zwitserse uitgever François Mermod haar een bijzonder aanbod: hij zal haar regelmatig een bos bloemen sturen. Als tegenprestatie vraagt hij haar literaire bloemenportretten te schrijven. De oude dame gaat akkoord. In korte tijd ontstaat *Pour un herbier.*

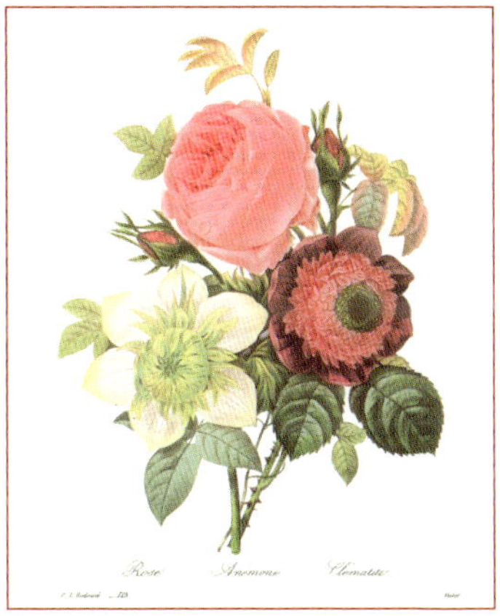

De heldinnen in 'Colettes literaire tuin', zoals het boekje wel genoemd is, zijn de planten zelf. 'Jeanette', zoals men de narcis in Frankrijk noemt, heeft altijd dorst, slurpt het water uit moerassige weiden en legt vijvers en greppels droog. De kerstroos bloeit dapper in de winter als belofte van het voorjaar, als kostbaarheid, als verrassing. En de gardenia, een verwend luxepaardje uit de goed verwarmde broeikas, heeft geen andere zorg dan de concurrentie met haar geurende rivale, de tuberoos.

Soms zijn de bloemen figuren met gedachten en gevoelens, soms aanleiding voor een literaire overweging, bijvoorbeeld over een sonnet over de tulp dat Balzac voor zich liet schrijven door Théophile Gautier. Maar bovenal vormen ze het zintuiglijke aanknopingspunt van herinneringen aan de eigen kindertijd, aan moeder en haar tuin. De blauweregen bijvoorbeeld is voor Colette een boodschapper uit het verleden. Gasten hadden de blauw bloeiende rank uit de vroegere tuin van haar ouders meegebracht, uit een dorp in de Bourgogne. Nu ligt de twijg met het 'onmiskenbare gebaar' op haar ziekbed en herinnert haar aan de meimaand van haar kindertijd, wanneer de klimplant 'meer bijen dan bloemen droeg en zoemde als een cimbaal.'

Van haar moeder Sidonie, die ze haar leven lang respecteerde en bewonderde, had Gabrielle (zoals haar eigenlijke voornaam luidde) niet alleen de passie en de eigenwijsheid, maar ook de liefde voor bloemen geërfd. Haar moeder had haar een keer geschreven dat ze helaas niet bij haar op bezoek kon komen, omdat haar roze cactus op het punt stond te gaan bloeien. "In ons klimaat bloeit die maar eens in de vier jaar. Ik ben al een zeer oude vrouw en als ik nu op reis ga, zie ik hem beslist nooit meer in bloei." Colette heeft de brief in haar autobiografie gepubliceerd en eraan toegevoegd: "Ik ben de dochter van de vrouw die deze brief schreef!" En als om dit kracht bij te zetten, zwelgt ze in herinneringen en beschrijft ze hoe ze zich als klein meisje elke ochtend om half vier door haar moeder liet wekken, direct na het opstaan naar buiten liep en de natuur in ging, 'waar alles nog

Toen Emilie Charmy in 1921 dit portret schilderde, werkte Colette aan haar roman Sidonie. *Deze hommage aan haar onconventionele, natuur minnende moeder werd een van haar grootste successen.*

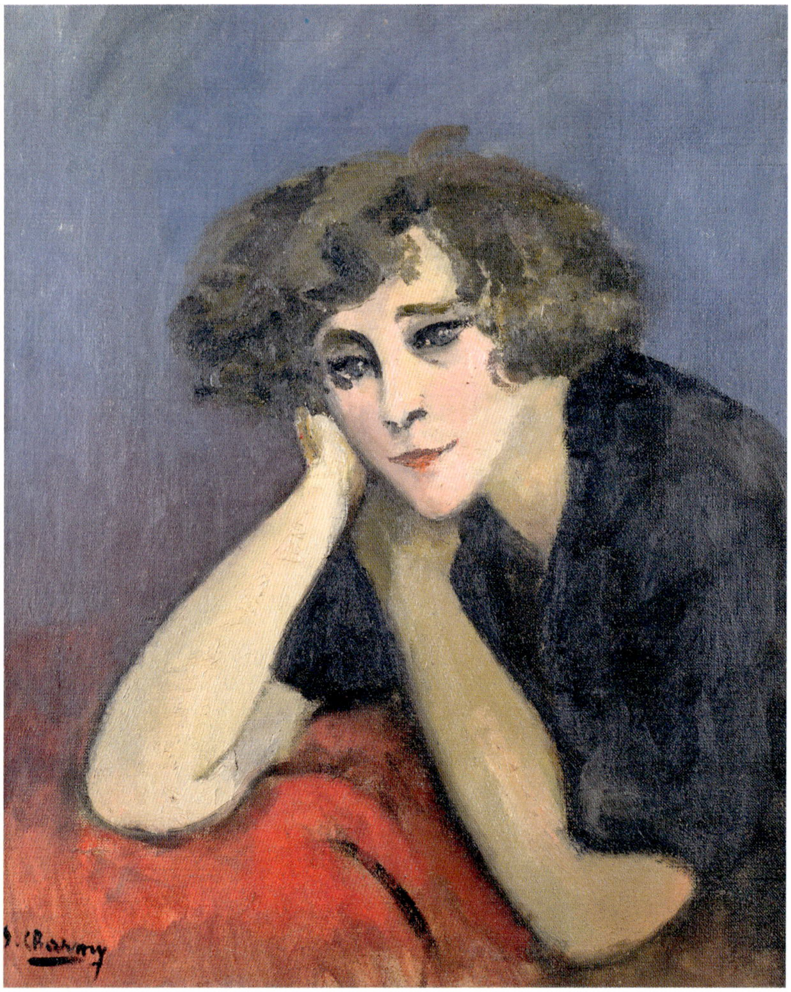

blauw en vochtig en vaag omlijnd' in slaap was, hoe ze bessen plukte en water dronk uit twee verschillende bronnen: "De ene smaakt naar eikenbladeren, de ander naar ijzerkruid en hyacinten." Precies op tijd, wanneer de klok luidde voor de vroegmis, keerde ze terug naar huis.

Met al die idealisering was de kindertijd van de auteur ongetwijfeld onbezorgd. Haar ouders waren vrijdenkers die hun kinderen zonder enige dwang lieten opgroeien. Zij zetten zich over zinloos geworden conventies heen en brachten ze de liefde voor de natuur bij; principes die Colette tot het eind van haar leven hebben begeleid.

In de tijd dat haar bloemenboek ontstond was ze reeds de oude *grande dame* van de Franse literatuur. Ze was begonnen als schrijfster van bellettrie en volgzame echtgenote van een salonheld en rokkenjager, die haar eerste romans brutaalweg onder zijn eigen naam publiceerde. Na de scheiding leidde ze een onorthodox en soms scandaleus leven: ze had lesbische partners en jongere minnaars en trad in het variété op met pantomime en naaktdans. Als geëngageerd journalist en ook als romanschrijver oogstte ze pas laat roem: toen ze 72 jaar oud was, werd ze als eerste vrouw in de Académie Goncourt opgenomen. In haar romans verwerkte ze de ervaringen uit haar tijd bij het variété, creëerde psychologisch levensechte vrouwelijke personages en vertelde vrijmoedig over vrouwelijke seksualiteit.

De bestendigheid en vrije tijd die voor het verzorgen van een tuin noodzakelijk zijn, ontbraken in dit kunstenaarsleven, dat vooral verbonden was met het moderne stadsleven, met erotische escapades, luxe en tempo. Niettemin hield Colette haar leven lang een zwak voor bloemen – ook al kon ze haar boeketten niet in haar eigen tuin plukken, maar moest ze ze kopen. Het was niet voor niets dat Parijs toen al de reputatie had dé romantische stad voor verliefde stelletjes te zijn. Het was de enige stad in Europa

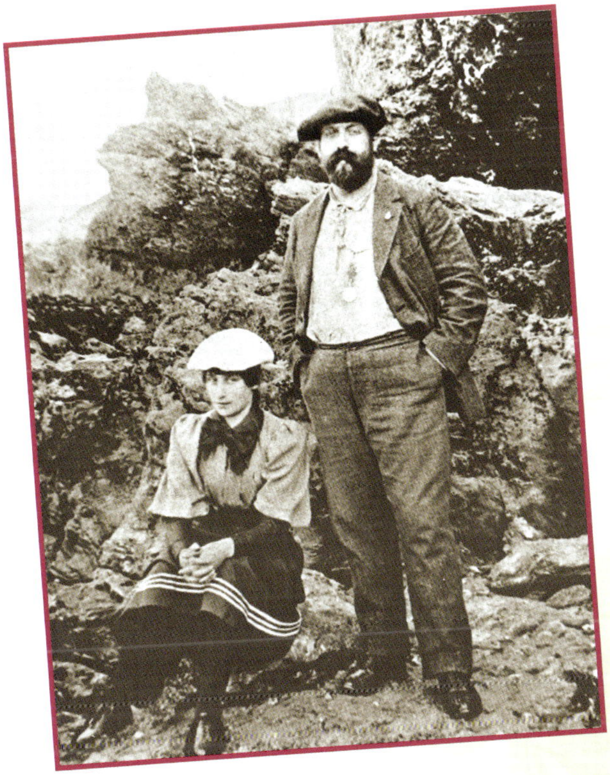

Colette en haar eerste man, Henry Gauthier-Villars, bijgenaamd Willy. De journalist en salonheld onderkende het schrijftalent van zijn jonge vrouw en liet haar de pikante Claudine-boeken schrijven.

waar niet minder dan elf markten waren waar uitsluitend bloemen werden verkocht, en Colette was een trouwe klant. Haar huis stond altijd vol bloemen. De perfectie van de moderne kweekresultaten deed haar overigens geen plezier; al direct in het eerste hoofdstuk van haar bloemenboek denkt ze met weemoed terug aan de tijd dat de roos nog een charmant, onvolmaakt schepsel was: "Hier een beetje roestig, daar een beetje aangevreten, je had te veel blaadjes, knoppen als radijsjes, een slakje op je steel en zo veel doorns als een krijgshaftige maagd."

Ze beschreef de ervaringen uit het dagelijks leven van haar kindertijd zonder goedkope romantiek. Net als de roos, schrijft ze, hoort ook de lelie niet thuis voor het altaar of in een kristallen vaas, maar eigenlijk in de moestuin: een bed worteltjes of een paar mooie rijen kropsla, dragon en veldzuring, de paarse bloemen van de look – daar had de lelie plezier in. "In het rijk van mijn kindertijd overheersten zijn glans en geur de hele tuin." Zo vindt de kunstenaar als zieke oude vrouw de weg terug naar de tuin die haar vroege levensjaren heeft gevormd. Ze hoort thuis in een land dat ze verlaten heeft, schrijft ze. Het bezig zijn met bloemen, hun literaire transformatie, hun mythologische dimensie, het peinzen over hun kleuren en geuren wordt tot een autobiografie wier rijkdom aan associaties geen grenzen kent.

Een paar hyacintenbollen bijvoorbeeld herinneren haar aan de tijd dat Frankrijk door de Duitsers bezet was. Als herkenningsteken bloeiden destijds op de vensterbanken altijd drie stuks van de geurende kaarsen – in de nationale kleuren blauw, wit en rood. En wanneer het zoals in de oorlogsjaren aan echte bloemen ontbrak, kocht Colette plantkundige illustraties, waar ze ze maar krijgen kon: gravures waarop zelfs de meeldraden en de borstelige haartjes onder in de bloemkelk te tellen waren. Daarbij bleek ze ook voor curieuze ideeën een zwak te hebben. Zo voelde ze zich vooral aangetrokken door afbeeldingen van exotische planten waarvan nooit helemaal duidelijk was of de verbeelding van de tekenaar niet op hol was geslagen; bijvoorbeeld als er gezegd werd dat men van de gewone fopzwam een ragout kon bereiden die naar kalfsvlees smaakte. "Bravo!" roept ze uit. "Laten we ons laven aan de verkwikkende wijn van het wonderlijke!"

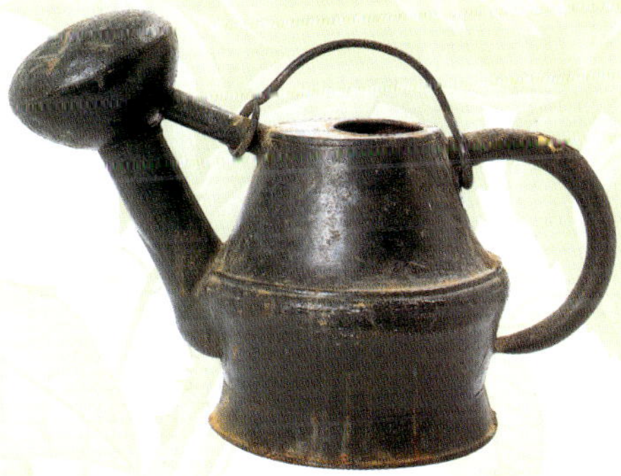

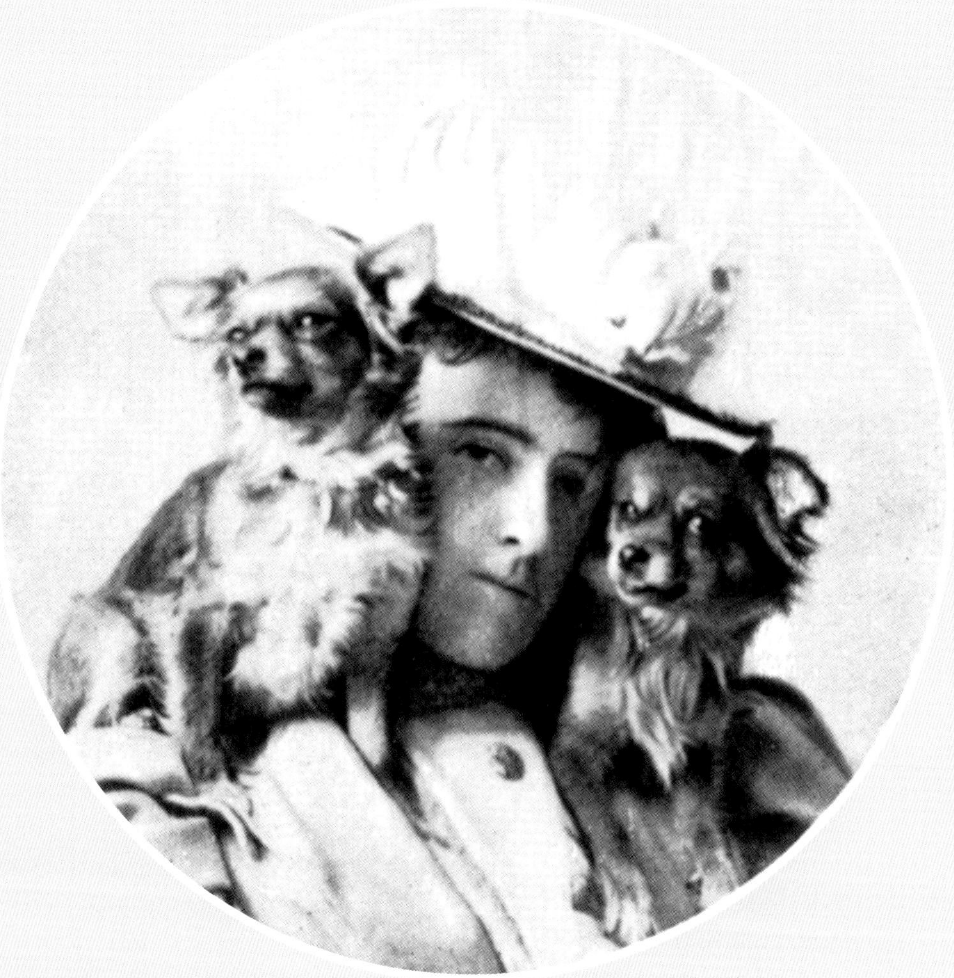

EDITH WHARTON
1862–1937

*'Ik kan beslist beter tuinieren dan romans schrijven;
en mijn tuin, waar ieder detail mijn eigen werk is,
is veel beter dan mijn laatste boek.'*

Edith Wharton

In het jaar 1901 staat Edith Wharton op een keerpunt. Ze heeft zojuist haar entree gemaakt op het literaire toneel; een bundel korte verhalen en haar eerste roman zijn verschenen. Maar als auteur is ze in de betere kringen een curiosum en verkeert ze in een intellectueel isolement. Binnenkort wordt ze veertig. Haar huwelijk is kinderloos gebleven en is voor het overige ook een ramp; bij haar man komt de vloek van de familie, manische depressiviteit, steeds meer aan het daglicht. Edith Wharton is ongelukkig en tegelijk klaar voor een kentering. Ze moet iets bevrijdends doen.

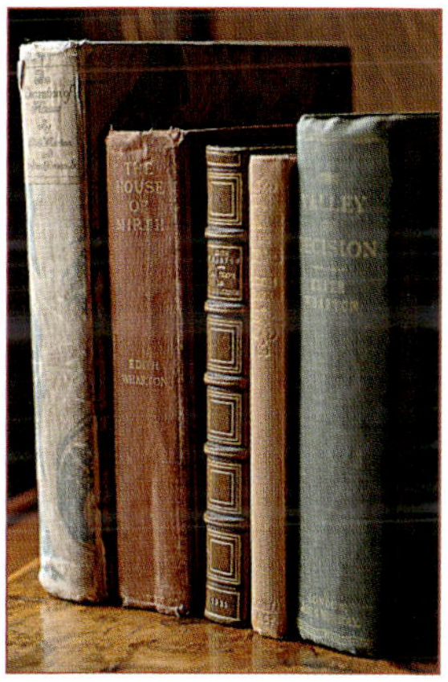

De bevriende romanschrijver Henry James heeft eens over haar geschreven dat haar energie 'iedereen zou benevelen, tot stof vermalen, inkoken, volkomen uitlogen'. Inderdaad koopt ze – zonder haar man – in februari 1901 een stuk grond van 46 hectare in Lenox, Massachusetts, en bouwt een huis voor zichzelf. Ze noemt het 'The Mount' en al in de zomer van 1902 kan ze melden: "Alles bot uit; niet alleen de kool en de aardbeien, maar ook de elektriciteitskabels en de waterleidingen."

Het huis in Italiaanse renaissancestijl was met zijn inrichting grotendeels door de vrouw des huizes zelf ontworpen. Voor Edith Wharton waren de donkere, volgepropte kabinetten van haar tijd en klasse slechts spiegels van de stijve conventies die ze in haar romans zo treffend schildert: het preutse, emotieloze bestaan van de *upper class* in een kunstmatige leefwereld, geënsceneerde schijn in plaats van gevoel en natuurlijkheid. Haar personages falen meestal tragisch in hun pogingen om binnen deze spelregels hun levensgeluk te vinden, zoals in de roman *The Age of Innocence*, waarvoor de auteur in 1921 de Pulitzerprijs ontving.

Wie in het huis van deze schrijfster een werkkamer zoekt waar de schrijftafel een romatisch uitzicht op de tuin biedt, komt bedrogen uit. Haar leven lang schrijft Edith Wharton haar boeken in bed – misschien had het uitzicht haar alleen maar afgeleid. Aan de zonnige kant strekt zich over bijna de gehele breedte van het huis een terras uit; daarvandaan daalt een weiland enige honderden meters tot aan de oever van het door dennen omzoomde Laurel Lake. Daarachter doemen de Tyringham Mountains op. Het land van de Whartons is bijna helemaal met bos overdekt, een zacht glooiend heuvellandschap waar een beekje doorheen meandert. De tuinen liggen aan weerszijden van het terras en zijn door een honderd meter lange lindenlaan met elkaar verbonden: rechts de 'giardino segreto', de geheime tuin, voor een deel diep weggescholen, door muren omgeven en overschaduwd door oude bomen. In het hart van de cirkelvormig aangelegde

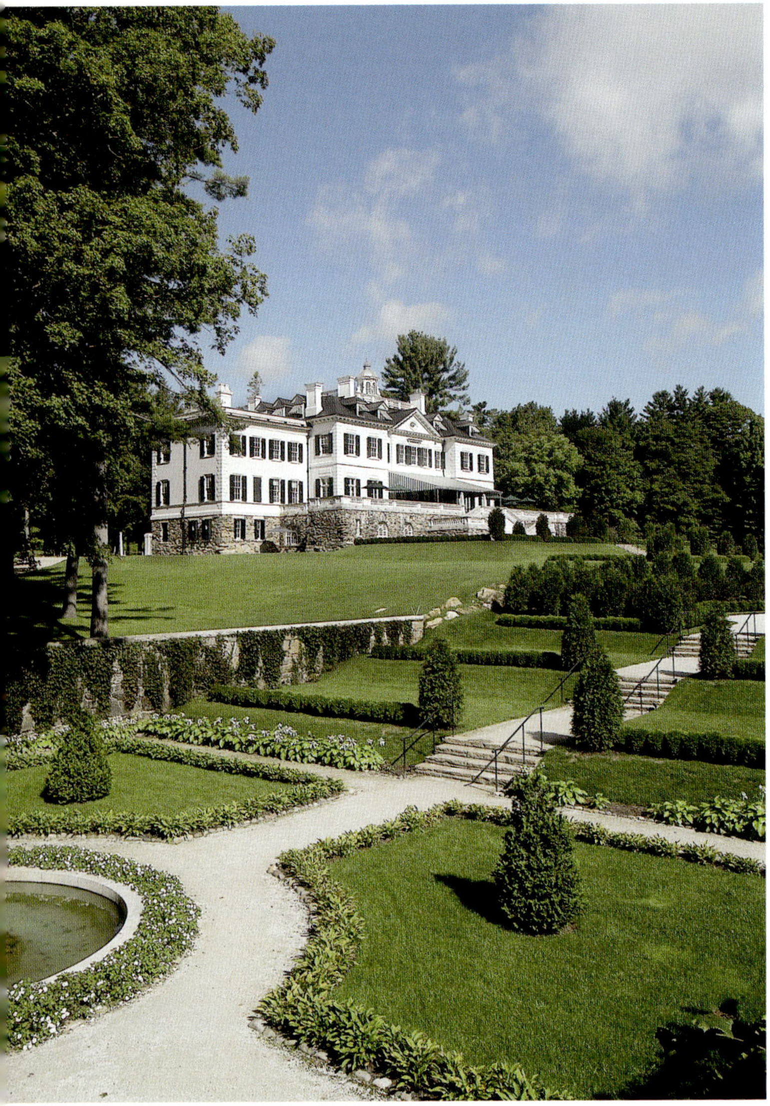

Een tuin, aldus Edith Wharton, moet zijn charmes onafhankelijk van de jaargetijden kunnen laten zien. Naar Italiaans voorbeeld zet ze in haar 'verzonken tuin' in op het structurerende element van de muren en de architectonische werking van gesnoeide planten.
Rechts: ook aan de inrichting van 'The Mount' zijn de Europese voorbeelden duidelijk te herkennen.

bloembedden blinkt een sobere fontein. Links wordt een tegenwicht geboden door de gestileerde bloementuin die de eigenares van de tuin vanuit haar slaapkamerraam kon zien – 'een oriëntaals tapijt dat in de zon zweeft', noemde ze hem eens.

Het geheel is een illustratie van Edith Whartons verlangen naar Italië, van haar bewondering voor de renaissancearchitectuur en haar liefde voor de Italiaanse tuinen van de zestiende en zeventiende eeuw. Net als ooit de adel van Noord-Europa bekroonden ook rijke Amerikaanse intellectuelen hun opleiding met een *grand tour* door Europa. Als dochter van een welgestelde New Yorkse familie speelde Edith Wharton als kind van vier al op de Palatijn en in de tuinen van de villa Doria Pamphili. Haar ouders reisden ieder jaar weer naar de 'Oude Wereld' en ook later, met haar echtgenoot, trok ze elke zomer door heel Europa – maar was het altijd weer Italië dat haar het meest trok.

Het literaire resultaat van haar reizen zijn haar reisschetsen in *Italian Backgrounds* (1905) en *Italian Villas and their Gardens* (1904). In deze schitterende essays, gedragen door het creatieve talent van een groot auteur, behandelt ze als terloops de Europese cultuurgeschiedenis. Het landschap van Italië is in haar ogen '... de handlanger van de meest uitgelezen ideeën van de mens' en in zijn samenspel met de architectuur, de tuinen en de kunstwerken het schoolvoorbeeld van een cultuurlandschap.

Het New Yorkse patriciërsgeslacht waaruit Edith Wharton stamde, had al sinds driehonderd jaar zijn wortels aan de rivier de Hudson. Een van haar voorouders, Ebenezer Stevens, was een medestrijder van generaal Lafayette en een van de aanvoerders van de Boston Tea Party – en daarmee in zekere zin hoge Amerikaanse adel. Niettemin had de schrijfster het gevoel dat ze eigenlijk niet in Amerika thuishoorde. De cultuur waarmee ze zich verbonden voelt, is Europees. De onwetendheid van de nieuwe rijken op het gebied van geschiedenis, de ordinaire protserigheid en de architectonische barbarij van de Vanderbilts en de Astors zijn voor haar een beproeving.

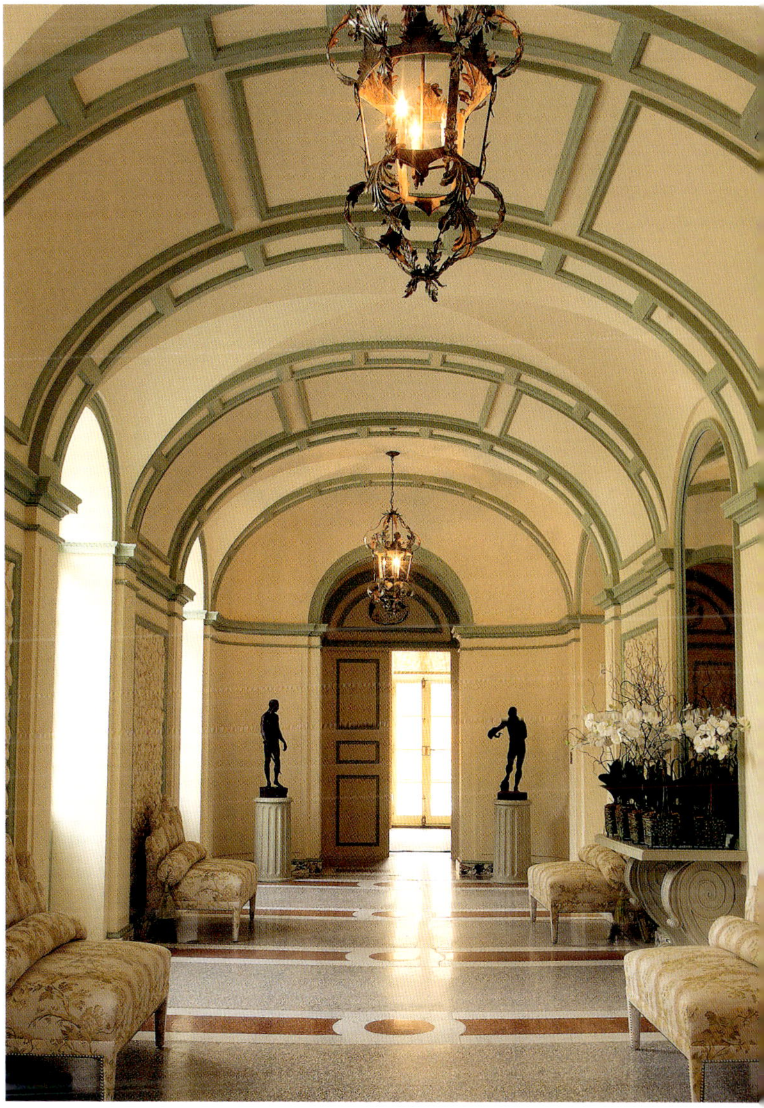

Met haar huis en tuin probeert ze het onmogelijke te bewerkstellingen: ze wil haar verlangen naar de cultuur van het 'oude Europa' gestalte geven en tegelijkertijd in de bodem van Noord-Amerika wortelen. Ze wil een plaats creëren die lijkt op de renaissancepaleizen van Toscane, die de stroom van de tijd en het komen en gaan der generaties kan weerstaan. Wanneer Edith Wharton zich opmaakt om de tuinen van 'The Mount' te gaan ontwerpen, krijgt ze vakkundige hulp van een familielid. Haar nicht Beatrix Farrand heeft met haar niet alleen haar afkomst gemeen, maar ook haar voorliefde voor Europese tuinarchitectuur. Maar ze weten: "Een marmeren bank hier, een zonnewijzer daar – dat zijn alleen maar 'Italiaanse effecten'." Een Italiaanse tuin kan men niet in letterlijke zin nabootsen, maar alleen naar de geest; door het gebruik van streekeigen planten, waardoor de tuin perfect in zijn omgeving past. De twee vrouwen gebruiken voor hun ontwerp het natuurlijk profiel, ze kiezen voor inheemse bloemen, struiken en bomen, creëren vloeiende overgangen in het open landschap, maar gebruiken evenzeer de grondstructuren en en vormgevingselementen van de Italiaanse tuinarchitectuur.

Hoe tevreden ze zelf ook is –"Ik houd van mijn tuin, de bomen, de bloemen, maar vooral van de stille avonden op het terras"–, de droom van het blijvende thuis gaat niet in vervulling. Het is steeds maar voor een paar weken dat Edith Wharton haar vrienden in Lenox om zich heen kan verzamelen of geconcentreerd kan werken. Dan gaat ze in haar rusteloosheid weer snel op reis of moet ze naar een sanatorium om aan te sterken. Na de scheiding van haar man verkoopt ze het huis en emigreert naar Europa. 'The Mount' was haar eerste echte thuis, schrijft ze in haar autobiografie, "... en hoewel het twintig jaar geleden is dat ik het voor het laatst heb gezien (want ik was er te gelukkig om er als vreemde terug te willen keren), leeft zijn zegenrijke invloed in mij voort." Voor haar bleef het huis altijd een symbool van haar succes, creativiteit en onafhankelijkheid. En het is tot op de dag van vandaag een voorbeeld van hoe de Amerikaanse bourgeoisie zich haar culturele wortels in Europa herinnert.

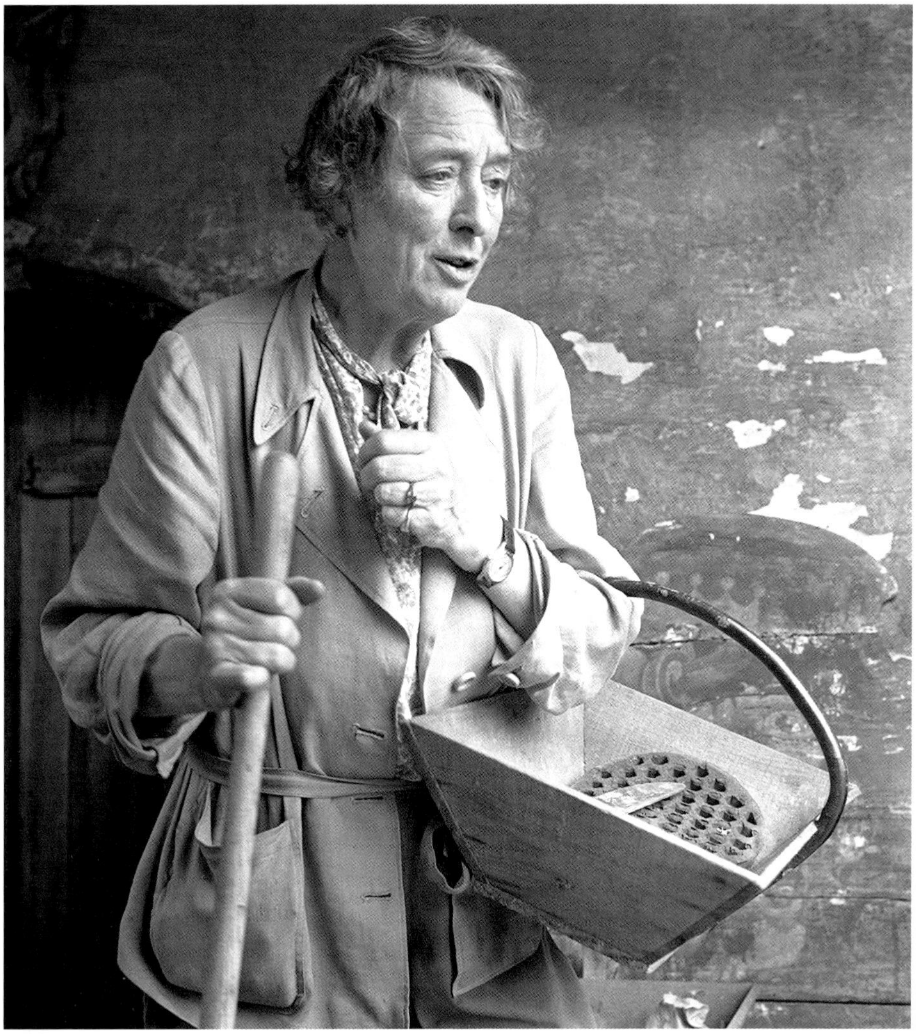

VITA SACKVILLE-WEST
1892 – 1962

'Als we het idee niet tot in het oneindige doorvoeren,
is het aanleggen van een tuin in
één kleur een heel amusant experiment.'

Vita Sackville-West

Had men Vita Sackville-West gevraagd of ze eerder een tuinierende schrijfster of een schrijvende tuinierster was, dan zou haar antwoord eenduidig zijn geweest: haar liefde en ambitie golden in de eerste plaats de literatuur. In de jaren dertig van de twintigste eeuw schreef ze populaire sociale romans als *The Edwardians*, *All Passion Spent* en *Family History*. Haar literaire faam had ze evenwel aan een gedicht te danken. In 1926 publiceerde ze *The Land*, een gedicht van 2500 regels dat een loflied was op het eenvoudige boerenleven en de schoonheid van Kent, waar ze geboren was. De tijdloos eenvoudige verzen in de stijl van Vergilius schilderen de kringloop van de natuur en het zware bestaan van eenvoudige mensen: hoe het jaar over het land trekt, hoe de boer in het eerste ochtendlicht het graan met brede zwaaien over het veld uitzaait, hoe de schaapherder de verdwaalde lammeren achterna gaat en de korenaar, rijp om geoogst te worden, buigt onder een onweersbui.

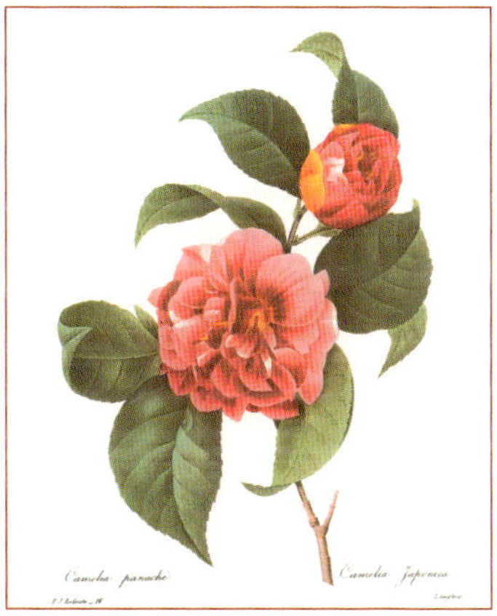

Victoria Mary Sackville-West had voldoende afstand van het landleven om het zo poëtisch te kunnen verheerlijken. Knole, het stamslot van haar familie, is een van de grandiooste kastelen van Engeland. Vita was de enige dochter van de derde baron Sackville, die zijn afstamming tot Willem de Veroveraar kon herleiden. De destijds voor meisjes gebruikelijke mengeling van privéonderwijs en verwaarlozing viel ook haar ten deel. Met haar jongensachtige gedrag en wilde temperament was ze bij haar moeder niet erg geliefd en werd ze vaak aan zichzelf overgelaten. Haar teugelloze vrijheidsdrang ging hand in hand met een oprechte liefde voor de natuur.

Dit land, het grijpt mijn hart/Betovert elk die niet alleen kan zien/Wat voor hem ligt, maar ook wat wordt vermoed/De lente, die het bos doorstroomt en/De bladeren met licht besprenkelt…

Aldus *The Land*, haar hommage aan het boerenland van Kent die steeds weer nieuwe oplagen beleefde en tenslotte een volksliedachtige status kreeg. In de Tweede Wereldoorlog werd het gedicht zelfs als litanie voorgedragen in de kathedraal van Liverpool. Maar nog tijdens haar leven verbleekte de literaire roem van Vita Sackville-West – hij werd verdrongen door de talloze geruchten en roddelverhalen die over haar de ronde deden: ze zou behalve een blauwkous ook een femme fatale zijn geweest, een arrogante aristocrate met een hang naar lange parelkettingen en snelle auto's. Een manwijf met een snor bovendien, gekleed in rijbroek en hoge laarzen, een lesbienne met talloze liefdesaffaires, die met haar bi-

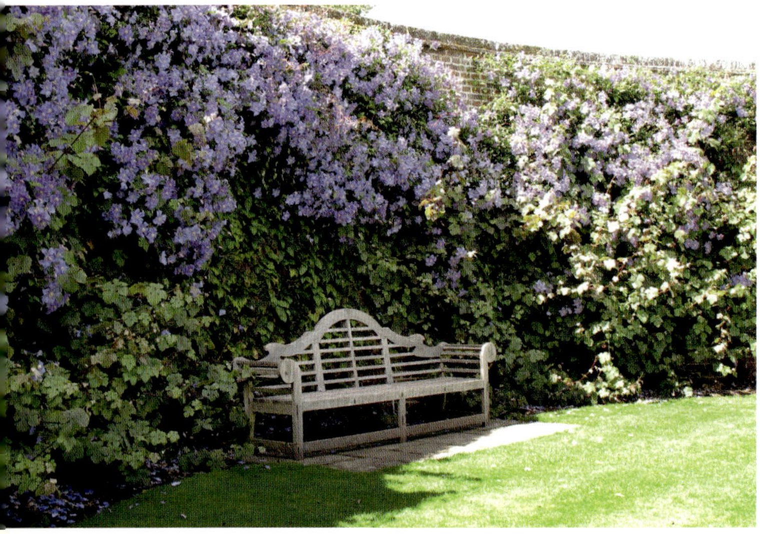

Dit door Edwin Lutyens speciaal voor Vita Sackville-West ontworpen bankje staat tegenwoordig bekend als het Sissinghurstbankje.
Rechts: uitzicht over de rozentuin naar het 'Priest's House'.

seksuele man een bizar huwelijk had. Elk van haar escapades werd met smaak gedocumenteerd, haar leven werd het onderwerp van boeken en films en wat er van haar werk nog levend was gebleven, werd steeds meer naar de achtergrond gedrongen door dat van haar beroemde geliefde Virginia Woolf.

Maar ongeacht alle sensatiebeluste praatjes over haar onorthodoxe levenswijze blijft haar grote verdienste dat ze een van de mooiste tuinen van Engeland heeft geschapen: Sissinghurst Castle Garden, ongeveer zestig kilometer ten zuiden van Londen. In het voorjaar van 1930 hadden Vita en haar man, de diplomaat Harold Nicolson, Sissinghurst voor het eerst bezocht. Het kasteel, of liever wat ervan over was, bleek een verzameling romantisch afbrokkelende ruïnes te zijn. Van het ooit zo fraaie complex uit de Elizabethaanse tijd was alleen een slanke, vrijstaande dubbele toren overgebleven. Daarvoor lag als een lange balk het vroegere stalgebouw en tussen de puinhopen en resten van muren bevonden zich nog twee half intact gebleven *cottages*, doorkruist door paden die nergens heen voerden. Het terrein was een schone slaapster geweest toen zij het voor het eerst zag, zou Vita later schrijven. "Deze plaats (...) raakte mijn hart en mijn verbeelding onmiddellijk. Ik zag wat ervan te maken viel."

Het was liefde op het eerste gezicht en dus aarzelden ze niet lang, ondertekenden het koopcontract en gingen al snel tot daden over. Het verdelen van de woonruimtes van het gezin over de vier vrijstaande gebouwen was een ongewone beslissing: Vita's werkkamer werd in de toren ingericht, die van haar man in het 'South Cottage' en de bibliotheek kwam in de voormalige stal. Hun kinderen Nigel en Benedict namen hun intrek in het andere *cottage*, waar ook de eetkamer en de keuken werden ondergebracht.

De verbouwing was nog bezig en het gezin kampeerde in de weekeinden op de onderste etage van de toren toen het echtpaar al begon met het ontwerpen van de nieuwe inrichting van het drie hectare grote terrein. "Harold moet in zijn vorige leven tuinarchitect zijn geweest," vertelde Vita later enthousiast. "Hij heeft een aangeboren gevoel voor symmetrie en een geniaal talent om aan een tegenstribbelend terrein brandpunten en lange perspectieflijnen op te leggen, een talent dat mij ten enen male ontbreekt." Harold, wat minder welwillend, merkte meningsverschillen op: toen hij het middenpad in de moestuin uitmat, had Vita beslist geweigerd "bij onze beslissing te blijven die ellendige kleine boompjes weg te halen die mijn ontwerp in de weg staan. Zoals gewoonlijk is haar romantische aanleg strijdig met de klassieke." Harold was tot op zekere hoogte verantwoordelijk voor de grote lijnen. Hij trok nieuwe paden – kaarsrechte assen van noord naar zuid en van oost naar west. De vlakken

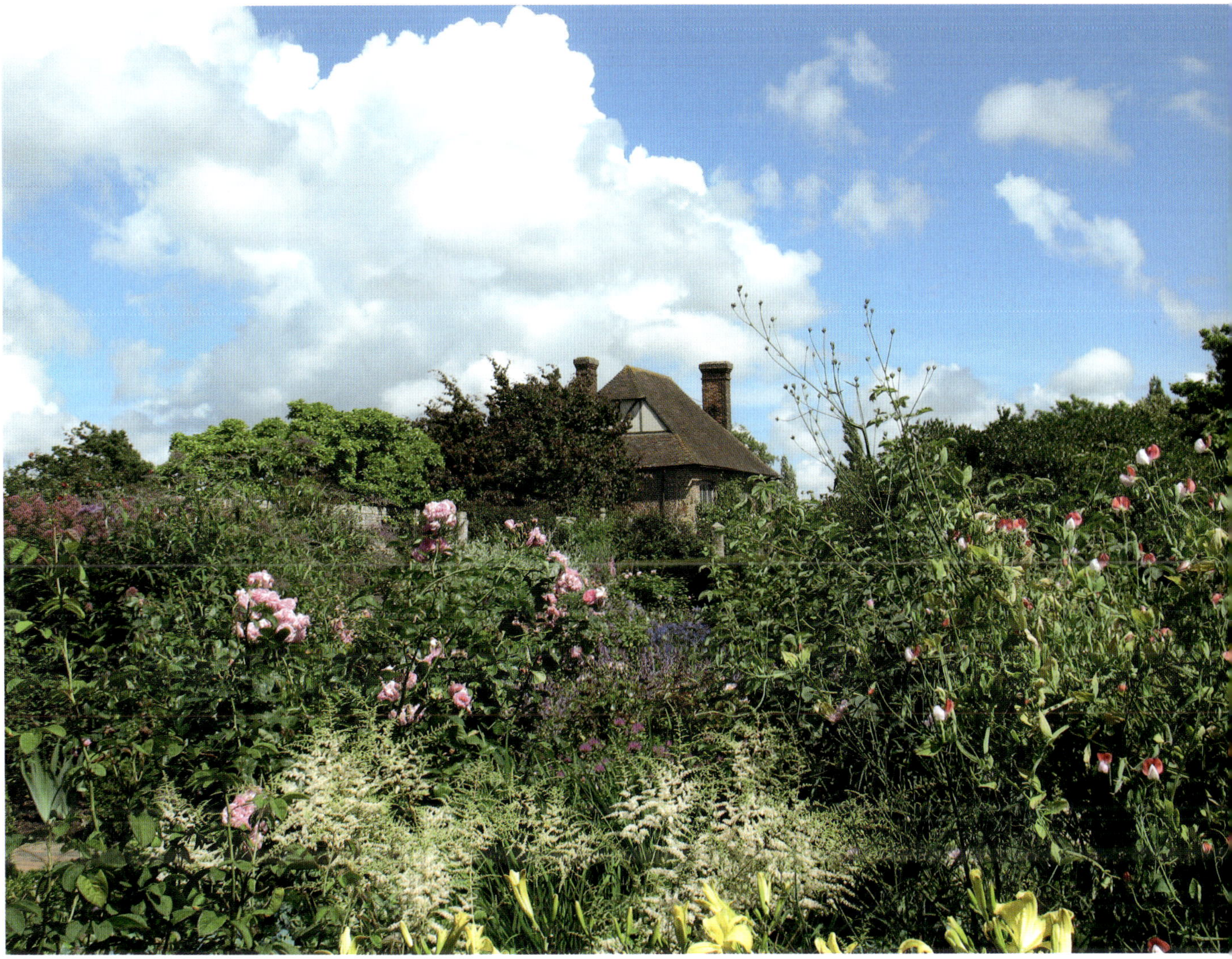

ertussen werden tuinkamers genoemd, een logische consequentie als we ze ons voorstellen als verbinding tussen de her en der verspreide woon- en werkvertrekken van het gezin . Aan het 'Priest's House' bijvoorbeeld grenst de beroemde 'witte tuin', die in zekere zin een uitbreiding is van de eetkamer: met buxus omlijste bloembedden liggen rondom een prieel van eikenhout, omrankt door blauweregen en wijnstokken, een schaduwrijke plek om 's zomers thee te drinken.

Al deze tuinkamers worden begrensd, ofwel door hoge bakstenen muren, taxushagen, een lindenlaan, ofwel eenvoudig door een gebouw. Als Nicolson bijvoorbeeld van zijn werkkamer in het 'South Cottage' naar de bibliotheek wilde, nam hij het pad door de Cottage-tuin. Die had Vita ingericht met planten in Harolds lievelingskleuren: sprekende geel-, oranje- en roodtinten. Er was een rozentuin, een tuin met sierstruiken en een moestuin voor kruiden. En hoewel het terrein van Sissinghurst als geheel zeer uitgestrekt is, ontstond door deze opdeling precies de 'tuin met een intiem, ja privékarakter' die de eigenaars zich wensten.

Hoe Vita zich de inrichting van de 'tuinkamers' voorstelde heeft ze zelf beschreven: ze vertelt dat ze een mengelmoes van rozen en kamperfoelie, vijgen en wijnstokken had geplant, want binnen de nuchterheid van Nicolsons weloverwogen lijnen moest deze romantische plaats ook romantisch behandeld worden. "Mijn voorliefde voor weelderigheid en gul-

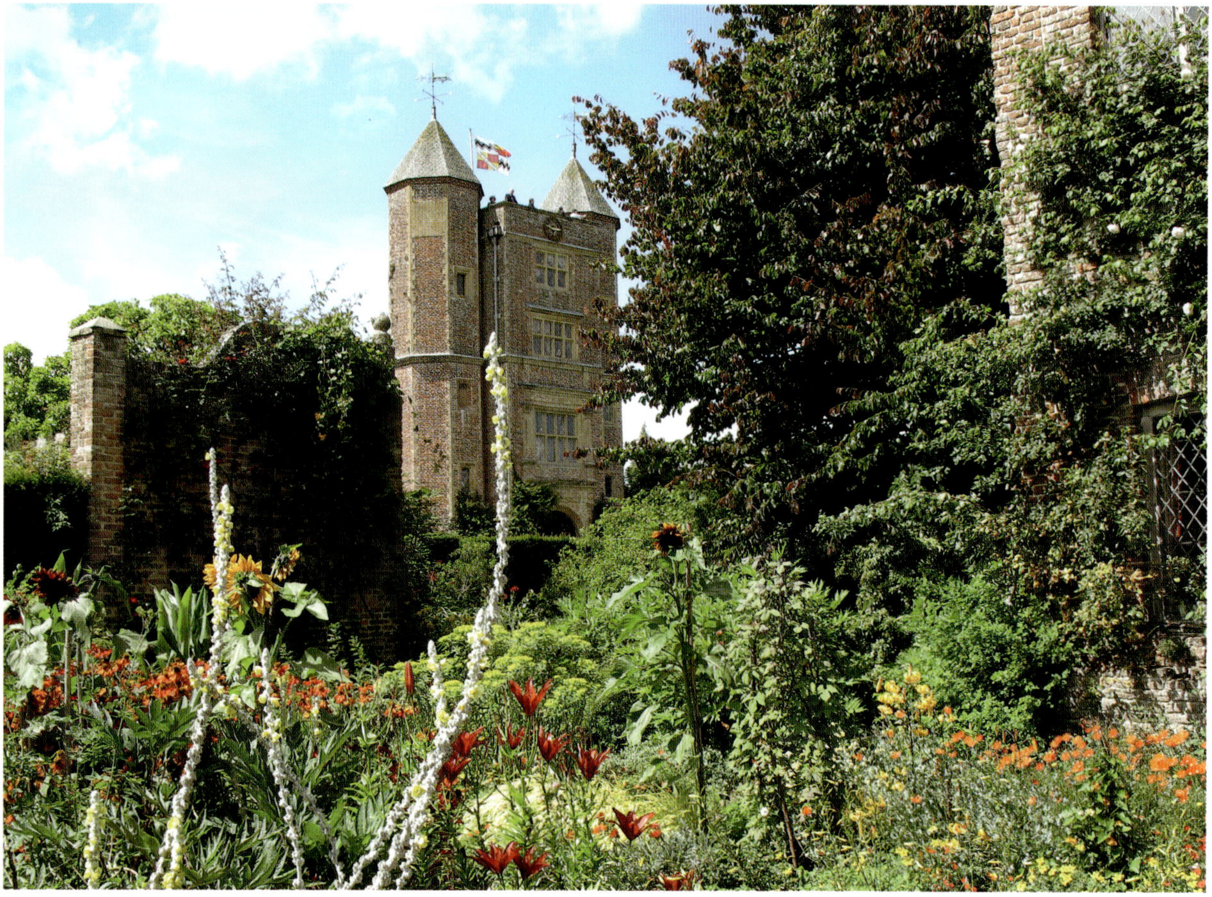

De toren is het enige deel van het slot dat nog bewaard is uit de Elizabethaanse tijd. In deze toren had de vrouw des huizes haar werkkamer ingericht, waar verder niemand mocht komen.

heid in de tuin hoort bij mijn tuinfilosofie. Ik verafschuw alles wat vrekkig en kleingeestig is."

Ze plantte dahlia's, hoewel die destijds als gewoontjes werden beschouwd; ze ontdekte de schoonheid van oude heesterrozen en experimenteerde met goedkope bloemenmengsels uit de supermarkt. Ze wisselde stekjes uit met vrienden en onbekenden en had een grote broeikas voor de kweek.

Haar leven lang balanceerde ze tussen authenticiteit en snobistisch klassenbewustzijn. Zo kocht ze er, beetje bij beetje, in de omgeving van Sissinghurst meer dan duizende hectare bos en velden bij, om, zoals ze een keer zei, op haar dagelijkse wandelingen niet van haar eigen land af te hoeven. Harold bracht intussen het grootste deel van zijn tijd in Londen door. Hij was in deze periode minder bezig met politiek dan met schrijven en werkte in opdracht als journalist en schrijver van non-fictie. Vita daarentegen bleef op het platteland en was in haar torenkamer onvermoeibaar aan het werk, vooral 's nachts. Ze heeft bijna vijftig romans nagelaten en daarnaast een omvangrijk dichterlijk oeuvre. De opmerking in haar dagboeken: 'Rustige dagen in Sissinghurst,' werd al snel een grap in het gezin. De mondaine, bedrijvige *lady* was een boerentrien geworden – in ribfluwelen broek en rijglaarzen in de tuin, weer of geen weer.

Natuurlijk lag ze niet zelf op haar knieën in de borders. Al was ze altijd graag met rozenschaar en plantschepje in de weer, het meeste werk deden de hoveniers. Vanaf 1939 was Jack Vass haar hoofdtuinier. Ze had waardering voor hem, ook al botste zijn liefde voor orde altijd weer met haar neiging de wild woekerende bloemen hun gang te laten gaan. Al naar gelang de financiën werden verscheidene hulptuiniers aangesteld en werd er steeds weer aan nieuwe projecten begonnen. In de loop der jaren hebben Vita Sackville-West en Harold Nicolson bijna alle inkomsten uit hun werk als schrijvers in de kleigrond van Sissinghurst gestopt.

Toen brak de oorlog uit en ontzetting spreidde zich als meeldauw over leven en schrijven. De hoveniers gingen in dienst en de natuur veroverde de welverzorgde tuin langzaam maar zeker terug. Maar direct na het einde van de oorlog werd de tuin met een krachttoer weer opgeknapt. Vita Sackville-West gaf het schrijven van poëzie en proza bijna helemaal op en wijdde zich voortaan aan haar tuinpassie. Van 1946 tot vlak voor haar dood in 1962 schreef ze een wekelijkse column in de gerenommeerde krant *The Observer*; al in 1933 was ze ermee begonnen in een eigen radioprogramma bij de BBC over thema's rond tuinieren te causeren. Haar adviezen – vakkundig, geëngageerd, vaak met een scheutje ironie – hadden als voordeel dat ze alles zelf had geprobeerd.

Haar verzamelde tuincolumns zijn nog altijd verkrijgbaar. Op honderden bladzijden valt daar na te lezen hoe origineel en moeiteloos de schrijfster met haar luisteraars en lezers in gesprek was, vertrouwelijk en altijd vol poëzie. "Ik wil graag nog een keer op de brem terugkomen; om precies te zijn wil ik over de bleke soorten schrijven, de witte, de maagdelijke, de maanlichtkleurige, die er zelfs nog als maanlicht uitzien wanneer de zon al hoog aan de hemel staat."

Maar bij Vita Sackville-West is de tuinier soms ook een moordenaar, bijvoorbeeld wanneer ze beschrijft hoe men 's morgens de lijken van de 's nachts vermoorde slakken verzamelt of rustig de werking van een portie onkruidgif afwacht: "In plaats van alleen met een slecht humeur en door zeurende ischias geplaagd met een afgebroken keukenmes op handen en knieën op het gazon rond te kruipen, kunt u nu nonchalant heen en weer wandelen en intussen met een gieter dood en verderf zaaien, terwijl u met uw vrienden babbelt die op de thee zijn gekomen."

Op de thee kwam in 1953 zelfs de pas gekroonde vorstin Elizabeth II – nadat ze de tuin had bewonderd. Sissinghurst Garden was toen al vijftien jaar open voor bezoekers en de geestdriftige tuinliefhebbers kwamen in drommen. Vita noemde ze 'The Shillings' omdat ze per persoon een shilling entree moesten betalen, met uitzondering van Hare Majesteit natuurlijk. Op den duur zorgde dit voor een niet onaanzienlijke bron van inkomsten. De toestroom was uiteindelijk zo groot dat er in het slaperige dorpje Sissinghurst zelfs files stonden.

Tegenwoordig komen er tot 200.000 bezoekers per seizoen, van midden maart tot november, de tuin bewonderen van de vrouw die in 1955 voor haar kennis van zaken de gouden medaille van de Royal Horticultural Society kreeg – 'een van de hoogste onderscheidingen die men in de struikenwereld kan krijgen,' merkte de onderscheidene droogjes op. De graspaden hebben intussen plaats gemaakt voor een steviger wegdek van bakstenen, er is een bezoekerscentrum en een lunchroom, maar verder is het terrein – tegenwoordig in het bezit van de National Trust – nagenoeg onveranderd gebleven. Alleen kenners valt het op dat er nu bijna tweederde meer plantensoorten zijn dan veertig jaar terug. De nieuwe planten zijn in het oorspronkelijke ontwerp geïntegreerd. En het getuigt van het tuiniersgenie van Vita Sackville-West en Harold Nicolson dat de tuin met de voortdurende veranderingen niets aan charme heeft ingeboet.

Gabriella Pape en Isabelle Van Groeningen

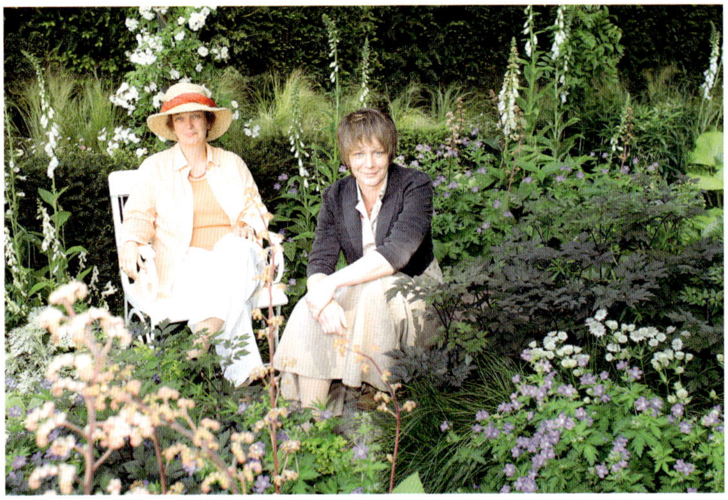

'Spanning ontstaat daar, waar de natuur op een rechte lijn stuit.'

Toen Gabriella Pape de romantisch vervallen broeikassen van de voormalige tuiniersschool in Berlijn-Dahlem zag, wist ze één ding zeker: hier zou zij haar droom van een moderne tuinacademie eindelijk kunnen verwezenlijken. In 1823 had de beroemde hoftuindirecteur van de Pruisische koning, Peter Joseph Lenné, in Potsdam-Wildpark de eerste opleiding voor tuinvormgeving van Europa opgericht, die vervolgens in 1903 naar het terrein tegenover de botanische tuin verhuisde. Dit instituut, dat herhaaldelijk van naam veranderde, bracht grote landschapstuiniers en -architecten voort, zoals Willy Lange, Hermann Mattern en Herta Hammerbacher. Tot in de jaren dertig van de twintigste eeuw bloeide de tuinkunst in Duitsland. Na de Tweede Wereldoorlog werden de kassen van de academie door verschillende exploitanten voor tuinbouw gebruikt, maar sinds de jaren zeventig werden ze niet meer onderhouden.

Ook Gabriella Pape had een uitstekende opleiding genoten: zij leerde haar vak in de Royal Botanic Garden in Kew. Toen zij zich voor haar studie in Engeland aanmeldde, mocht er van de zestien studenten die jaarlijks werden toegelaten maar één uit het buitenland komen. Tot laat in de middag werd er in de kassen geploeterd, 's avonds stonden er colleges op het programma en in de vakanties stak de architectendochter, die als klein meisje al liever met gie-

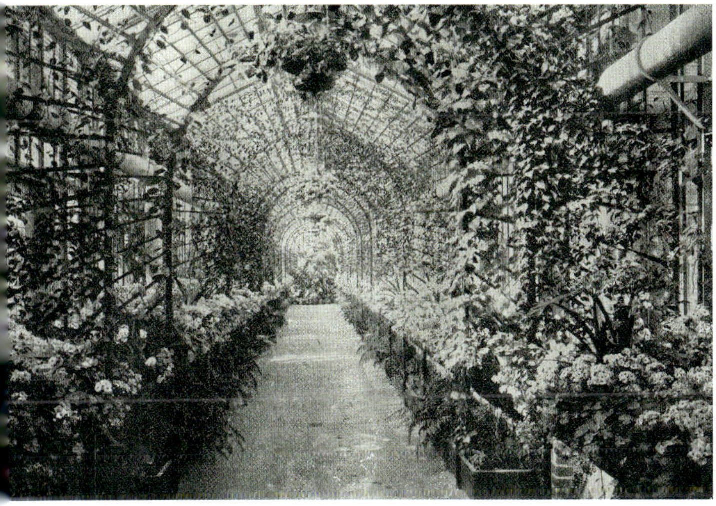

Links: Isabelle Van Groeningen en Gabriella Pape tijdens de Chelsea Flower Show van 2007.
Boven: de historische middengang met begroeid latwerk, rond 1908 gefotografeerd.
Onder: tegenwoordig is de tearoom in diezelfde middengang het hart van het complex.

tertjes dan met poppen en auto's had gespeeld, haar licht op in de botanische tuin van Florence en maakte ze zich vertrouwd met de exotische flora en fauna van Chili. Sinds 1992 leidt Gabriella Pape samen met haar partner Isabelle Van Groeningen, die ook de opleiding van Kew heeft voltooid, het bedrijf Land Art. Pape is verantwoordelijk voor de architectonische aanleg van de tuinen, Van Groeningen voor de details van de beplanting. Tot de grote voorbeelden van de twee succesvolle ondernemers – die ontwerpen maken voor de bezitters van villa's en kastelen – behoren de *grandes dames* van de Engelse tuinkunst, Vita Sackville-West en Gertrude Jekyll. Die konden destijds maar op eenderde van de nu bekende plantensoorten teruggrijpen bij de inrichting van hun schilderachtige perken. Traditie met nieuwe trends verbinden: dat is de formule waarmee Pape en Van Groeningen hun grootste successen bereiken. Zo wonnen ze in 2007 op de Chelsea Flower Show, een van de belangrijkste tuinshows ter wereld, een zilveren medaille voor hun nieuwe interpretatie van de onder andere met salie, nagelkruid en akelei beplante verzonken tuin van de gerenommeerde tuinier Karl Foerster. Ook hij was afgestudeerd aan het tuininstituut van Dahlem en had zijn tuin vanaf 1911 naast zijn woonhuis in Bornim bij Potsdam aangelegd. In de koninklijke tuinacademie in Berlijn willen Pape en Van Groeningen met een aanbod van voordrachten en cursussen de Duitse tuincultuur definitief wakker kussen.

Claudia Lanfranconi

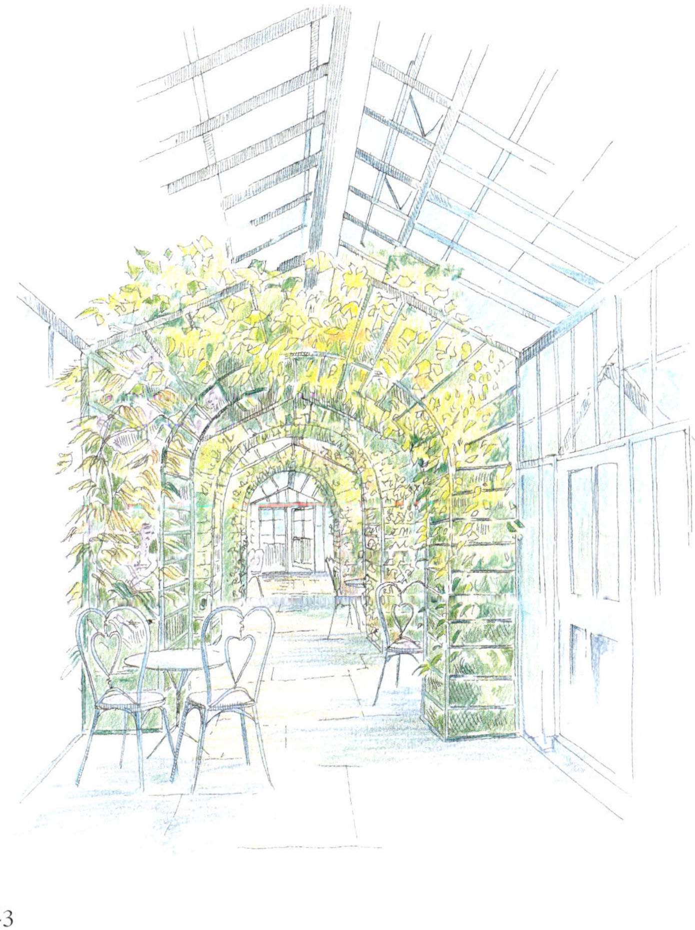

DUITSLAND
Felsengarten Sanspareil
Haus Nr. 29
96197 Wonsees
Tel.: +49 (0) 92 74 9 09 89 06
www.schloesser.bayern.de

Fürst-Pückler-Museum Park und Schloss Branitz
Robinienweg 5
03042 Cottbus
Tel.: +49 (0) 355 7 51 50
www.pueckler-museum.de

Fürst-Pückler-Park Bad Muskau
Orangerie
02953 Bad Muskau
Tel.: +49 (0) 35771 520 10
www.muskauer-park.de

Königliche Gartenakademie
Altensteinstraße 15 a
14195 Berlin-Dahlem
Tel.: +49 (0)30 39 50 15 57
www.koenigliche-gartenakademie.de

Park Sanssouci
Maulbeerallee
14469 Potsdam
Tel.: +49 (0)331 969 42 02
www.sanssouci-sightseeing.de

ENGELAND
Beth Chatto Gardens
Elmstead Market Colchester
Essex CO7 7DB
Tel.: +44 (0)12 06 82 20 07
www.bethchatto.co.uk

Hestercombe House
Cheddon Fitzpaine
Taunton Somerset TA2 8LG
Tel.: +44 (0)18 23 41 39 23
www.hestercombegardens.com

Hill Top Farm
Near Sawrey
Ambleside LA22 0LF
Tel.: +44 (0)15 39 43 62 69
www.visitcumbria.com/amb/hilltop.htm

Munstead Wood Garden
Heath Lane
Busbridge Godalming
Surrey GU7 1UN
Tel.: +44 (0) 14 83 41 78 67

Sissinghurst Garden
Cranbrook
Kent TN17 2AB
Tel.: +44 (0) 15 80 71 07 01
www.nationaltrust.org.uk/sissinghurst

FRANKRIJK
Château d'Anet
28260 Anet
Tel.: +33 (0) 2 37 41 90 07
www.chateaudanet.com

Château de Chenonceau
37150 Chenonceaux
Tel.: +33 (0) 2 47 23 90 07
www.chenonceau.com

Château de Versailles
Île-de France
78008 Versailles
Tel.: +33 (0) 810 81 16 14
www.chateauversailles.fr

Parc de Malmaison
Musée national du château de Malmaison
Rue du Château
92500 Malmaison
Tel.: +33 (0) 1 41 29 05 57
www.chateau-malmaison.fr

ITALIË
Parco dei Mostri
Bomarzo (bij Viterbo)
Tel.: +39 (0) 761 92 40 29
www.parcodeimostri.com

ZWEDEN
Slot Drottningholm
17802 Drottningholm
Tel.: +46 (0) 84 02 62 80
www.royalcourt.se

SPANJE
Parque del Capricho
Avenida Alameda de Osuna s/nº
28042 Madrid
Tel.: +34 (0) 915 88 01 14
www.munimadrid.es

VERENIGDE STATEN
Dumbarton Oaks
1703 32nd Street, NW
Washington, D.C. 20007
Tel.: +1 (0) 20 23 39 64 01
www.doaks.org

The Mount
2 Plunkett Street
Lenox, Massachusetts
01240-0974
Tel.: +1 (0) 41 35 51 51 11
www.edithwharton.org

CHINA
Yuan Ming Park
28 Qinghua West Road
100084 Peking
Tel.: +86 (0) 10 62 62 85 01

Register

Q/R

S

T

V

W

X/Y

Fotoverantwoording

Voorzijde omslag:
Vormgeving door Kuni Taguchi naar een portret van Vita Sackville-West door William Strang, *Lady with a Red Hat*/Glasgow Museums/The Bridgeman Art Library

blz. 4/5 Max Baer, *Boerin in de moestuin*, ca. 1900, Bayerische Staatsgemäldesammlungen/ Artothek
blz. 8 Edward Burne-Jones, *Pomona*, wandtapijt van Morris & Co., 1885/Harris Museum and Art Gallery, Preston, Lancashire, Engeland/The Bridgeman Art Library
blz. 9 akg-images
blz. 10 Private Collection/ Accademia Italiana, Londen, Engeland/ The Bridgeman Art Library
blz. 11 British Library, Londen, Engeland/British Library Board/ The Bridgeman Art Library
blz. 12 Musée Condé, Chantilly, Frankrijk/Giraudon/ The Bridgeman Art Library
blz. 13 akg-images
blz. 14 Waterperry School of Horticulture
blz. 15 The Fine Art Society, Londen, Engeland/The Bridgeman Art Library
blz. 16/17 Hermitage, Sint-Petersburg, Rusland/The Bridgeman Art Library
blz. 18 links boven: Javier Segura/ www.palmerasyjardines.com; rechts boven: Antoine Pesne, 1743/Gripsholm Castle, Zweden/Alfredo Dagli Orti/The Art Archive; links onder: *Catharina de Medici*, gravure naar Substermans, gekleurd/ Interfoto/Sammlung Rauch; rechts onder: akg-images
blz. 20 zie blz. 18 links onder
blz. 21 State Collection, Frankrijk/ The Bridgeman Art Library
blz. 22 boven: Hervé Champollion/akg-images; onder: privébezit
blz. 23 Louvre, Parijs, Frankrijk/ The Bridgeman Art Library
blz. 24 Antoine Pesne, 1740/akg-images
blz. 26 zie blz. 18 rechts onder
blz. 28 Johann Thomas Köppel, *Sanspareil, Ruïne- en grottheater*, gravure, 1748/Bayerische Verwaltung der staatlichen Schlösser, Gärten und Seen
blz. 29 Sacro Bosco di Bomarzo, Lazio, Italië/Sally Greene/The Bridgeman Art Library
blz. 30 Hubert Vos, 1905/akg-images
blz. 31 Bruce Connolly/akg-images
blz. 32/33 Bruno Perousse/akg-images
blz. 34 zie blz. 18 rechts boven
blz. 35 Bildarchiv Monheim/akg-images
blz. 36 RMN/Hervé Lewandowski/bpk
blz. 37 Bengt Olof Olsson/dpa
blz. 38 Francisco de Goya, *De hertog van Osuna en zijn gezin*, detail: hertogin van Osuna, 1788, Prado, Madrid, Spanje/ullstein bild
blz. 40/41 Javier Segura/ www.palmerasyjardines.com
blz. 42 contemporaine foto, ca. 1852/Stiftung Fürst-Pückler-Museum Park und Schloß Branitz
blz. 44 Dietmar Katz/bpk
blz. 45 Kunstbibliothek, SMB/Knud Petersen/bpk
blz. 46 links boven: Mallett Gallery, Londen, Engeland/The Bridgeman Art Library; rechts boven: Tessa Traeger/National Portrait Gallery, Londen; links onder: Kew Lady Gardeners, 1898/Royal Botanic Gardens, Kew; rechts onder: Hestercombe House, Somerset, Engeland/The Bridgeman Art Library
blz. 48/49 Royal Botanic Gardens, Kew
blz. 50 boven: Royal Horticultural Society/Lindley Library; onder: National Portrait Gallery, Londen
blz. 51 Victoria & Albert Museum, Londen, Engeland/The Bridgeman Art Library
blz. 52 Sir William Nicholson, 1920/National Portrait Gallery, Londen
blz. 53 zie blz. 46 links boven
blz. 54 boven: zie blz. 46 rechts onder; onder: privébezit
blz. 55 Hestercombe House, Somerset, Engeland/The Bridgeman Art Library
blz. 56 boven: Royal Horticultural Society/Lindley Library; onder: akg-images
blz. 57 boven/midden: akg-images; onder: Tate Gallery, Londen
blz. 58 zie blz. 46 links onder
blz. 59 Valerie Finnis/Royal Horticultural Society/Lindley Library
blz. 60 East Sussex Country Libraries
blz. 61 Valerie Finnis/National Portrait Gallery, Londen
blz. 62 Dumbarton Oaks, Research Library and Collection, Washington, DC
blz. 64 Bildarchiv Monheim/akg-images
blz. 65 Kelly-Mooney Photography/Corbis
blz. 66 Garden Picture Library/ Photolibrary Group
blz. 68 The Beth Chatto Gardens
blz. 69 zie blz. 46 rechts boven
blz. 70 links boven: privécollectie; rechts boven: Österreichische Nationalbibliothek, Wenen/The Stapleton Collection/The Bridgeman Art Library; links onder: akg-images; rechts onder: A. Roslin, *The Artist Anne Vallayer-Coster*, 1783/The National Museum of Fine Arts, Stockholm

blz. 72 Private Collection/ By courtesy of Julian Hartnoll/ The Bridgeman Art Library
blz. 75 William Morris/Rhodes House, Oxford
blz. 76 zie blz. 70 rechts boven
blz. 78/79 Private Collection/ Whitford Fine Art, Londen, Engeland/The Bridgeman Art Library
blz. 80 François Gerard, ca. 1808, Rueil-Malmaison, Musée National du Château/akg-images/Visioars
blz. 81 akg-images
blz. 82 RMN/Daniel Arnaudet/ Jean Schormans/bpk
blz. 83 *Roses*, Sir Lawrence Alma-Tadema/Victoria & Albert Museum, Londen, Engeland/ The Bridgeman Art Library
blz. 84 boven: Bibliothèque des Arts Decoratifs, Parijs, Frankrijk, Archives Charmet/The Bridgeman Art Library; onder: zie blz. 83
blz. 85 links: Musée des Beaux-Arts, Rouen, Frankrijk/Lauros/ Giraudon/The Bridgeman Art Library; rechts: zie blz. 83
blz. 86 zie blz. 70 rechts onder
blz. 87 zie blz. 70 links boven
blz. 88/89 akg-images
blz. 90 links boven: Marianne North aan haar schildersezel, Grahamstown, ca. 1880/Royal Botanic Gardens, Kew; rechts boven: Maria van Oosterwyck, *Stilleven*/ Gemäldegalerie Dresden/The Art Archive; links onder: akg-images; unten rechts: Tony Morrison
blz. 92 Michiel van Musscher, *Portretallegorie van Maria van Oosterwyck*, detail, ca. 1690/North Carolina Museum of Art, Raleigh, USA
blz. 93 Bonhams, Londen, Engeland/ The Bridgeman Art Library
blz. 94 zie blz. 90 rechts boven
blz. 95 Lindley Library, Royal Horticultural Society, Londen, Engeland/The Bridgeman Art Library
blz. 96 Nederlandse meester, ca. 1679, Kunstmuseum Basel/Hans Hinz/Artothek
blz. 97 akg-images
blz. 98 zie blz. 90 links onder
blz. 99 Staatsarchiv Nürnberg
blz. 102 zie blz. 90 links boven
blz. 103 Royal Botanic Gardens, Kew
blz. 104 Royal Botanic Gardens, Kew/The Bridgeman Art Library
blz. 105/106/107 Royal Botanic Gardens, Kew
blz. 108 zie blz. 90 rechts onder
blz. 109/110 South American Pictures
blz. 111 boven: Otis Imboden/ National Geographic Society; onder: Margaret Mee
blz. 112 Granger Collection/ ullstein bild
blz. 113 Christie's Images/ The Bridgeman Art Library/VG Bild-Kunst, Bonn 2008
blz. 114 akg-images/VG Bild-Kunst, Bonn 2008
blz. 116 links boven: Edith Wharton Restorations, Inc.; rechts boven: foto van Colette op haar vijftiende, 1888/Private Collection, Archives Charmet/The Bridgeman Art Library; links onder: Vita Sackville-West, 1958/John Hedgecoe/ TopFoto/Keystone; rechts onder: National Trust Photographic Library/Joe Cornish/ The Bridgeman Art Library
blz. 118 schilderij van Delmar Banner, *Beatrix Potter*, 1938/ National Portrait Gallery, Londen
blz. 120 ullstein bild
blz. 122 National Trust Photographic Library
blz. 123 zie blz. 116 rechts onder
blz. 124/126 boven: familiebezit Von Arnim/collectie Jasper von Arnim
blz. 126 onder: Zentral- und Landesbibliothek Berlin/collectie Duncker
blz. 128 zie blz. 116 rechts boven
blz. 130 Private Collection, Archives Charmet/The Bridgeman Art Library/VG Bild-Kunst, Bonn 2008
blz. 131 Private Collection/Archives Charmet/The Bridgeman Art Library
blz. 132 Granger Collection/ ullstein bild
blz. 133 Edith Wharton Restorations, Inc.
blz. 134 zie blz. 116 links boven
blz. 135 Edith Wharton Restorations, Inc.
blz. 136 zie blz. 116 links onder
blz. 138/139/140 National Trust Properties/Hans Gerd Lamers
blz. 142 Royal Horticultural Society
blz. 143 boven: Archief TU Berlijn, uit: Theodor Echtermeyer, *Die königliche Gartenlehranstalt Dahlem bei Berlin-Steglitz, Denkschrift zur Erinnerung an das zehnjährige Bestehen der Anstalt in Dahlem 1903–1913*, Berlijn 1913; onder: Polly Wickham
blz. 150/151 Hermitage Bayreuth/ akg-images/Bildarchiv Monheim
blz. 152 zie blz. 98

Achterzijde omslag:
zie blz. 34, 136, 54, 58

Uitgeverij en auteurs hebben zich ingespannen om de vereiste reproductierechten voor alle illustraties te verkrijgen; mocht blijken dat hierbij iets over het hoofd is gezien, dan zijn wij dankbaar voor aanwijzingen.

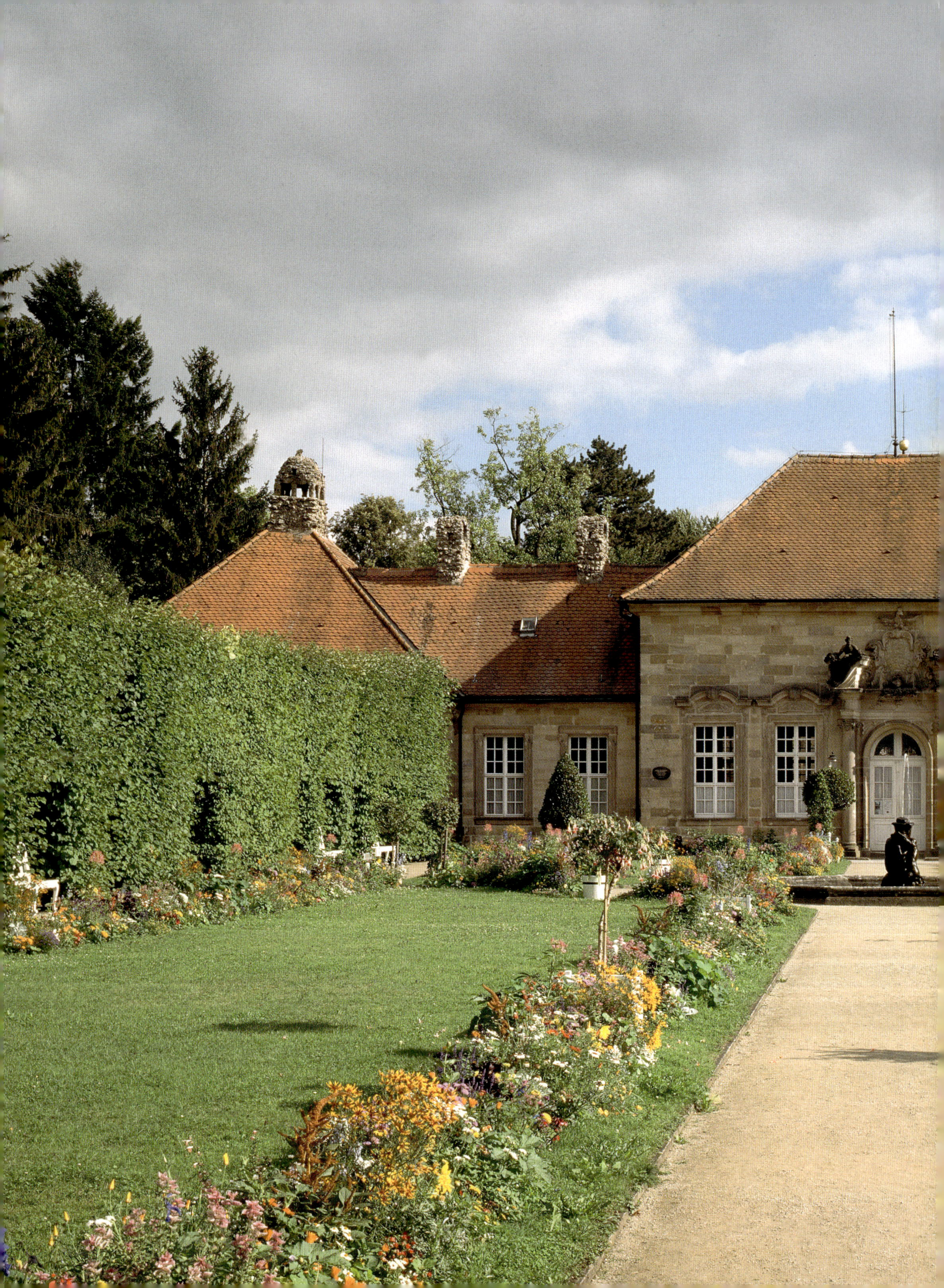

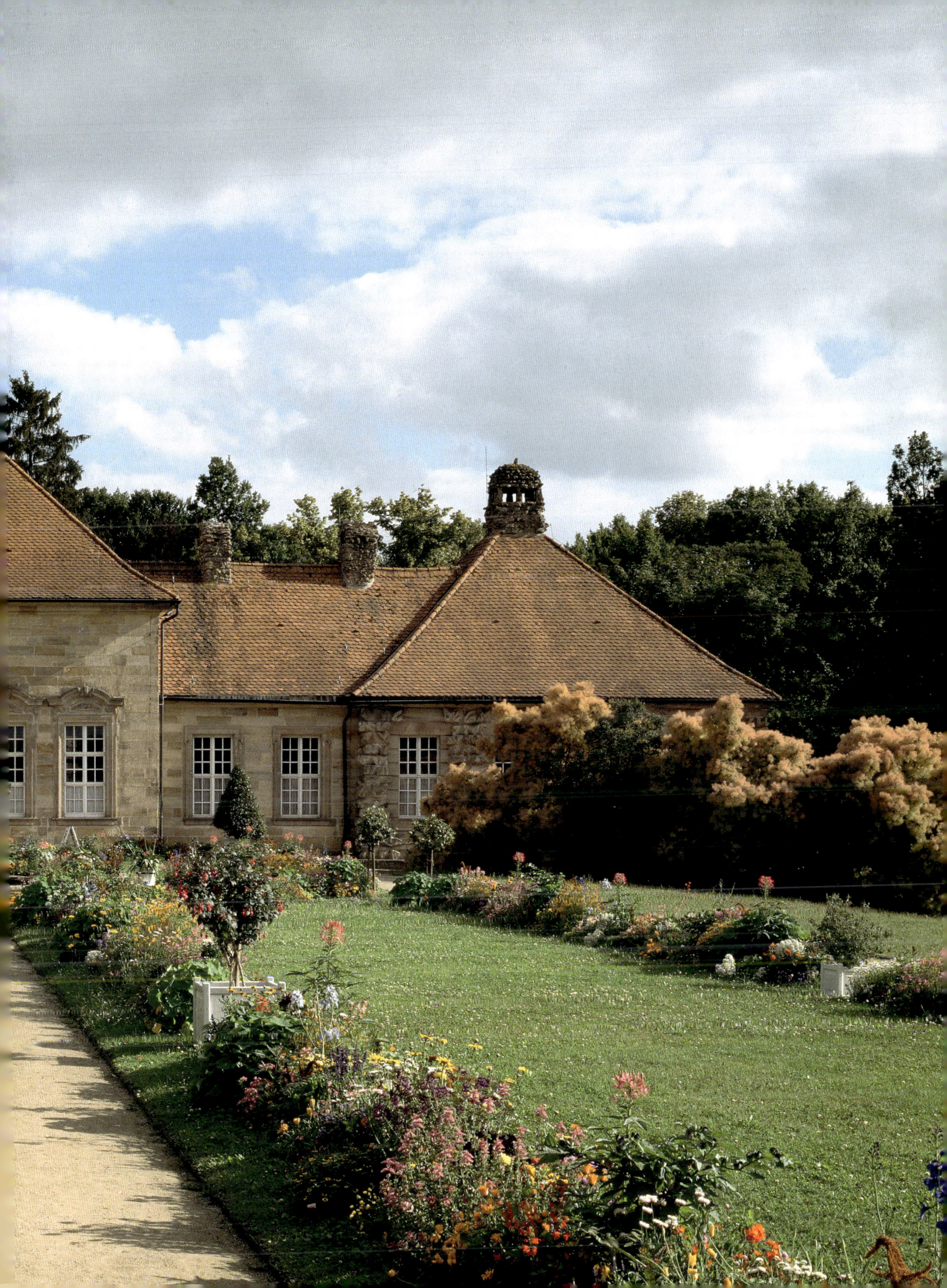

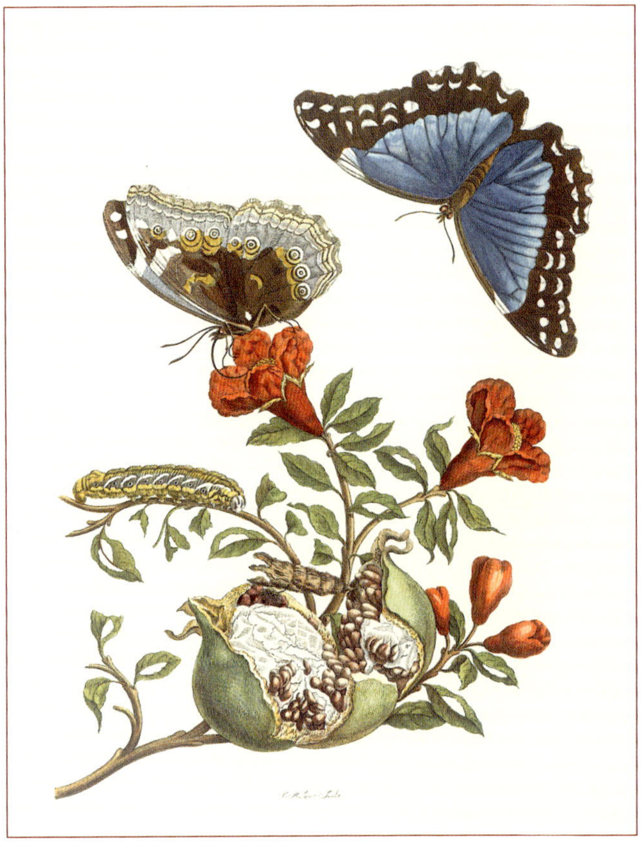

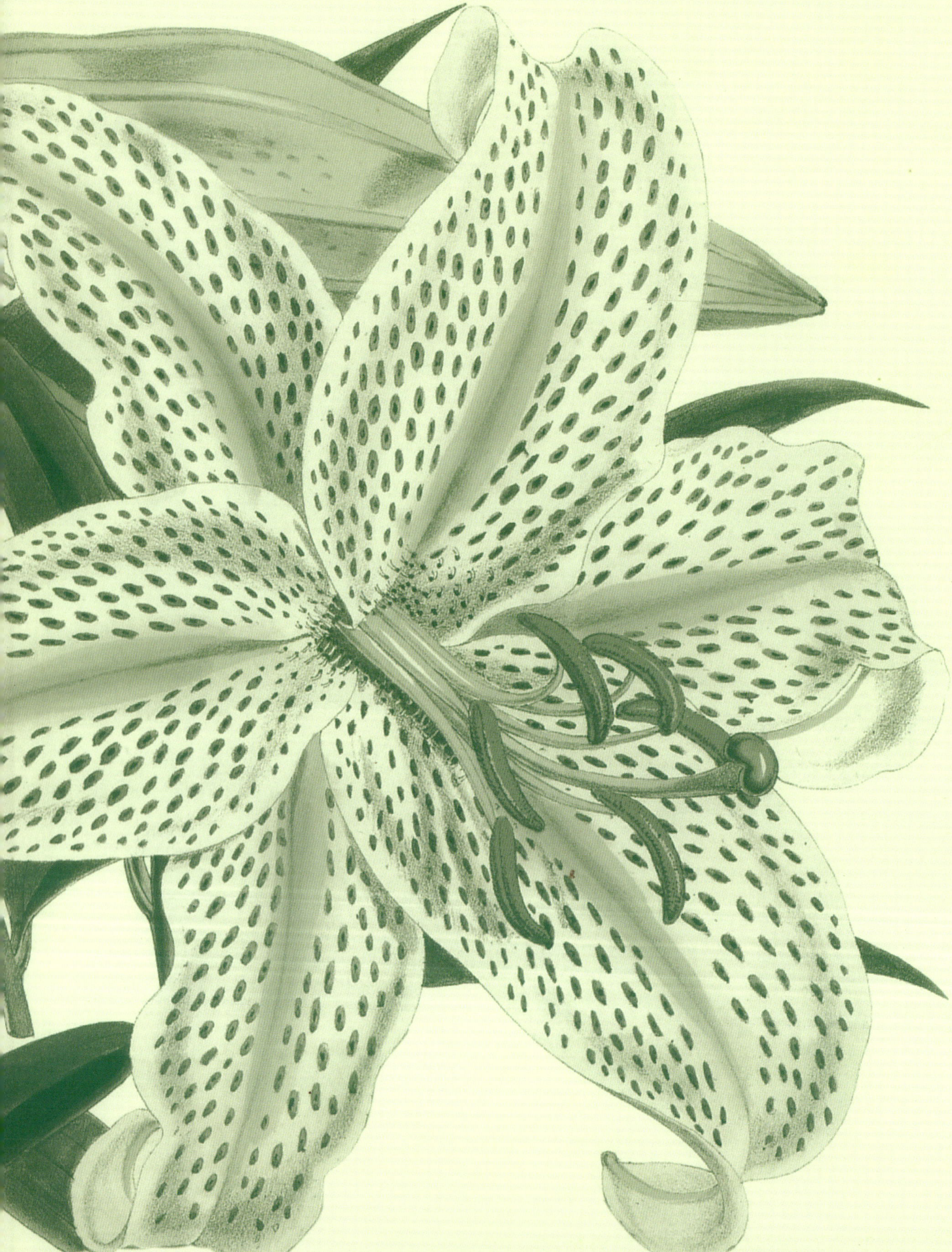